BIM 技术及 Revit 建筑建模

（第二版）

何宏伟　刘元芳　廖亚莎　主编

中国建筑工业出版社

图书在版编目(CIP)数据

BIM 技术及 Revit 建筑建模 / 何宏伟，刘元芳，廖亚莎主编. -- 2 版. -- 北京：中国建筑工业出版社，2025. 2. -- ISBN 978-7-112-30646-6

Ⅰ. TU201. 4

中国国家版本馆 CIP 数据核字第 20247TP943 号

责任编辑：毕凤鸣
责任校对：赵　力

BIM 技术及 Revit 建筑建模

（第二版）

何宏伟　刘元芳　廖亚莎　主编

*

中国建筑工业出版社出版、发行(北京海淀三里河路 9 号)

各地新华书店、建筑书店经销

北京红光制版公司制版

天津安泰印刷有限公司印刷

*

开本：787 毫米×1092 毫米　1/16　印张：23¼　字数：519 千字

2025 年 1 月第二版　　2025 年 1 月第一次印刷

定价：**59. 00** 元（含增值服务）

ISBN 978-7-112-30646-6

(44414)

编写人员名单

主　　编：何宏伟　哈尔滨剑桥学院

　　　　　刘元芳　黑龙江东方学院

　　　　　廖亚莎　湖南信息学院

副 主 编：王　双　湖南信息学院

　　　　　孙佳鑫　黑龙江工商学院

参编人员：朱莹莹　白俄罗斯国立大学

主　　审：王志臣　湖南信息学院

前　　言

随着信息化时代的来临，BIM（Building Information Modeling，建筑信息模型）技术作为一种创新的工具和平台，正逐步改变着建筑行业的面貌。它有效服务于建设项目中的设计、施工、运营维护等全生命周期的各个阶段，为参与项目的各方提供了一个协同工作、交流顺畅的平台，对提高工程质量、节约成本、缩短工期等方面具有巨大的作用。

历经数十年演进，BIM 技术已成为建筑业创新发展的关键驱动力，受住房和城乡建设部及各级建设部门力推，现已成为行业技术人员必备技能。本书旨在全面介绍 BIM 技术，特别是国内主流的 Revit 建模软件的应用，为学生及工程技术人员提供系统的学习指南。开篇概述 BIM 概念、特点及优势等。随后，深入讲解 Revit 建模方法与流程，并通过"公共实训基地"项目实战，实现理论与实践结合。书中含丰富的课后习题，并附赠 CAD 图纸、模型和实战视频，增强教学便捷性。本书既适合作为全国高等院校 BIM 课程教材，也为建筑与结构专业人员提供宝贵学习参考，助力技能提升与职业发展。

本书由哈尔滨剑桥学院何宏伟、黑龙江东方学院刘元芳和湖南信息学院廖亚莎担任主编，湖南信息学院王志臣主审。第 1 章由黑龙江工商学院孙佳鑫编写；第 2 章、第 4 章、第 5 章和第 6 章由黑龙江东方学院刘元芳编写；第 3 章、第 7 章至第 9 章由哈尔滨剑桥学院何宏伟编写；第 10 章至第 12 章由湖南信息学院王双编写；第 13 章至第 15 章由湖南信息学院廖亚莎编写；白俄罗斯国立大学朱莹莹参与了部分章节的编写，并提供了本书的案例模型资源，完成了本书电子资源的制作。读者可以通过扫描二维码，快速浏览并下载相关图纸和建模模型等电子资源，并可在本书实战章节中扫码观看教学视频，以便更好地在实际操作中应用所学知识。资源涵盖了本书的核心案例，支持读者反复练习，逐步掌握 Revit 建筑建模的精髓。

扫码下载教学
电子资源

本书在编写过程中，虽然经过反复斟酌和修改，但是由于编者水平有限，书中难免有不妥之处，恳请广大读者批评指正，欢迎通过以下邮箱和我们联系：752377877@qq.com。

最后，非常荣幸能够把多年积累的知识与经验分享给广大读者，也衷心希望本书能够对读者有所帮助。

编者
2025 年

目　　录

第1章 BIM概述

【导读】

　　本章主要从BIM的概念、定义、特点、发展现状和软件体系出发，对BIM技术作了详细概述。

　　第1节讲解了BIM的概念，包括BIM的提出和定义。

　　第2节讲解了BIM在国内外发展现状及趋势。

　　第3节讲解了BIM的特点和优势。BIM技术的主要特点，包括可视化、协调性、模拟性、优化性、可出图性等。

　　第4节讲解了BIM在建设工程五方责任主体的应用，包括建设单位、施工单位、设计单位、监理单位和勘察单位的BIM应用。

　　第5节讲解了BIM技术在项目全生命周期不同阶段的应用。

　　第6节讲解了BIM软件体系，包括BIM软件分类和BIM建模软件分类。

　　第7节讲解了BIM技术给建筑业带来的影响。

知识目标：

　　1. 学生能够清晰阐述BIM（建筑信息模型）的定义、起源及其在建筑领域中的重要性。

　　2. 深入理解BIM的可视化、协调性、模拟性、优化性、可出图性等核心特性，并能分析其如何提升项目管理效率和质量。

　　3. 熟悉建设单位、施工单位、设计单位、监理单位和勘察单位如何运用BIM技术进行项目管理、设计优化、施工模拟、成本控制等。

　　4. 了解BIM软件的分类，包括核心建模软件、分析工具、施工管理软件等，以及各类BIM建模软件的特点与适用场景。

能力目标：

　　1. 通过BIM技术提升项目管理效率，包括进度控制、成本控制、质量管理和资源调配，以及增强团队间的沟通与协作。

　　2. 鼓励学生探索BIM技术在特定项目或领域中的创新应用，如绿色建筑、智慧城市建设等，培养创新思维和实践操作能力。

　　3. 培养学生在建筑设计、施工、运维等多领域间整合BIM技术的能力，促进跨学科知识的融合与应用。

课程思政目标：

　　1. 通过讲解BIM技术在建筑业中的广泛应用案例，激发学生对国家基础设施建设、可持续发展战略的责任感与使命感。

2.BIM 技术的成功应用依赖于团队间的紧密合作与有效沟通，培养学生团队协作精神，提升社会交往能力。

3.鼓励学生勇于探索 BIM 技术的新应用、新方法，培养创新思维和实践能力，为国家科技进步贡献力量。

4.通过 BIM 在绿色建筑、节能减排等方面的应用实例，强化学生的环保意识，倡导绿色设计理念，为建设生态文明社会贡献力量。

1.1 BIM 的概念

1.1.1 BIM 的提出

BIM 是 Building Information Modeling 的首字母缩写，翻译中文为"建筑信息模型"。BIM 是以建筑工程项目的各项相关信息数据作为基础，建立起三维的建筑模型，通过数字信息仿真模拟建筑物所具有的真实信息。

这项被称为建筑业"革命性"的技术，源于美国佐治亚理工大学的 Chuck Eastman（查克·伊斯特曼）教授提出的一个概念：建筑信息模型涵盖了不同专业的所有信息、功能要求和性能，将一个工程项目在设计过程、施工过程、运营管理过程中的所有信息全部整合到一个建筑模型中，如图 1.1-1 所示。

BIM 技术的研究经历了三大阶段：萌芽阶段、产生阶段和发展阶段。BIM 理念的启蒙，受到了 1973 年全球石油危机的影响，美国全行业需要考虑提高行业效益的问题。1975 年，"BIM 之父"伊斯特曼教授在其研究的课题"Building Description System（建筑描述系统）"中提出"A Computer-Based Description of a Building（一个基于计算机的建筑物描述）"，以便于实现建筑工程的可视化和量化分析，提高工程建设效率。

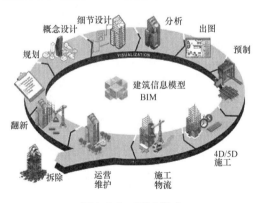

图 1.1-1 BIM 集成

1997 年，欧洲开始出现 BIM（Building Information Model）一词。

2002 年，Autodesk 公司副总裁 Phil Bernstein 向美国建筑师协会（AIA）提出了建筑信息化模型的设计理念，Building Information Modeling 一词正式诞生。

1.1.2 BIM 的定义

建筑信息模型（Building Information Modeling，BIM）是一个完备的信息模型，能够将工程项目在全生命周期中各个不同阶段的工程信息、过程和资源集成在一个模型中，方便被工程各参与方使用。

现行国家标准《建筑信息模型应用统一标准》GB/T 51212—2016 对 BIM 的定义为："在建设工程及设施全生命期内，对其物理和功能特性进行数字化表达，并依此设计、施工、运营的过程和结果的总称。"BIM 技术通过三维数字技术模拟建筑物所具有的真实信息，为工程项目设计、施工和运营提供相互协调、内部一致的信息模型，实现设计—施工—运营一体化，方便各专业协同工作，从而降低工程生产成本，保障工程按时按质完成，为工程项目的运营维护提供数据支持。

在理解 BIM 概念时，需要明确以下几个观点。

（1）BIM（建筑信息模型）并非仅是三维模型的代名词，也不是三维模型与建筑信息的简单堆砌。尽管常被称为建筑信息模型，但 BIM 的核心价值远不止于模型本身。它更多地聚焦于模型中蕴含的建筑信息，以及这些信息在项目的各个阶段被参与方有效利用的方式，以提供决策支持，从而实现智能化建造。

具体而言，BIM（建筑信息模型）所涵盖的内容远超过建筑物的三维几何形态，它是一个集成了丰富建筑相关信息的综合数据库，包括但不限于材料的物理和化学属性、设备的运行参数与性能特征、施工进度的时间表与资源分配等，它们共同构成了建筑项目的完整信息图谱。

在项目的规划、设计、施工直至运营维护的全生命周期里，这些信息扮演着不可或缺的角色。它们支持着设计师进行精确的设计优化，帮助工程师进行详尽的性能分析，指导施工团队高效组织施工流程，同时也为建筑管理者提供了科学的运维决策依据。

借助 BIM 技术，项目参与各方能够实时访问、更新并共享这一信息宝库，这不仅显著提升了决策过程的准确性，还大幅提高了工作效率。更重要的是，BIM 促进了项目团队之间的无缝协同，打破了传统信息孤岛，使得不同专业、不同部门之间能够基于共同的信息平台进行高效沟通与协作，共同推动项目的顺利进行。

因此，BIM 超越了单一模型的范畴，它是一个高度集成的综合平台，不仅汇聚了详尽的建筑信息，还强有力地支持了多方协同作业，并极大地推动了智能化建造的发展。在这个平台上，建筑项目的所有相关信息得以有效整合与利用，为项目的全生命周期管理提供了坚实的基础，同时也开启了建筑领域数字化转型的新篇章。

（2）BIM 并非特指某一特定的软件工具，而是一种融合了先进技术与高效流程的综合体系。实现 BIM 需要多款软件产品的紧密配合与协同工作。具体而言，部分软件（如 Revit、Bentley、Civil 3D 等）擅长构建 BIM 模型，为项目提供基础的三维可视化框架；部分软件（如 STAAD、PKPM、绿建斯维尔等）专注于建筑性能分析，确保设计方案的科学性与合理性；还有些软件（如 Navisworks、Fuzor、Synchro 4D 等）在施工模拟方面表现出色，有助于优化施工计划与资源配置；此外，如晨曦、广联达、鲁班等软件专注于基于 BIM 模型的造价算量，为成本控制提供精确依据；另外，还有软件能够在标准化的模型基础上，实现项目管理与运维管理的智能化。

值得注意的是，没有一款软件能够孤军奋战地完成 BIM 流程中的所有任务。

关键在于，这些软件都应遵循 BIM 的核心理念，即通过标准化的数据格式与协议进行高效的信息交流与共享，从而支撑起整个 BIM 流程的无缝运行。这种跨软件的协同合作，不仅可提升工作效率，还可促进项目团队之间的深度沟通与协作，共同推动 BIM 技术在建筑领域的广泛应用与深入发展。

（3）BIM 不仅是一种设计辅助工具，更是一种引领项目管理向更高效、更先进方向发展的流程和理念。BIM 的核心目标在于，将建筑项目的全生命周期（涵盖规划、设计、招标投标、施工、竣工验收直至物业管理）视为一个整体，构建一个贯穿这些环节的综合管理平台。通过这一平台，可以创建、管理并共享完整且统一的工程信息数据库。

这一做法的显著优势在于，它能够极大地减少工程建设各阶段之间的信息断层，以及各参建方之间的信息流失。通过信息的无缝衔接与共享，BIM 推动了项目管理的精细化，使得决策更加科学、高效。最终，这不仅有助于提升建筑业的整体质量与效率，还能有效减少资源浪费，推动建筑业向更加可持续、环保的方向发展。

1.2　BIM 在国内外发展现状及趋势

1.2.1　BIM 在国外发展现状及趋势

2002 年，美国 Autodesk 公司正式推出了《BIM 白皮书》，其中对 BIM 的概念、范畴及其潜在影响进行了清晰的界定，该白皮书迅速获得了全球建筑行业的广泛认可与接纳。与此同时，英国、日本以及新加坡等国家也紧随其后，开始积极采纳 BIM 技术进行建筑设计与项目管理。

在美国，BIM 的推广普及主要依赖于市场机制，同时受政府部门的示范引领与建筑行业内在需求的双重驱动。尽管美国政府并未频繁出台针对 BIM 技术的强制性政策，但得益于庞大的市场需求以及国内领先的软件企业的强力推动，BIM 技术在美国的发展成熟度相对较高。截至 2022 年，BIM 在美国设计行业的整体应用率已接近 80%，其中超过 98% 的大型建筑公司已全面采用 BIM 技术，而超过 30% 的小型公司也在部分建模和文档编制工作中运用了 BIM 技术。这些数据充分展示了 BIM 技术在美国建筑行业的广泛应用与深远影响。

英国在全球 BIM 技术的应用与发展中占据了举足轻重的地位，其增长速度之快、应用成效之显著，均令人瞩目。更为重要的是，英国建立了全球最为完善且执行力度强大的 BIM 技术标准体系。自 2011 年起，英国政府连续发布了一系列重要文件，包括《政府建设战略》《英国数字建设战略》《转变基础设施绩效：到 2030 年的路线图》等，这些文件均聚焦于将数字技术深度融入建筑的全生命周期管理之中，积极探索数字技术优化建筑及其所处的人居环境的有效路径。

在这一系列政策的引领下，英国的 BIM 应用率实现了质的飞跃，从 2011 年的 13% 大幅提升至 2021 年的 71%。这一显著的增长不仅反映了 BIM 技术在英国建筑行业的广泛应用与深入渗透，也彰显了英国政府在推动 BIM 技术发展方面的坚定决心与卓越成效。英国政府更是将 BIM 框架视为实现其信息管理战略的核心环节，通过不断优化与完善 BIM 技术的应用与推广，持续推动建筑行业的数字化转型与智能化升级。

相较于其他国家，德国在 BIM 技术的全面应用上呈现出一种相对稳健而缓慢的发展态势。这一发展路径体现了德国对于新技术引入的审慎态度，以及其在确保技术有效融合与规范应用方面的深思熟虑。

早在 2015 年，德国联邦交通和数字基础设施部便着手制定 BIM 技术的引入路线图，这一举措显示出德国政府对于 BIM 技术潜力的认可与期待。为了稳步推进 BIM 技术的应用，德国开展了一系列经过精心规划的试点项目，旨在通过实践探索 BIM 技术在不同场景下的应用效果与潜在挑战。同时，德国还制定了详细的指导方针和政策立场，为 BIM 技术的推广提供了有力的政策支撑。

随着时间的推移，德国政府在 BIM 技术的推广上逐渐加大了力度。2020 年，德国政府推出了首个明确要求在联邦基础设施项目中实施 BIM 技术的政策，这一政策标志着 BIM 技术在德国的应用进入了新阶段。此后，德国在 BIM 技术的标准化与规范化方面取得了显著进展，目前正在紧锣密鼓地制定 BIM 的统一国家标准，并研究更广泛的 BIM 技术应用行政命令。预计这些标准与命令有望在 2025 年正式推出，为 BIM 技术在德国的全面应用奠定坚实基础。

日本在 BIM 技术的开发与应用方面，展现出了其独特的发展轨迹。尽管起步较早且得到了政府层面的积极推动，但 BIM 在日本建筑行业的实际应用却相对滞后。这与日本独特的建筑业商业习惯、运作方式以及缺乏统一稳定的实施路线等因素密切相关。

多年来，日本政府一直致力于将 BIM 技术纳入建筑行业的核心议程，为此发布了多项路线图和指导方针，旨在推动 BIM 技术的广泛应用。例如，早在 2010 年，日本国土交通省就率先宣布启动公共建筑工程中的 BIM 试点项目，这一举措无疑为 BIM 在日本的发展注入了强劲的动力。同时，日本建筑师协会、日本建筑学会以及日本建筑承包商联合会等行业组织也积极行动，分别制定 BIM 在设计中的使用指南、提供 BIM 项目的流程图，以及为建筑承包商提供实施 BIM 所需的技能培训。

然而，尽管有着政府与行业组织的双重推动，BIM 在日本的实际应用却并未如预期般迅速普及。这主要是由于日本建筑业的商业习惯和运作方式相对独特，导致 BIM 技术的引入与应用面临着诸多挑战。在日本，BIM 的使用并非强制性要求，各地往往根据当地情况进行定制化的实施，缺乏统一稳定的实施路线。这种碎片化的实施方式不仅影响 BIM 技术的普及速度，也限制其在日本建筑行业中的深度应用。

新加坡政府在推动 BIM 技术的发展上展现出了前瞻性的视野与坚定的决心。通过制定一系列高瞻远瞩的标准与发展战略，新加坡不仅成为全球 BIM 技术应用的先驱国家之一，还成功地将 BIM 技术深度融入该国的建筑行业中。

早在 2010 年,新加坡政府就全面要求公共工程项目在设计与施工过程中引入 BIM 技术,这一举措无疑为 BIM 在新加坡的广泛应用奠定了坚实的基础。随后,在 2015 年,新加坡更进一步,要求所有公私建筑工程都必须采用 BIM 技术进行兴建,这一政策的出台,标志着 BIM 技术在新加坡建筑行业中的普及程度已经达到了一个新的高度。

不仅如此,新加坡政府还在 2017 年提出了集成数字交付(Integrated Digital Delivery,IDD)战略,旨在鼓励更多的建筑环境行业公司实现数字化转型,提升整个行业的数字化水平。这一战略的实施,不仅促进 BIM 技术在新加坡的深入应用,还推动建筑行业与其他数字化技术的融合与创新。

在智能设施管理方面,新加坡政府同样不遗余力。2019 年,新加坡推出了智能设施管理指南,为建筑运营阶段提供了全面的数字化保障。这一指南的发布,不仅提升新加坡建筑设施的智能化管理水平,还为 BIM 技术在建筑运营阶段的应用提供有力的支持。

更为令人瞩目的是,在 2022 年,新加坡已经通过 BIM、GIS 等先进技术手段,成功构建了全球首个国家级数字孪生。这一数字孪生不仅实现对新加坡城市环境的全面数字化模拟,还为城市规划、建设与管理提供更加精准、高效的数据支持。

经过二十多年的发展,BIM 技术已经在全球范围内得到业界的广泛认可,被誉为建筑业变革的革命性力量。由于使用 BIM 的信息管理正在改变建筑、工程和施工行业过程,加上政府要求行业实施 BIM 技术,预计到 2030 年,全球 BIM 技术市场规模将超过 1500 亿元人民币。

1.2.2　BIM 在国内发展现状及趋势

21 世纪初,BIM 理念及其相关技术正式登陆中国,并逐渐在建筑行业内赢得了广泛的认可与接纳。中国政府亦不遗余力地采取多种措施,积极推动 BIM 技术的蓬勃发展。时至今日,中国已跃升为全球范围内 BIM 服务市场最为庞大、BIM 技术进步最为迅猛的国家之一。

2003 年,原建设部印发了《2003—2008 年全国建筑业信息化发展规划纲要》(建质〔2003〕217 号),明确提出了运用信息技术全面提升建筑业管理水平与核心竞争力的战略目标,旨在推动建筑业实现跨越式发展。与此同时,BIM 技术作为新一代信息技术的杰出代表,开始在我国建筑业中萌芽并探索应用,为行业注入了新的活力。

随后,在 2011 年住房和城乡建设部印发的《2011—2015 年建筑业信息化发展纲要》(建质〔2011〕67 号)中,BIM 技术首次被确立为"支撑行业产业升级的核心技术",这标志着 BIM 技术在建筑业的地位得到了显著提升,成为推动行业转型升级的重要力量。

到了 2016 年,随着住房和城乡建设部《2016—2020 年建筑业信息化发展纲要》(建质函〔2016〕183 号)的发布,BIM 技术的集成应用被赋予了更加重要的位置。该纲要不仅强调 BIM 技术在提升建筑业信息化水平中的关键作用,还明确提出向

"智慧建造"方向发展的宏伟蓝图，为 BIM 技术的深入应用指明了方向。

经过多年的努力与发展，截至 2020 年年末，我国新立项项目在勘察设计、施工、运营维护等环节中，集成应用 BIM 技术的项目比例已经高达 90%。这一成就不仅彰显了我国在 BIM 技术应用方面的卓越成果，也预示着我国建筑业正朝着更加智能化、信息化的方向稳步迈进。

2021 年，鉴于我国 BIM 技术发展的蓬勃态势与显著成就，国家从战略全局的高度出发，制定并发布了全面的建筑信息模型（BIM）标准体系。这一系列标准旨在深度促进数字化建设全业务链的有机融合，加速智慧城市建设的步伐，并加大对 BIM 专业人才培养的支持力度。为确保这些政策与标准的顺利实施，国家层面还配套出台了一系列相关政策和指导原则。

与此同时，各省（区、市）政府积极响应国家号召，纷纷出台了各自的 BIM 技术发展规划、支持政策及具体执行措施。这些地方性政策不仅细化了国家层面的战略部署，还结合本地实际情况，进一步发挥了政府在推动 BIM 技术发展中的主导和引领作用。

此外，在公路、铁路、轨道交通以及装配式建筑等专业工程领域，BIM 技术的应用标准也在不断完善和出台。这些专业标准的制定，不仅为 BIM 技术在各领域内的深入应用提供有力支撑，还促进 BIM 技术在不同专业领域间的交叉融合与创新发展。

党的二十大报告中提出，要推进工业、建筑、交通等领域清洁低碳转型。我国 BIM 的发展随着建筑业的转型升级正在经历转变。2022 年住房和城乡建设部印发的《"十四五"建筑业发展规划》（建市〔2022〕11 号）明确提出了到 2025 年基本形成 BIM 技术框架和标准体系的具体要求，也明确提出要以场景应用为依托，充分运用 5G、BIM、物联网、人工智能、大数据、云计算等技术，开展运行监测预警技术产品研发和迭代升级，提升管理效率和监测预警防控能力。

我国 BIM 技术的发展已经从前十年主要关注单一模型的建立和模型应用，到如今逐步融合绿色低碳理念，并与新一代信息技术如互联网、云计算、大数据和人工智能相结合，BIM 正不断助力我国建筑业的数字化转型，并深刻影响着建筑业从供应链管理到数字化建造、智慧化营运的全过程。我国建筑业推进 BIM 技术应用具有如下特点：首先，普及范围广泛，尽管建筑企业对技术的应用深度和广度存在差异，但它们在某种程度上都使用了这些技术；其次，注重 BIM 价值挖掘，从简单的"错漏碰缺"发现、投标标书应用，到专项价值创造，持续寻求价值创造的场景和维度；最后，从 BIM 专业技术人员应用向工程项目在岗人员必备技能的方向转变，逐渐在工程项目的各个管理岗位普及。

目前，BIM 技术已成为我国工程项目常态化应用之一，从招标投标到设计、施工、运维都有了更为成熟和深入的应用。以 BIM 为核心基础的"泛 BIM"应用日益增加，BIM 技术和云计算、大数据、物联网、5G、人工智能等新技术的结合应用也在各阶段、各建筑业态上多有成效。随着数字经济的迅猛发展，BIM 技术在未来将会有更广阔的应用前景。

1.3　BIM 的特点和优势

1.3.1　BIM 主要特点

　　BIM（建筑信息模型）是一个基于设计、施工直至运营协调的全生命周期项目信息集成流程。通过真实性模拟和建筑可视化，BIM 极大地提高了项目各方的沟通效率，以便让各方了解工期进度、现场实时情况、成本和环境影响等项目基本信息。BIM 具有如下特点。

1. 可视化

　　可视化即"所见即所得"，对于建筑行业，可视化的作用是非常大的，例如常见的纸质施工图，只是各个构件的信息在图纸上以线条的形式表达，而其真正的构造形式需要工程人员自行想象。

图 1.3-1　建筑设计可视化

　　BIM 提供了可视化的思路，将以往线条式的构件转变成一种三维的立体实物图形展示在人们的面前；以往，建筑行业也会出效果图，但是这种效果图是分包给专业的效果图制作团队根据线条式信息以识读设计的形式制作的，并不是通过构件的信息自动生成的，缺少同构件之间的互动性和反馈性。而 BIM 的可视化是一种能够使构件之间形成互动性和反馈性的可视化，在 BIM 中，由于整个过程都是可视化的，其结果不仅可以用来展示效果图及生成报表，更重要的是，项目设计、建造、运营过程中的沟通、讨论、决策都在可视化的状态下进行（图 1.3-1）。

2. 协调性

　　协调是建筑行业中的重点工作，不管是施工单位还是业主及设计单位，无不在做着协调及配合的工作。一旦在项目的实施过程中遇到问题，就要将各有关人员组织起来召开协调会，找出问题发生的原因并提出解决办法，然后采取相应的补救措施解决问题。

　　在设计时，往往由于各专业设计师之间的沟通不到位，而出现各专业之间的碰撞问题，例如对于暖通等专业中的管道，由于施工图是各自绘制，在施工过程中，可能正好在此处有结构设计的梁等构件妨碍管线布置，这就是施工中常遇到的碰撞问题，BIM 的协调性服务就可以帮助处理此类问题，即 BIM 可在建筑物建造前期对各专业的碰撞问题进行协调，生成协调数据（图 1.3-2）。

当然，BIM 的协调作用并不是只能解决各专业间的碰撞问题，还可以解决电梯井布置与其他设计布置的协调问题、防火分区与其他设计布置的协调问题、地下排水布置与其他设计布置的协调问题等。

图 1.3-2　碰撞检查协调

3. 模拟性

BIM 并不是只能模拟建筑物模型，还可以模拟无法在真实世界中进行操作的事物。在设计阶段，BIM 可以对设计上需要进行模拟的一些内容进行模拟试验，例如节能模拟、紧急疏散模拟、日照模拟等；在招（投）标和施工阶段可以进行 4D 模拟（三维模型加项目的发展时间），即根据施工的组织设计模拟实际施工，从而确定合理的施工方案以指导施工；可以进行 5D 模拟（基于 3D 模型的造价控制），从而实现成本控制；后期运营阶段可以模拟日常紧急情况的处理方式，例如地震人员逃生模拟及消防人员疏散模拟等（图 1.3-3）。

图 1.3-3　施工模拟

4. 优化性

整个设计、施工、运营流程本质上是一个持续精进的过程，尽管优化本身与 BIM 技术并无直接的、必然的关联，但 BIM 却为优化工作提供了坚实的基础。优化工作的成效受到信息精确度、项目复杂度和时间紧迫性的共同制约。缺乏精确的信息，优化效果便无从谈起。而 BIM 技术则为我们提供了建筑物详尽的实体信息，涵盖了几何构造、物理属性以及规则设定，并且能够动态反映建筑物变化后的实际状态。

基于 BIM 的优化能力，可以开展以下工作：

（1）项目方案的深度优化：通过将项目设计与投资回报分析紧密结合，能够实时评估设计变动对投资回报的具体影响。这样一来，业主在选择设计方案时，将不再仅局限于对外观的考量，而是能够基于对自身需求的深刻理解，作出更加明智的选择。

（2）特殊项目的精细化设计优化：诸如裙楼、幕墙、屋顶等区域，往往蕴含着丰富的异形设计元素。尽管这些区域在建筑整体中的占比不大，但它们在投资和施工工作量中的占比却相当巨大，且通常是施工难度较高、问题频发的区域。针对这些特殊部位进行施工方案的优化，能够显著缩短工期、降低造价，从而实现更高效、更经济的建设目标（图 1.3-4）。

5. 可出图性

运用 BIM 技术，除了能够进行建筑平、立、剖及详图的输出外，还可以出具碰撞报告及构件加工图等。将建筑、结构、电气、给水排水、暖通等专业的 BIM 模型整合，可进行管线

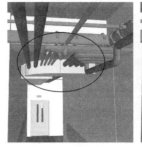

图 1.3-4 管道综合优化

碰撞检测，进而出具综合管线图、综合结构留洞图、碰撞检查报告和建议改进方案。

通过 BIM 模型对建筑构件的信息化表达，可在 BIM 模型上直接生成构件加工图，不仅能清楚传达传统图纸的二维关系，而且能清晰体现复杂的空间剖面关系，同时还能够将离散的二维图纸信息集中到一个模型当中，从而更加紧密地实现与预制工厂的协同和对接（图 1.3-5）。

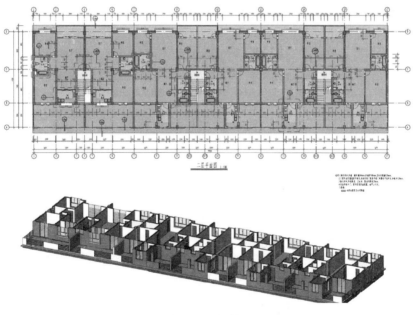

图 1.3-5 应用 BIM 软件出三维图纸

6. 一体化

一体化指的是基于 BIM 技术可实现从设计到施工再到运营贯穿工程项目全生命周期的一体化管理，BIM 的技术核心是一个由计算机三维模型形成的数据库，不仅包含建筑师的设计信息，而且容纳从设计、建成使用直至使用周期终结的全过程信息。BIM 能在综合数字环境中保持信息不断更新并可提供访问，使建筑师、工程师、施工人员以及业主可以清楚、全面地了解项目。在建筑设计、施工和管理

的过程中，这些信息不仅有效提高项目质量，还显著增加了项目收益。BIM 的应用不仅局限于设计阶段，而是贯穿于整个项目全生命周期的各个阶段。BIM 在整个建筑行业从上游到下游的各个企业间不断完善，从而实现项目全生命周期的信息化管理，最大化地实现 BIM 的价值。

7. 参数化

参数化指的是 BIM 技术通过改变模型中的参数建立和分析新的模型。

BIM 的参数化设计分为两个部分："参数化图元"和"参数化修改引擎"。"参数化图元"指的是 BIM 中的图元以构件的形式出现，构件之间的不同，是通过参数的调整反映出来的，参数保存了图元作为数字化建筑构件的所有信息。"参数化修改引擎"是一种参数更改技术，用户对建筑设计或文档部分作的任何改动，都可以自动地在其他相关联的部分中反映出来。在参数化设计系统中，设计人员根据工程关系和几何关系来指定设计要求。参数化设计的本质是在可变参数的作用下，系统能够自动维护所有的不变参数。参数化模型中建立的各种约束关系，恰恰体现了设计人员的设计意图。参数化设计可以大大提高模型的生成和修改速度。

8. 信息完备性

信息完备性体现在 BIM 技术可对工程对象进行 3D 几何信息和拓扑关系的描述以及完整的工程信息描述，如对象名称、结构类型、建筑材料、工程性能等设计信息；工序、进度、成本、质量以及人力、机械、材料资源等施工信息；工程安全性能、材料性能等维护信息；对象之间的工程逻辑关系等。一方面，通过建立数字化的模型和工作流程，设计过程变得可视化、可模拟和可分析计算，实现各个专业之间的信息综合利用，提高建筑信息的复用率。另一方面，BIM 模型包含了建筑构件、设备的全部信息，能为项目概算提供数据支持，提高效率和精度，同时又为业主进行成本控制和后期运营维护提供有价值的参考意见。

9. 信息关联性

信息模型中的对象可识别且相互关联，系统能够对模型的信息进行统计和分析，并生成相应的图形和文档。如果模型中的某个对象发生变化，与之关联的所有对象都会随之更新，以保持模型的完整性。关联性设计不仅提高设计的效率、减少图纸修改的工作量，而且解决了图纸之间长期存在的错误和遗漏问题。

10. 信息一致性

在建筑生命期的不同阶段模型信息是一致的，同一信息无须重复输入，而且信息模型能够自动演化，模型对象在不同阶段可以简单地进行修改和扩展而无需重新创建，避免了信息不一致的错误。

1.3.2　BIM 主要优势

CAD 技术的引入，标志着建筑师与工程师们从手工绘图时代迈入计算机辅助制图的崭新阶段，这一变革无疑在工程设计领域掀起了一场信息革命的首波浪潮。然而，尽管 CAD 技术在提升设计效率与精度方面取得了显著成效，其对于产业链的支撑作用却呈现出断点式的特征。具体而言，CAD 技术主要聚焦于单个设计环节，而未能有效串联起产业链中的各个领域与环节，导致信息在产业链内部流通不畅，难以实现真正的信息共享与协同作业。从整个产业链的宏观视角出发，信息化的综合应用水平仍有待提升，存在明显的短板与不足。因此，未来在推进工程设计信息化进程中，需更加注重技术的整合与协同，以实现产业链上下游的无缝对接与高效运作（图 1.3-6）。

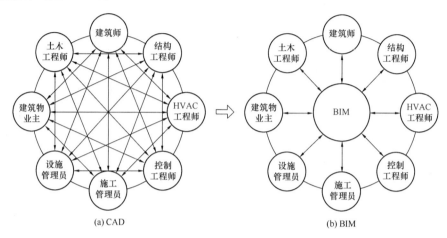

图 1.3-6　CAD 与 BIM 协同工作的区别

　　BIM 不仅是一种技术革新，更是一种综合性的方法论与流程优化手段。它涵盖了建筑物从规划、设计、施工直至运维的全生命周期内的信息模型，并且深入整合了建筑工程管理的行为模型。通过将这两大核心要素紧密结合，BIM 实现了对项目各阶段的集成管理，极大地提升了管理的协同性和效率。BIM 技术的崛起，预示着建筑行业正站在一场可能重塑整个领域面貌的第二次革命的风口浪尖上，它有望引领建筑行业向更加智能化、精细化、高效化的未来发展。

　　BIM 是一种技术、一种方法、一种过程，它既包括建筑物全生命周期的信息模型，同时又包括建筑工程管理行为的模型，它将两者进行完美的结合以实现集成管理，将可能引发整个建筑领域的第二次革命。

　　在 20 世纪 80 年代，CAD 技术已广泛普及，基本上取代了传统的手绘制图方式，这一变革为建筑行业带来了显著的便利。然而，CAD 技术主要被视作一种基础的绘图工具，其智能化设计功能相对有限，难以承担更复杂的设计任务。

　　而 BIM 技术作为 CAD 技术的继承与发展，为建筑行业注入了新的活力。BIM 在 CAD 的基础上，不仅扩展了更多的软件程序，如工程造价、进度安排等，还展现了在设备管理等方面的巨大潜力。

　　与传统的二维 CAD 技术相比，BIM 技术的主要区别体现在以下几个方面：

　　（1）CAD 技术主要依赖于通过点、线、面等无特定专业含义的二维或三维几何图形来传达设计理念。相比之下，BIM 技术则采用了更具专业性的基本元素，如墙体、窗户、门等，这些元素不仅具备明确的几何特性，还融入建筑的物理属性以及功能特性。这种转变使得 BIM 技术能够更直观、更全面地反映建筑物的真实状态，为设计、施工、运维等各阶段提供更加精准的信息支持。

（2）在 CAD 技术中，若需调整门窗的大小，设计师往往需要重新绘制图形，或是通过拉伸命令手动调整其尺寸，这一过程相对烦琐且易出错。然而，BIM 技术通过参数化建筑构件的方式，赋予了这些构件丰富的建筑属性。在 BIM 的"族"概念框架下，设计师只需简单地修改构件的属性参数，即可轻松调整门窗的尺寸、样式、颜色以及材质等多方面的特性。这一特性不仅极大地提升设计效率，还确保设计的一致性和准确性，为建筑项目的顺利实施奠定了坚实的基础。

（3）CAD 技术所呈现的各个建筑元素之间缺乏关联性，它们更像是独立的个体，彼此间没有直接的逻辑联系。然而，在 BIM 技术中，各个建筑构件被赋予了相互关联的属性。这意味着，当我们在 BIM 模型中删除一面墙时，原本依附于该墙上的窗户和门也会随之自动删除，无需手动干预。同样地，如果我们删除了一扇窗户，那么墙上的相应位置会自动恢复为完整的墙体，无需修补或调整。这种高度智能化的关联性不仅极大地提高设计效率，还确保设计的一致性和准确性，使得 BIM 技术在建筑设计和施工管理中发挥着越来越重要的作用。

（4）在使用 CAD 软件进行设计时，如果设计师在平面图上进行修改，那么其他视图（如立面图、剖面图等）通常需要手动更新。这种手动更新的方式不仅耗时费力，而且如果操作不当，很容易导致不同角度的视图之间存在不一致性，从而引发设计错误。

然而，BIM 技术则彻底改变了这一状况。在 BIM 环境中，各个视图之间是相互关联的。因此，当设计师在某一视图中对建筑元素进行修改时，其他相关视图（包括平面、立面、剖面、三维视图以及明细表等）都会自动进行相应的更新。这种"一处改动，处处改动"的特性极大地提高设计效率和准确性，确保设计的一致性和完整性。

具体而言，BIM 技术通过建立一个集成的信息模型，将建筑项目的所有相关信息（如几何形状、尺寸、材料、成本等）都整合在一起。当设计师在模型中修改某个元素时，BIM 系统会自动识别并更新与该元素相关的所有信息，从而确保整个模型始终保持一致和准确。这种智能化的设计方式不仅提高了设计质量，还降低了设计成本，为建筑行业的数字化转型和可持续发展奠定了坚实的基础。

（5）CAD 技术虽然实现了纸质图纸的电子化，但其提供的建筑信息相对有限，主要聚焦于几何形状和尺寸等基本信息，对于不具备专业知识的人来说，理解这些图纸可能存在一定的难度。相比之下，BIM 技术则带来了革命性的变化。

BIM 技术不仅包含建筑的全部几何和物理信息，如形状、尺寸、材料等，还整合与建筑项目相关的各种非几何信息，如工程量清单、施工管理计划、区域建造细节以及造价预算等。这些信息以形象可视的二维和三维图纸形式呈现，使得项目团队中的每个成员，无论其专业背景如何，都能更直观地理解建筑项目的各个方面。

更重要的是，BIM 技术促进了项目各个部门之间的沟通与协同工作。通过 BIM 模型，设计师、工程师、施工人员、造价师等可以实时共享和访问最新的项目信息，从而消除信息孤岛和沟通障碍。这种高度协同的工作环境不仅提高工作效率，还减少因信息不一致而导致的错误和冲突。

鉴于 BIM 技术较 CAD 技术具有如下表所示的种种优势，无疑给工程建设各方带来巨大的益处。具体见表 1.3-1。

BIM 技术对建设各方的好处 表 1.3-1

应用方	应用 BIM 技术的好处
业主	实现规划方案预演、场地分析、建筑性能预测和成本估算
设计单位	实现可视化设计、协调设计、性能化设计、工程量统计和管线综合
施工单位	实现施工进度模拟、数字化建造、物流跟踪、可视化管理和施工配合
运营维护单位	实现虚拟现实和漫游、资产空间等管理、建筑系统分析和灾害应急模拟
软件商	软件的用户数量和销售价格迅速增长
	为满足项目各方提出的各种需求，不断开发、完善软件的功能
	能从软件后续升级和技术支持中获得收益

1.4 BIM 在建设工程五方责任主体的应用

1.4.1 建设单位的 BIM 应用

1. 设计阶段的应用

（1）三维可视化设计：BIM 技术提供了三维可视化的设计环境，使建设单位能够更直观地理解设计意图，评估建筑造型、体量、空间布局等，从而提高设计决策的准确性和科学性。

（2）碰撞检测与优化：利用 BIM 技术进行碰撞检测，可以在设计阶段提前发现并解决结构、设备、管线等之间的冲突，减少施工阶段的变更和返工，降低建设成本。

（3）能耗分析与优化：BIM 技术可以模拟建筑在不同条件下的能耗情况，帮助建设单位进行能耗分析，优化建筑设计，提高建筑的能效和可持续性。

2. 施工阶段的应用

（1）施工进度管理：通过 BIM 技术，建设单位可以制定详细的施工进度计划，并实时监控施工进度，确保项目按计划进行。同时，BIM 技术还可以提供施工模拟功能，帮助建设单位预测施工过程中的潜在问题，提前制定应对措施。

（2）施工资源管理：BIM 技术可以集成项目所需的各种资源信息，如材料、设备、人力等，帮助建设单位进行资源优化和调配，提高资源利用率，降低建设成本。

（3）施工质量与安全管理：利用 BIM 技术，建设单位可以对施工过程进行精细化管理和监控，确保施工质量符合设计要求。同时，BIM 技术还可以提供安全风险评估和预警功能，帮助建设单位及时发现并处理安全隐患。

3. 运维阶段的应用

（1）设施设备管理：BIM 技术可以为建筑设施设备提供详细的信息管理，包括设备的位置、型号、性能参数等，帮助建设单位进行设备维护和保养，延长设备使用寿命。

（2）能耗管理与节能减排：通过 BIM 技术，建设单位可以实时监测建筑的能耗情况，进行能耗分析和优化，制定节能减排措施，降低建筑运营成本。

（3）空间管理与优化：BIM 技术可以提供建筑内部空间的三维可视化管理，帮助建设单位进行空间规划和优化，提高空间利用率和舒适度。

4. 其他应用

（1）成本控制与预算管理：BIM 技术可以精确计算工程量，提供准确的成本估算和预算信息，帮助建设单位进行成本控制和预算管理。

（2）项目协同与信息管理：BIM 技术可以集成项目各方的信息，实现项目协同和信息共享，提高项目管理的效率和透明度。

（3）知识管理与积累：BIM 技术的应用过程中，建设单位可以积累大量的项目数据和经验知识，形成知识库，为后续项目提供参考和借鉴。

1.4.2　施工单位的 BIM 应用

1. 碰撞检测与优化设计

借助 BIM 的三维建模技术，在施工前期即可进行详尽的碰撞检测。该技术能够直观地揭示空间关系中的潜在冲突，从而优化工程设计，大幅度减少建筑施工阶段的错误与返工现象。此外，BIM 技术还能对净空和管线排布方案进行精细优化。施工人员可以依据经过碰撞检测并优化后的方案，进行施工交底与施工模拟，这不仅能够显著提升施工质量，还能增强与业主的沟通能力，确保项目顺利推进。

2. 施工模拟与高效协同

BIM 技术结合三维可视化与时间维度，为施工进度的模拟提供了有力支持。项目团队可以随时随地、直观快速地对比施工计划与实际进展，实现高效的协同作业。通过 BIM 平台，项目参建方能够全面掌控工程项目的各类问题与情况，从而有效减少建筑质量与安全问题，降低返工与整改的频率。此外，BIM 技术还促进信息的快速交互与反馈，加快决策后的传达效率。利用模块化方法，一旦某个项目的 BIM 信息建立完毕，后续项目即可类比引用，实现知识的有效积累与复用，避免重复劳动。

3. 三维渲染与宣传展示

BIM 模型为三维渲染动画提供了坚实的模型基础。通过虚拟现实技术，客户可以身临其境地感受建筑项目的真实场景，获得强烈的视觉冲击。这种三维渲染动画不仅适用于投标演示，还能在施工阶段辅助调整实施方案。借助 BIM 模型进行二次渲染开发，可以大幅度提升三维渲染效果的精度与效率，为业主提供更为直观、生动的宣传介绍，从而在投标阶段显著提升中标概率。

4. 知识管理与信息积累

BIM 技术的应用不仅限于建模与模拟，还能够在施工过程中获取并保存不易被积累的知识与技能。这些信息与经验可以被转化为施工单位长期积累的知识库内容，为未来的项目提供宝贵的参考与借鉴。通过 BIM 技术的持续应用与优化，施工单位可以不断提升自身的专业水平与竞争力。

1.4.3 设计单位的 BIM 应用

1. 方案设计优化

BIM 技术不仅擅长于塑造建筑造型、评估体量及空间布局，还具备同步执行能耗预测与建造成本估算的能力，从而极大增强了初期方案决策的科学性与精准度。

2. 深化初步设计

在建筑、结构、机电等多个专业领域，BIM 模型成为信息汇聚的枢纽。它支持能耗、结构稳定性、声学效果、热工性能及日照条件的深入分析，同时执行干涉检测与规范校验，并精确统计工程量，为设计优化提供了坚实的数据支撑。

3. 施工图自动生成

BIM 技术简化了施工图绘制流程，各类平面、立面、剖面图纸及详尽的统计报表均可直接从模型中生成，确保了图纸的准确性和一致性。

4. 设计协同管理

面对涉及众多专业领域的复杂设计任务，BIM 平台有效促进了设计团队间的协同作业。从设计计划的制定到资料互享、校对审核乃至版本控制，BIM 技术确保了设计流程的顺畅与高效。

5. 设计重心前移策略

鉴于当前设计师在施工图阶段投入了大量精力（超过总工作量的 50%），BIM 技术的引入助力设计师将工作重心前移至方案与初步设计阶段，使他们能够更专注于创意设计与方案优化，从而提升设计的整体品质与效率。

1.4.4 监理单位的 BIM 应用

1. 设计阶段的监理应用

1）设计审核与协调

监理单位可以利用 BIM 软件对施工图进行三维模型的建立和模拟，通过模型的可视化效果，更加直观地发现设计图纸中的问题和矛盾，并及时与设计单位沟通和协调，从而避免施工过程中的设计错误。

监理单位在设计前期根据业主要求提出 BIM 模型的技术要求，设计单位各专业通过协同设计完成设计 BIM 模型，监理单位在此过程中跟踪模型设计进展，并对设计模型进行深度和质量审查，最后组织模型的验收和移交。

2）投资控制

监理单位可以通过 BIM 技术，在设计阶段就对工程造价进行精确控制。通过调用与拟建项目相似工程的造价数据，高效准确地估算出规划项目的总投资额，为投资决策提供准确数据。

监理单位可在设计完成项目的 CAD 图纸设计时，将设计图纸中的项目构成要素与 BIM 数据库积累的造价信息相关联，可以按照时间维度，按任一分部、分项工程输出相关的造价信息，便于在设计阶段降低工程造价，实现限额设计的目标。

2. 施工阶段的监理应用

1）质量检查与进度管理

监理单位可以利用 BIM 技术进行质量问题的识别和分析。通过对项目模型的分析，监理单位可以发现施工图纸中存在的质量问题，包括测量误差、工艺不合理等，进而提前采取相应的措施进行纠正。

通过 BIM 技术，监理单位可以建立项目的虚拟模型，并与进度计划进行对比，及时发现项目进度差异和问题，从而采取相应的措施进行调整。同时，监理单位还可以通过 BIM 技术对项目的资源进行管理，包括材料、设备、人力等各项资源的分配和调度，提高资源利用率和管理效率。

2）安全检查与风险管理

BIM 技术可以为监理单位提供安全风险评估和预警功能。通过模拟识别出项目施工过程中的潜在安全风险，帮助监理单位制定安全措施和规范，保障工程的施工安全。

监理单位可通过采用施工质量安全监控子系统，结合 P-BIM 模型、互联网技术、现场视频，实现与协同施工管理平台的集成，通过监测关键施工阶段关键部位的应力、变形，可以提前识别施工现场危险源，防患于未然。

3）四维模拟与决策支持

监理单位可以利用 BIM 技术的四维（4D）模拟功能，将建筑物及其施工现场 3D 模型与施工进度计划相连接，并与施工资源和场地布置信息集成一体。通过 4D 模拟，监理单位可以更加直观地了解施工进度和资源需求，为决策提供支持。

4）信息管理与合同控制

BIM 技术可将建设生命周期中各阶段中的各相关信息进行高度集成，保证上一阶段的信息能传递到之后各个阶段，从而使建设各方都能获取相应的数据。

从规划、设计到施工，监理通过 BIM 技术的应用，有力保证工程投资、质量、进度及各阶段中各相关信息的传递，在施工阶段建设各方能以此为平台，数据共享、工作协同、碰撞检查、造价管理等功能不断地得到发挥，极大程度减少合同争议，避免索赔。

3. 运维管理阶段的监理应用

1）设施管理与维护

在运维管理阶段，监理单位可以继续利用 BIM 模型进行设施管理和维护。通过 BIM 模型，监理单位可以清晰地了解建筑内各项设施的位置、类型、规格等信息，为设施的维护和管理提供便利。

2）隐蔽工程管理

基于 BIM 技术的运维可以管理复杂的地下管网，如污水管、排水管、网线、电线以及相关管井，并且可以在图上直接获得相对位置关系。当改建或二次装修时可以避开现有管网位置，便于管网维修、更换设备和定位。

3）应急管理与节能减排

监理单位可以利用 BIM 技术进行应急管理和节能减排管理。通过 BIM 模型，监理单位可以快速定位设施设备的位置，为应急响应提供支持。同时，结合物联网技术，监理单位还可以实现建筑能耗的实时监测和分析，为节能减排提供数据支持。

1.4.5　勘察单位的 BIM 应用

1. 数据管理与资产化

1）数据整合与存储

勘察单位通常拥有大量的勘察数据，包括地质、地形、地貌、水文等多方面的信息。BIM 技术可以将这些分散的数据进行整合，实现结构化存储和管理，形成勘察单位自身的数据资产。

2）数据高效利用

通过 BIM 平台，勘察单位可以方便查询、分析和利用这些数据，为后续的设计、施工等阶段提供有力的数据支持。这不仅可以提高工作效率，还可以降低数据冗余和错误的风险。

2. 三维可视化与模拟

1）复杂信息可视化

BIM 技术可以将复杂的地质信息以三维模型的形式进行可视化展示，使勘察人员能够更直观地了解地质构造、地层分布、地下水位等信息。这有助于勘察人员更准确地判断地质条件，为后续的设计和施工提供可靠依据。

2）模拟与预测

通过 BIM 技术，勘察单位可以进行地质模拟和预测，如模拟地震、滑坡等自然灾害对地质结构的影响，以及预测地下水位的变化趋势等。这有助于勘察单位更全面地评估工程风险，制定相应的应对措施。

3. 精确勘察与优化设计

1）精确勘察

BIM 技术可以辅助勘察单位进行精确勘察，如通过无人机航拍、三维激光扫描等技术手段获取地形地貌信息，再通过 BIM 软件进行数据处理和分析，生成精确的三维地质模型。这有助于勘察单位更准确地了解地质条件，为后续的设计和施工提供精确依据。

2）优化设计

基于 BIM 模型，勘察单位可以与设计单位进行协同工作，共同优化设计方案。例如，通过 BIM 模型进行碰撞检测，提前发现并解决设计中的问题；通过 BIM 模型进行能耗分析和优化，提高建筑的能效和可持续性。

4. 提高出图效率与准确性

1）数字化批量出图

BIM 技术可以实现地质图件的数字化批量生成，包括平面图、剖面图、立体图等多种类型的图纸。这不仅可以提高出图效率，还可以减少人工校改的工作量。

2）图纸动态更新

BIM 模型具有动态更新的特点，当勘察数据发生变化时，可以实时更新 BIM 模型，并自动生成相应的图纸。这有助于勘察单位及时反映最新的勘察成果，为后续的设计和施工提供准确依据。

5. 促进协同作业与信息共享

1）协同作业

BIM 技术可以促进勘察、设计、施工等各阶段之间的协同作业。通过 BIM 平台，各方可以实时共享项目信息、进行沟通交流、协同解决问题。这有助于减少沟通成本和误差，提高项目管理的整体效率和透明度。

2）信息共享

BIM 平台还可以实现信息的共享和传递，包括勘察数据、设计方案、施工进度等信息。这有助于各方及时了解项目进展情况，共同推动项目的顺利进行。

6. 提升决策科学性与准确性

1）科学决策

基于 BIM 模型的数据分析和模拟结果，勘察单位可以制定更科学、更合理的决策方案。例如，通过 BIM 模型进行地质风险评估和预测，为项目选址和设计方案提供可靠依据；通过 BIM 模型进行能耗分析和优化，为建筑的能效提升和节能减排提供有力支持。

2）准确评估

BIM 技术还可以帮助勘察单位更准确地评估工程风险、成本和质量等方面的问题。例如，通过 BIM 模型进行工程量统计和预算分析，为项目的成本控制和预算管理提供有力支持；通过 BIM 模型进行质量检测和验收评估，确保项目的质量符合相关标准和要求。

1.5　BIM 在项目全生命周期不同阶段的应用

BIM 不仅改变了建筑设计的手段和方法，而且通过在建筑全生命周期中的应用，为建筑行业提供了一个全新的平台，显著改变了建筑行业的协作方式。BIM 技术的应用针对建设项目从规划、设计、施工到运营的发展阶段，按时间顺序组织，有些应用跨越一个到多个阶段，有些应用则局限在某一个阶段内。大量的项目实践表明，BIM 极大促进了建筑工程全生命周期的信息共享，建筑企业之间多年存在的信息隔阂被逐渐打破，这极大增强业主对整个建筑工程项目全生命周期的管理能力，提高所有利益相关者的工作效率。

BIM 技术自其发展以来，已经深入项目生命周期的各个阶段，为项目的规划、设计、施工、运营及维护提供了全面的支持。以下是从项目阶段性分析的角度，对 BIM 技术在各阶段的具体应用进行的详细阐述。

在项目概念阶段，BIM 技术被广泛应用于项目选址的模拟分析和可视化展示。通过 BIM 技术，可以直观地看到不同选址方案的优缺点，以及项目建成后可能对环境和社会的影响。这有助于项目团队作出更明智的决策，确保项目的可持续性和可行性。

在勘察测绘阶段，BIM 技术助力地形测绘与可视化模拟，以及地质参数化分析与方案设计。通过 BIM 技术，勘察人员可以精确地测量地形地貌，构建三维地质模型，从而更准确地评估地质条件对项目的影响。同时，BIM 技术可以辅助勘察人员进行地质参数化分析，为项目设计提供可靠的地质数据支持。

在项目设计阶段，BIM 技术的优势得到了充分发挥。通过参数化设计，设计师可以轻松地修改和调整设计方案，实现设计的灵活性和创新性。此外，BIM 技术还可以进行日照能耗分析、交通线规划、管线优化、结构分析、风向分析以及环境分析等，为项目设计提供全面的技术支持。

在招标投标阶段，BIM 技术能够提供了造价分析、绿色节能分析、方案展示以及漫游模拟等功能。这些功能有助于准确地评估项目的成本、能效和可行性，从而制定更具竞争力的投标方案。

在施工建设阶段，BIM 技术的应用更是不可或缺。通过施工模拟和方案优化，预测施工过程中可能出现的问题，并提前制定解决方案。同时，BIM 技术可以实现施工安全、进度控制和实时反馈等功能，确保施工过程的顺利进行。此外，BIM 技术还可以与供应链管理、场地布局规划以及建筑垃圾处理等功能相结合，提高施工效率，降低施工成本。

在项目运营阶段，BIM 技术为智能建筑设施、大数据分析、物流管理以及智慧城市等提供有力支持。通过 BIM 技术的应用，可以实时监控建筑设施的运行状态，提高设施的能效和安全性。同时，BIM 技术还可以与大数据分析和物流管理等功能相结合，为项目的运营和管理提供全面的数据支持。

在项目维护阶段，BIM 技术可以辅助进行三维点云、维修检测、清理修整以及火灾逃生模拟等工作。这些功能有助于及时发现并修复建筑设施的故障和损坏，确保建筑设施的安全和正常运行。

在项目更新阶段，BIM 技术可以进行方案优化、结构分析以及成品展示等工作。这些功能有助于对建筑设施进行更新和改造，提高建筑设施的舒适性和功能性。

在项目拆除阶段，BIM 技术可以进行爆破模拟、废弃物处理、环境绿化以及废弃运输处理等工作。这些功能有助于更安全、更环保地拆除建筑设施，降低拆除过程对环境的影响。

另外，从建设工程的质量、进度、投资三个方面出发，BIM 技术主要应用在以下几个方面。

1. 建设工程质量管理

（1）BIM 是建筑设计人员提高设计质量的有效手段。目前，建筑设计专业分工比较细致，一个建筑物的设计需要由建筑、结构、安装等各个专业的工程师协同完成。由于各个专业工程师对建筑物的理解有偏差，专业设计图之间"打架"的现象很难避免。将 BIM 应用到建筑设计中，计算机承担起各专业设计间的"协调综合"工作，设计工作中的错漏碰缺问题可以得到有效解决。

（2）BIM 是业主理解工程质量的有效手段。业主是高质量工程的最大受益者，也是工程质量的主要决策人。但是，受专业知识局限，业主同设计人员、监理人员、承包商之间的交流存在一定困难。当业主对工程质量要求不明确时，会造成工程变更多，质量难以有效控制。BIM 为业主提供形象的三维设计，业主可以明确地表达自己对工程质量的要求，如对建筑物的色泽、材料、设备的要求等，有利于各方开展质量控制工作。

（3）BIM 是项目管理人员控制工程质量的有效手段。由于 BIM 输出的图纸是数字化的，计算机可以在检索、判别、数据整理等方面发挥优势。无论是监理工程师还是承包商的项目管理人员，再也不用拿着厚厚的图纸反复核对，只需要通过一些简单的功能就可以快速、准确地得到建筑物构件的特征信息，如钢筋的布置、设备预留孔洞的位置、构件尺寸等，在现场及时下达指令。而且，将建筑物从平面变为立体，是一个资源耗费的过程。利用 BIM 和施工方案进行虚拟环境数据集成，对建设项目的可建设性进行仿真试验，可在事前发现质量问题。

2. 建设工程进度管理

有时，人们将基于 BIM 的设计称为 4D 设计，增加的一维信息就是进度信息。BIM 在工程进度管理上有以下三方面应用：

（1）可视化的工程进度安排。建设工程进度控制的核心技术，是网络计划技术。目前，该技术在我国应用的效果并不理想，究其原因，可能与平面网络计划不够直观有关。在这一方面 BIM 有优势，通过与网络计划技术的集成，BIM 可以按月、周、天直观地显示工程进度计划。一方面便于工程管理人员进行不同施工方案的比较，选择符合进度要求的施工方案；另一方面也便于工程管理人员发现工程计划进度和实际进度的偏差，及时进行调整。

（2）对工程建设过程的模拟。工程建设是一个多工序搭接、多单位参与的过程。工程进度计划，是由各个子计划搭接而成的。传统的进度控制技术中，各子计划间的逻辑顺序需要人为确定，这难免会出现错误，造成进度拖延。而通过 BIM 技术，用计算机模拟工程建设过程，项目管理人员能直观地发现在二维网络计划技术中难以发现的工序间的错误，从而优化进度计划。

（3）对工程材料和设备供应过程的优化。当前，项目建设过程越来越复杂，参与单位越来越多，如何安排设备、材料供应计划，在保证工程建设进度需要的前提下，节约运输和仓储成本，是"精益建设"的重要问题。BIM 为精益建设思想提供了技术手段，通过计算机的资源计算、资源优化和信息共享功能，可以达到节约采购成本，提高供应效率和保证工程进度的目的。

3. 建设工程投资（成本）管理

BIM 比较成熟的应用领域是投资（成本）管理，也被称为 5D 技术。其实，在

CAD 平台上，我国的一些建设管理软件公司，已经对这一技术进行了深入的研发。在 BIM 平台上，这一技术已得到了很大的发展。

（1）BIM 使工程量计算变得更加容易。在用 CAD 绘制的设计图中，用计算机自动统计和计算工程量时必须履行这样一个程序：由预算人员告诉计算机存储的线条的属性，如梁、板或柱，这种"三维算量技术"是半自动化的。而在 BIM 平台上，设计图的元素不再是线条，而是带有属性的构件。

（2）BIM 使投资（成本）控制更易于落实。对业主而言，投资控制的重点在设计阶段。运用 BIM，业主可以更加便捷、准确地得到不同建设方案的投资估算或概算，比较不同方案的技术经济指标。而且，由于项目投资估算、概算比较准确，业主可以降低不可预见费，提高资金使用效率。同样，由于 BIM 可以准确、快捷地计算出建设工程量数据，承包商依此进行材料采购和人力资源安排，也可节约成本。

（3）BIM 有利于加快工程结算进程。一方面，BIM 有助于提高设计图质量，减少施工阶段的工程变更；另一方面，如果业主和承包商达成协议，基于同一 BIM 进行工程结算，结算数据的争议会大幅度减少。

1.6　BIM 软件体系

1.6.1　BIM 软件分类

在 BIM 技术的广泛应用与发展中，各类 BIM 软件扮演着至关重要的角色。伊斯特曼教授曾将 BIM 应用软件按其功能划分为三大类：BIM 环境软件、BIM 平台软件和 BIM 工具软件。然而，根据当前 BIM 技术的实际应用情况，我们更倾向于将其分为 BIM 基础软件、BIM 应用软件和 BIM 平台软件，具体分类如下。

1. BIM 基础软件

BIM 基础软件是构建 BIM 数据的核心工具，这些数据能够为多个 BIM 应用软件所共享和使用。这类软件主要聚焦于三维设计，所生成的模型为后续的各种 BIM 应用提供坚实的基础。例如，基于 BIM 技术的建筑设计软件能够创建建筑设计 BIM 数据，这些数据可以被能耗分析软件、日照分析软件等其他 BIM 应用软件所利用。知名的 BIM 基础软件包括美国 Autodesk 公司的 Revit（涵盖建筑设计、结构设计及 MEP 设计）以及匈牙利 Graphisoft 公司的 ArchiCAD 等。

2. BIM 应用软件

BIM 应用软件则是利用 BIM 基础软件提供的 BIM 数据来执行各种专业任务。这些软件包括但不限于能耗分析软件、日照分析软件以及生成二维图纸的软件等。例如，Autodesk 公司的 Ecotect 软件就是一款利用 BIM 数据进行能耗分析的工具，而我国软件厂商也开发出了基于 BIM 技术的成本预算软件。值得注意的是，有些 BIM 基础软件除了具备建模功能外，还集成了其他专业功能，因此它们同时也属于 BIM 应用软件。以 Revit 为例，该软件不仅可用于三维建模，还能够生成二维图纸，因此它既是 BIM 基础软件也是 BIM 应用软件。

3. BIM 平台软件

BIM 平台软件则是管理和整合各类 BIM 基础软件及 BIM 应用软件所产生的 BIM 数据的关键工具。这类软件通常基于 Web 技术，能够支持工程项目各参与方及各专业工作人员之间通过网络高效共享信息。例如，Autodesk 公司推出的 BIM360 软件就是一个典型的 BIM 平台软件，它提供了一系列基于云的服务，支持基于 BIM 的模型协调和智能对象数据交换。同样，Graphisoft 公司的 Delta Server 软件也提供了类似的功能。

1.6.2　BIM 建模软件分类

1. BIM 概念设计软件

BIM 概念设计软件在设计初期发挥着至关重要的作用，它通过深入理解和分析业主的设计任务书及其具体要求和方案意图，将其中基于数字的项目需求转化为直观的几何体建筑方案。这一方案不仅为业主与设计师之间的沟通与方案研究论证提供了有力支持，而且确保了设计方向的准确性和有效性。经过充分论证后，这些成果可以无缝转换到 BIM 核心建模软件中，以便进行更深入的设计细化和验证，确保设计方案能够全面满足业主的期望和需求。

在众多 BIM 概念软件中，SketchUp 是一款备受推崇的软件。自 2000 年问世以来，SketchUp 凭借其简洁直观的操作界面和快速上手的特点，被誉为电子设计领域的"铅笔"。2006 年，SketchUp 被 Google 收购后，推出了更为专业且功能强大的 SketchUp Pro 版本。这款软件能够迅速创建出精确的 3D 建筑模型，为业主和设计师提供便捷的设计、施工验证工具，包括流线分析、角度测量等，极大地促进双方之间的交流与协作，提升了设计效率和质量（图 1.6-1）。

Affinity 是一款专注于建筑程序与原理图设计的先进 3D 设计软件，它在设计初期便巧妙融合了 BIM 技术，将时间与空间紧密结合的设计理念渗透至建筑方案的每一个细微环节。通过精确无误的 2D 绘图技术与灵活多变的 3D 模型技术的完美结合，Affinity 能够助力设计师创造出既符合业主期待又充满创意的建筑方案。这款软件不仅提升了设计效率，更确保了设计成果的高质量，让业主在方案阶段就能充分领略到未来建筑的魅力与潜力（图 1.6-2）。

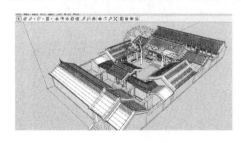

图 1.6-1　SketchUp 软件界面

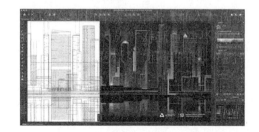

图 1.6-2　Affinity 软件界面

2. BIM 核心建模软件

BIM 核心建模软件的英文通常叫"BIM Authoring Software"，既是 BIM 应用

的基础，也是 BIM 应用过程中碰到的第一类 BIM 软件，简称"BIM 建模软件"。

BIM 核心建模软件公司主要有 Autodesk、Bentley、Nemetschek Graphisoft 以及 Gery Technology 公司等（图 1.6-3）。

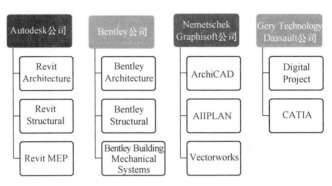

图 1.6-3　BIM 核心建模软件

各公司旗下的软件有：

1）Autodesk 公司

Autodesk 公司的 Revit 是一款采用独特代码库与文件结构设计的高端软件，它具备对早期设计方案进行深入分析的能力。借助其强大的功能，使用者可以自由挥洒创意，轻松绘制草图，并快速构建出三维形态，同时实现各形状间的交互处理。Revit 内置的先进工具能够助力设计师对复杂形状进行概念上的精准梳理，为建造和施工环节创建出高质量的模型。

随着设计工作的不断推进，Revit 能够自动围绕最繁复的形状构建起参数化框架，为设计师提供无与伦比的创建控制能力、精确度和灵活性。从最初的概念模型到最终的施工文档，整个设计流程都能够在 Revit 这一直观且高效的环境中一气呵成。

值得一提的是，Revit 还集成了绿色建筑可扩展标记语言模式（gbXML），这一特性为能耗模拟、荷载分析等工程分析提供了强有力的工具支持。同时，它与结构分析软件如 ROBOT、RISA 等保持着高度的互用性，进一步拓宽其在建筑设计领域的应用范围（图 1.6-4）。

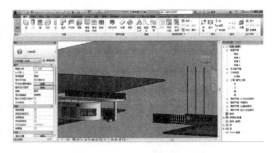

图 1.6-4　Revit 软件界面

2）Bentley 公司

Bentley 公司的 Bentley Architecture 是一款集众多优势于一身的 BIM 建模软件，它融合了直觉式的用户体验交互界面、强大的概念及方案设计功能、灵活且高效的 2D/3D 工作流建模及制图工具，以及广泛的数据组和标准组件库定制技术。作为 BIM 应用程序集成套件的重要组成部分，Bentley Architecture 能够为设施的整个生命周期提供从设计、工程管理、分析、施工到运营的无缝集成解决方案。

在设计流程中，这款软件赋予了建筑师极大的便利，使他们能够直接运用众多国际或地区性的工程行业标准与规范进行工作。更为先进的是，Bentley Architecture 还支持用户通过简单的自定义或扩展功能，轻松获取所需的所有工具，从而满足项目中的特定需求。

凭借其卓越的性能和广泛的应用性，Bentley Architecture 目前在一些大型且复杂的建筑项目、基础设施项目以及工业项目中得到了广泛的认可和应用。它不仅能够显著提升设计效率和质量，还能够为项目的全生命周期管理提供强有力的支持，助力业主和设计师共同实现项目的成功（图 1.6-5）。

3）Graphisoft 公司

ArchiCAD，由 Graphisoft 公司匠心打造，是一款基于全三维模型设计的先锋软件。它不仅具备强大的平面、立面及剖面施工图设计功能，还能自动生成参数计算结果，为建筑师呈献了一个"所见即所得"的卓越图形设计平台。在这个平台上，便捷的方案演示与图形渲染功能让创意无限延伸。

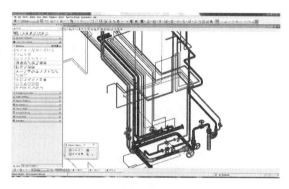

图 1.6-5　Bentley Architecture 软件界面

ArchiCAD 的工作流设计得极为集中，能够与其他软件紧密协作，共同参与虚拟建筑数据的创建与分析。其开放的架构与对 IFC 标准的支持，使得 ArchiCAD 能够轻松与多种软件进行无缝连接与协同作业。以 ArchiCAD 为核心基础的建筑方案，能够充分利用虚拟建筑数据，全面覆盖建筑工作流程的每一个环节。

作为一款在全球范围内广受赞誉的产品，ArchiCAD 凭借其卓越的性能与广泛的应用性，早已成为市场上最具影响力的 BIM 核心建模软件之一。它见证了建筑设计的数字化变革，引领着行业向更加高效、智能的方向发展（图 1.6-6）。

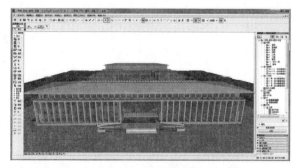

图 1.6-6　ArchiCAD 软件界面

4）Gery Technology 公司

Digital Project 是由 Gery Technology 公司在 CATIA 平台基础上精心研发的一款专为工程建设行业量身定制的应用软件（属于二次开发范畴）。它具备设计任意几何形态模型的能力，并且支持导入高度定制化的复杂参数模型组件，其中包括利用 Knowledge Expert 组件实现基于规则的设计复核，借助 Project Engineering Optimizer 组件根据功能需求优化参数设计，以及通过 Project Manager 组件对模型进行全程跟踪管理。

此外，Digital Project 软件还配备了强大的应用程序接口，为使用者提供了极大的灵活性和扩展性。对于已经建立了完善建筑业建设工程项目编码体系的发达国家，如美国和加拿大，Digital Project 软件能够轻松导入这些国家的标准编码体系，如美国的 Uniformat 和 Masterformat 体系，从而极大地便利了工程项目的预算与成本控制（图 1.6-7）。

因此，对于一个项目或企业 BIM 核心建模软件技术路线的确定，可以考虑如下基本原则：

（1）民用建筑可选用 Autodesk Revit；

（2）工厂设计和基础设施可选用 Bentley Architecture；

（3）单专业建筑事务所选择 ArchiCAD、Revit、Bentley Architecture 均可；

（4）项目完全异形、预算比较充裕的可选择 Digital Project。

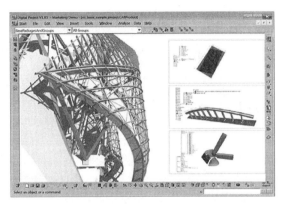

图 1.6-7　Digital Project 软件界面

BIM 建模软件可以进行三维设计，所生成的模型是后续 BIM 应用的基础，在 BIM 技术的应用过程中具有十分重要的意义。在前面所介绍的 4 种 BIM 核心建模软件中，Autodesk 公司的 Revit 软件在国内有着较为广泛的应用，同时也具有如下优势：

（1）界面友好，易于初学者掌握。

在建筑行业中，AutoCAD 作为 Autodesk 公司发行的旗舰产品，一直保持着极高的用户基数。Autodesk 在 Revit 的界面设计上巧妙地借鉴了 AutoCAD 的布局与标签设计，使得使用者在初次接触 Revit 时便能感受到一种熟悉与亲切。这种设计不仅降低了新用户的学习门槛，还促进了他们向新软件的快速过渡。对于建筑师而言，面对全新的软件往往意味着额外的挑战，但 Revit 却凭借其与 AutoCAD 相似的操作界面，让建筑师们能够轻松上手。更重要的是，利用 Revit 的建筑信息生成图纸，相较于直接在计算机上绘制平面与立面图纸，更加高效快捷。

（2）卓越的互操作性。

Autodesk Revit 系列涵盖了 Revit Architecture、Revit Structure、Revit MEP 等多个专为不同领域设计的版本。Revit 在互操作性方面表现出色，不仅能够轻松导入并编辑 AutoCAD 的 DWG 文件以及 SketchUp 的 SKP 文件，还支持 BIM 领域广泛应用的 IFC 标准格式。此外，它还支持用于能耗分析、风力分析的 gbXML 格式，以及丰富的第三方插件，进一步丰富了 Revit 系列产品的功能。用户可以通过整合不同的软件来构建图纸和数据库中的信息，如数量表、单价分析表等，这些信息都可以在同一个模型中得以呈现。

（3）丰富的构件（族）资源。

除了简洁易用的操作界面外，Revit 还提供了详尽且实用的文档与教学资料。用户可以轻松找到自制或由第三方软件提供的构件（族），如机电管线、家具等，这些构件可以方便地下载并导入到 Revit 中。Revit 软件自带的构件（族）库涵盖了众多项目中可能使用的构件，为用户提供了极大的便利。

（4）强大的参数化设计能力。

在 Revit 的建筑模型中，不仅包含了传统的 2D 建筑物图纸，还集成了施工等其他相关信息。这些信息以数据库的形式存储，取代了传统的图纸或 CAD 文件。Revit 的另一大特色是其交互关联性，即模型中任何对象的修改都会自动调整并反映到整个项目的其他窗口中。例如，在 3D 模型窗口中为室内墙面新增一个开口，这一变化会实时地体现在平面图及立面图窗口中。

因此，本书接下来的章节将以 Revit 软件为例，深入讲解 BIM 建模方法。

1.7　BIM 技术给建筑业带来的影响

建筑业，作为我国国民经济的支柱型产业，近年来始终保持着总体规模的持续扩大与稳健增长。其工程建造能力日益增强，不仅吸纳了庞大的农村转移劳动力，还极大地带动了众多相关产业的蓬勃发展。这一行业对我国经济社会的进步、城乡建设的推进以及民众生活条件的改善，均作出了不可或缺的杰出贡献。

BIM 技术的广泛应用与发展，对建筑业的质量提升与效率增进产生了深远的积极影响。它已然成为建筑企业实现生产方式转型与管理模式创新的有效抓手与得力助手。通过 BIM 技术的深入应用，建筑企业能够更加精准地把握项目全局，优化资源配置，提升管理效能，进而推动整个行业向更高质量、更高效率的方向发展。

首先，BIM 技术极大地促进建筑全生命周期价值的最大化实现。从最初仅局限于深化设计阶段的单一场景应用，到如今已全面贯穿于设计、招标投标、施工乃至运维等各个阶段，BIM 技术的应用范围显著扩大。

在设计阶段，BIM 技术引领了从"二维"向"三维"乃至"三维正向设计"的深刻变革，为空间设计注入了前所未有的技术支持。参数化建模与结构化设计的运用，不仅在设计阶段实现了对建筑结构各专业的深度整合与精确校正，还为后续的算量、造价估算及施工环节提供了至关重要的基础性数据参考，显著提升了设计的准确性与实用性。

进入施工阶段，BIM 技术作为数据的核心载体，促进了参建各方对项目数据的实时共享，实现了生产要素与生产过程的高精度、高效率管控。这不仅极大地提升了施工效率，还有效降低了施工过程中的安全风险，为工程项目的顺利实施提供了坚实保障。

而在运维阶段，BIM 技术则是整合建筑运维信息的强大平台。通过与 GIS（地理信息系统）、大数据、物联网（IoT）、人工智能（AI）及云计算等前沿技术的深度融合，BIM 技术能够全面整合建筑运维各子系统的信息数据，实现人、建筑与设备之间的无缝互联互通。这一能力不仅显著提升了建筑及设备的运维效率，还为建筑的智能化管理、节能减排及长期价值提升奠定了坚实基础。

其次，BIM 技术对建筑项目各参与方的组织模式产生了深远影响。近年来，我国积极推行工程组织模式改革，旨在促进建筑业持续健康发展，工程总承包（EPC）、全过程工程咨询等新型模式应运而生。BIM 技术的广泛应用，打破了建筑业传统的工作模式、管理方式、团队结构及协作形式，以三维虚拟模型作为全生命周期建筑数据与项目业务流程数据的集成载体，重新定义了各参与方的组织模式。

通过构建虚拟的三维模型，BIM 技术利用数字化技术提供了全面而详尽的建筑工程信息库，显著提升了建筑工程的信息集成化程度。这一平台为工程项目的相关方提供了一个高效的信息交换与共享环境，使得设计人员能够协同作业，显著提升设计质量与效率；施工人员则能借助平台数据进行模拟，制定更为周密的施工计划，确保各工序紧密衔接，减少窝工与返工现象，从而在保证建筑工程质量的同时缩短工期。

最终，BIM 技术已成为全球建筑业提升生产力的核心导向。从各国政府发展经济战略的高度出发，BIM 技术不仅是提升建筑业生产力的关键，更是推动建筑业持续发展的新理论与新技术。各国政府正积极顺应这一趋势，颁布相关政策文件，制定 BIM 标准，以加速 BIM 技术在建筑业的应用与发展，提升行业整体水平。BIM 技术以信息模型作为数据载体，强化了信息的交流与共享，消除了信息孤岛，为正确决策提供了坚实的信息基础，有效提升了建筑企业的信息应用与经营水平。

正如习近平总书记强调："我们要把握数字化、网络化、智能化融合发展的契机，以信息化、智能化为杠杆培育新动能。"当前，建筑业正全面迈向高质量发展阶段，利用数字化手段实现转型升级已成为行业共识。其中，BIM 技术作为推动建筑业转型的关键技术，已成为实现建筑全生命周期信息集成、展现与协同的重要支撑。通过 BIM 与新技术的集成应用，我们已构建起面向全生命周期、多方主体协同的管理平台，实现了以新设计、新建造、新运维为代表的产业升级，进而推动建筑业从传统建造向智慧建造转变，从建造大国向建造强国迈进。

课后习题

1. BIM 的全称是什么？（　　　）

A. 建筑信息模型（Building Information Modeling）

B. 建筑信息管理（Building Information Management）

C. 建筑信息模型化（Building Information Modelingization）

D. 建筑信息维护（Building Information Maintenance）

2. BIM 技术的核心特点不包括以下哪一项？（　　）

A. 可视化　　　　　　B. 静态性　　　　　　C. 协调性　　　　　　D. 优化性

3. BIM 技术在建筑全生命周期中的哪个阶段不能发挥显著作用？（　　）

A. 规划设计阶段　　　　　　　　　　B. 施工建造阶段

C. 运营维护阶段　　　　　　　　　　D. 拆除报废阶段

4. 以下哪个软件不是常用于 BIM 建模的工具？（　　）

A. Autodesk Revit　　　　　　　　　B. SketchUp

C. Bentley MicroStation　　　　　　　D. Tekla Structures

5. BIM 技术通过哪种方式显著提高了建筑项目的协同工作效率？（　　）

A. 通过纸质图纸传递信息

B. 通过电子邮件交流设计变更

C. 通过中央数据库共享实时信息

D. 通过电话会议讨论设计方案

参考答案

1. A　2. B　3. D　4. B　5. C

第 2 章 Revit 基础操作

【导读】

本章主要对 Revit 软件中基础操作方法进行介绍。

第 1 节讲解了 Revit 软件的概述。

第 2 节讲解了 Revit 软件的特性。

第 3 节讲解了 Revit 软件的基本术语。

第 4 节讲解了 Revit 软件的界面。

第 5 节讲解了 Revit 的文件格式。

第 6 节讲解了模型浏览与控制。

第 7 节讲解了图元编辑基本操作。

第 8 节讲解了选项设置。

第 9 节讲解了 Revit 软件的项目与项目样板。

第 10 节讲解了 Revit 软件的项目基本设置。

第 11 节讲解了载入族与组。

知识目标：

1. 了解 BIM 建筑信息系统与 Revit 软件的关系。

2. 熟悉 Revit 软件界面、文件类型、视图控制工具和快捷键的使用以及项目的创建等基础操作。

3. 了解 Revit 软件的基本要素、工作界面和基本应用。

4. 掌握 Revit 软件中快捷键的使用，提高操作效率。

能力目标：

1. 能够独立完成 Revit 软件的安装与配置，熟练使用软件界面进行各类操作。

2. 熟练掌握 Revit 软件中图元的创建、修改、删除等基本操作，以及图元属性的编辑方法。

3. 能够创建新的 Revit 项目，并根据项目需求进行视图设置、图元布置等工作，为后续的专业设计打下基础。

课程思政目标：

1. 通过 Revit 软件的学习，培养学生的团队协作精神、沟通能力和解决问题的能力，提升职业素养。

2. 引导学生关注建筑行业的可持续发展，理解 BIM 技术在节能减排、绿色建筑等方面的应用潜力，培养学生的社会责任感和环保意识。

3. 鼓励学生运用所学知识解决实际问题，培养创新思维和实践能力。

2.1　Revit 概述

2.1.1　Revit 简介

Revit 软件作为当前 BIM 技术在建筑设计行业的佼佼者，在市场上展现出强劲的增长势头。Revit 系列软件包括 Revit Architecture、Revit Structure、Revit MEP、Revit One Box 及 Revit LT 等，它们分别为建筑、结构、设备（如水、暖、电）等不同行业提供了专业的 BIM 解决方案。

作为一个独立的软件平台，Revit 软件采用了与 CAD 不同的代码库和结构，特别适用于民用建筑市场。其用户界面友好，易于学习和使用，同时支持创建参数化对象，实现对长度、角度等参数的约束，极大地提高了设计的灵活性和效率。

此外，Revit 软件还拥有庞大的对象库，包含约 7 万多种产品信息，这些信息以多种文件格式（如 RVA、DWG、DWF、DGN、GSMKP 及 TXT 等）存储在 Autodesk 官网上，便于项目各参与方进行多用户操作。

作为 BIM 平台，Revit 软件能够实现与相关应用程序之间的数据交换，主要通过 Revit API、IFC、DWF 等中间格式实现。同时，Revit 软件还能与 AutoCAD、Civil 3D 等软件进行链接，进行场地分析；与 Nomitech 等软件链接，进行成本预算；与 Navisworks 链接，进行碰撞检查和模拟等。

2.1.2　Revit 历史

Revit 软件的发展历程可以概括为以下几点。

1. 初创与起源

Revit 软件最初并非 Autodesk 公司的产品，而是由来自 Pro/E 公司的软件工程师 Leonid Raiz 和 Irwin Jungreis 于 1997 年创立。Pro/E 是一款机械设计的三维软件，这为 Revit 在建筑领域的应用提供了灵感和技术基础。

2. 早期发展

Revit 软件的创始人希望将机械领域的参数化建模方法和成功经验引入建筑行业，于是他们创建了 Charles River 软件公司（后更名为 Revit Technology 公司），并开始研发 Revit 软件。

早期版本的 Revit 软件专注于为建筑师和建筑工程师提供一个工具，用于创建包含几何和非几何设计信息的参数化三维模型。这种模型后来被称为建筑信息模型（BIM）。

3. 被 Autodesk 收购

2002 年，Autodesk 公司以 1.33 亿美元收购 Revit Technology 公司，Revit 软件随后成为 Autodesk 公司的主要研究产品之一。

4. 产品扩展与成熟

在 Autodesk 公司的推动下，Revit 软件得到了进一步的开发和扩展。目前，

Autodesk Revit 软件包括三个主要系列：Revit Architecture、Revit Structure 和 Revit MEP，分别对应建筑、结构和水暖电专业领域。

Revit 软件不断升级和完善，引入了更多功能，如参数化建模技术、开放的 API（应用程序编程接口）等，使得 Revit 软件成为 BIM 平台的重要技术因素。

5. 广泛应用

Revit 软件以其强大的功能和广泛的应用领域，在建筑行业中受到了广泛的欢迎和认可。它不仅可以帮助用户实现数字化建筑设计和管理，提高设计和建造质量，降低成本，还可以与其他流程软件集成，如 Autodesk 3ds Max、AutoCAD 等。

综上所述，Revit 软件的历史是一部从初创到成熟、从独立发展到被行业巨头收购并持续壮大的历程。在这个过程中，Revit 软件始终致力于为建筑行业提供先进的设计和管理工具，推动建筑信息模型（BIM）技术的发展和应用。

2.1.3 Revit 与 BIM 的关系

Revit 软件与 BIM 的关系是工具与理念的关系，其中 BIM 是理念和技术框架，而 Revit 软件是这一框架下的重要实现工具之一。

Revit 软件是 BIM 软件之一，特别是在设计阶段应用较多。它是面向设计师、建筑师和实干家的 BIM 软件，可以帮助建筑、工程和施工（AEC）团队创建高质量的建筑和基础设施。

Revit 软件以参数化准确性、精度和简便性在三维环境中对形状、结构和系统进行建模。随着项目的变化，可以即时修订平面图、立面图、剖面图和明细表，从而简化文档编制工作。它支持多规程团队的工作，提供绘制草图、编制明细表、添加注释和编制文档等工具，推动高效的 BIM 工作流程。

BIM 是一个广泛的概念，涵盖了建筑信息模型的全生命周期应用，而 Revit 是实现 BIM 理念的具体工具之一。Revit 软件需要与其他 BIM 软件配合使用，以实现 BIM 所要求的功能和任务。

2.2 Revit 特性

Revit 软件的特性主要包括：

三维建模：支持创建高精度的三维建筑、结构和设备模型。

参数化设计：允许通过调整参数自动更新模型，提高设计效率。

协同工作：支持多用户协同，促进设计团队的实时沟通和协作。

丰富资源：提供大量预制族库和模板，加速建模过程。

分析功能：内置多种分析工具，用于评估模型性能和效果。

编程接口：提供 API，支持定制化和扩展，满足特定需求。

2.3　Revit 基本术语

2.3.1　参数化

"参数化"是指模型元素之间的关系，这些关系可实现 Revit 软件所提供的协调和变更管理功能。参数化在 Revit 软件中指的是通过参数来控制模型中各元素之间的关系，这些关系可以自动调整以保持模型的一致性。

Revit 软件中的图元（如墙、门、窗等）以构件形式存在，这些构件的多样性通过参数来控制。参数保存了图元作为数字化构件的所有信息，如尺寸、材质、位置等。

当模型中某个元素发生变化时，与之相关联的其他元素会自动进行相应的调整，以保持模型的一致性。

参数化设计使得对模型的任何修改都能自动反映在其他相关联的对象中，减少了手动修改的工作量。参数化设计提高了设计效率，保证了模型的一致性和准确性，是 Revit 软件作为一款三维参数化建筑设计软件的重要特性。

2.3.2　项目与项目样板

在 Revit 软件中，所有的设计模型、视图及信息均被保存在后缀为".rvt"的项目文件中。这一项目文件全面涵盖了设计所需的所有信息，如建筑的三维模型、平立剖面、节点视图、明细表和施工图图纸等。

当新建项目时，系统会自动生成一个后缀为".rte"的文件，作为项目的起始条件。这个文件被称为样板文件，其功能类似于 AutoCAD 中的 .dwt 文件。

样板文件中预设了新建项目的一些默认参数，包括项目默认的度量单位、楼层数量、层高信息、线型设置以及显示设置等。用户可以根据自己的需求自定义这些样板文件，并将其保存为新的 .rte 文件。

2.3.3　标高

Revit 软件中的"标高"是指用于定义建筑内的垂直高度或楼层高度的水平平面。它是屋顶、楼板和天花板等以层为主体的图元的参照。在 Revit 软件中，标高大多用于定义建筑内的不同楼层高度，并作为绘制三维模型时的高度位置参照。它是水平平面，用于控制 Revit 模型中的高度信息。

标高由标头和标高线组成，其中标头反映标高的标头符号样式、标高值、标高名称等信息，标高线反映标高对象投影的位置和线型表现。

标高可以通过 Revit 软件创建、修改和删除，支持参数化设置，如高度、名称等。

在 Revit 中创建标高的方法主要有三种：绘制标高、复制标高和阵列标高。用户可以根据项目需求选择合适的方法来创建和管理标高。

2.3.4 图元

Revit 软件中的模型元素统称为图元。在项目中，Revit 软件主要使用以下三种类型的图元：

模型图元：模型图元代表建筑的实际三维几何形状，并显示在模型的相关视图中，分为主体和模型构件两类。主体通常用于构建如墙、天花板、结构墙和屋顶等场地元素，而模型构件则包含建筑模型中所有其他类型的图元。

视图图元：视图图元仅在它们被放置的视图中显示，有助于对模型进行描述或归档处理。

注释图元：注释图元进一步细分为基准图元和注释图元。基准图元，如轴网、标高和参照平面，用于定义项目的上下文；注释图元，如尺寸标注、标记和注释记号，则用于在图纸上保持比例的二维表示。此外，详图作为一种特定的注释图元，在特定视图中提供建筑模型的详细信息，包括详图线、填充区域和二维详图构件。

Revit 软件的图元设计为设计者提供了极大的灵活性，允许用户直接创建和修改图元，而无需进行编程。在绘图过程中，还可以定义新的参数化图元以满足更复杂的设计需求。

2.3.5 族

Revit 软件中的族是一个特殊的图元组，它包含了一组通用的属性，这些属性被称为参数。每个族图元都能够在其内部定义出多种类型，而这些类型又可以具备各异的尺寸、形状、材质设置或其他参数上的变化。尽管属于同一个族的不同图元，在部分或全部参数上的具体数值可能有所不同，但它们所共享的参数集合（即参数的名称及其对应的含义）是一致的。族文件的存储格式是 .rft。

2.4 Revit 概述

本书全部内容建立在 Revit 2020 平台上。

1. 应用程序菜单

打开 Revit 软件，新建项目，打开后呈现的界面如图 2.4-1 所示。

单击【文件】菜单，弹出包含新建、打开、保存、导出等工具的下拉列表，这些工具是文件管理所需要的，涵盖 Revit 2020 的常见操作和设置选项，也叫【应用程序】菜单。例如：选择"导出"工具，可以将项目成果导出为不同的类型，如 CAD、IFC 等，如图 2.4-2 所示。其他工具也可展示不同的内容，这里不再赘述。

单击【应用程序】菜单中"选项"命令，在弹出的"选项"对话框中可以进行"用户界面、渲染、ViewCube"等设置，如图 2.4-3 所示。

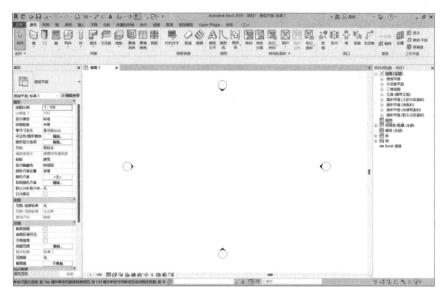

图 2.4-1　Revit 2020 新建项目打开界面

图 2.4-2　【应用程序】菜单导出工具界面　图 2.4-3　"选项"对话框中用户界面设置

2. 快速访问工具栏

快速访问工具栏里包括一组常用的工具，如保存、打印、细线显示、三维视图等，如图 2.4-4 所示。

图 2.4-4　快速访问工具栏

3. 功能区

当打开一个项目时，功能区会显示出来，包括建筑、结构、系统、插入、分析和视图等选项卡。每个选项卡又包含多个面板，每个面板中含有多个命令，以【建筑】选项卡为例，如图 2.4-5 所示。

图 2.4-5　功能区【建筑】选项卡显示

4. 属性面板

属性面板用来查看和修改图元的特征，包含类型选择器（标识出当前的族类型）、属性过滤器、编辑类型（设置整个类型的参数）和实例属性（设置某一图元的参数）。以"墙"为例，属性面板中包含类型选择器、属性过滤器和编辑类型等，单击"编辑类型"命令后界面如图 2.4-6 所示。

 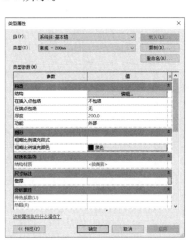

图 2.4-6　属性面板及编辑类型展开显示

5. 状态栏

状态栏用于显示和修改当前操作命令的状态，包括当前操作状态、工作集状态、设计选项、选择链接、选择基线图元、选择锁定图元、按面选择图元、选择时拖拽图元等命令，如图 2.4-7 所示。

图 2.4-7　状态栏

6. 上下文选项卡

在激活某一命令时，会在功能区下方自动添加一行针对这一命令的选项栏，此时修改选项卡也变为相应的上下文选项卡，可在该位置进行相应命令的设置，以"墙"命令为例，单击【建筑】选项卡→【构建】面板→"墙"命令，自动弹出

【修改 | 放置 墙】上下文选项卡，如图 2.4-8 所示。

图 2.4-8　上下文选项卡

7. 绘图区

绘图区即工作界面，是指功能区、属性面板、项目浏览器和快速访问栏包围的区域，可以实现建模操作，并显示相关成果。在绘图区域中，利用鼠标来控制视图中的显示。如滚动鼠标中间轮控制整体显示的缩放，按住鼠标中间轮并拖动可平行移动视图，鼠标左键单击选择图元，【属性】面板自动切换至相应类型。

2.5　Revit 文件格式

Revit 文件格式主要包括以下几种：

项目文件格式（.rvt）：这是 Revit 软件中最主要的文件类型，包含了整个建筑项目的所有信息，如建筑元素、参数设置、视图、注释等内容。项目文件可以用来建立、编辑和管理整个建筑项目。

样板文件格式（.rte）：用于创建新的项目文件时作为起点。它包含了一组预定义的设置和标准，如构件库、视图样板、图层设置等，有助于用户快速开始一个新的项目。用户可以根据需要创建自己的样板文件，以便在后续项目中重复使用。

族文件格式（.rfa）：用于定义和创建建筑元素的文件类型，如窗户、门、家具等。它包含了元素的几何形状、参数设置和属性等信息。族文件可以被导入项目文件中，以便在项目中使用和编辑。

族样板文件格式（.rft）：是创建族文件的基础模板，它定义了族的添加方式、参数设置、可见性等信息。通过族样板文件，用户可以绘制出满足特定工程项目需求的族。

此外，Revit 软件还支持导入和导出多种其他格式的文件，如 CAD 文件格式（DGN、DWF、DWG、DXF、IFC、SAT 和 SKP）、图像格式（BMP、PNG、JPG、JPEG 和 TIF）等，以及 ODBC、HTML、TXT 和 gbXML 等其他文件格式，这使得 Revit 软件能够与其他软件或人员进行有效的数据交换和共享。

2.6　模型浏览与控制

2.6.1　项目浏览器

项目浏览器用于管理视图所涉及的视图（平面、立面、三维等）、明细表、图纸、族、组、Revit 链接等。项目浏览器呈现树状结构，可以单击"＋"展开各层级，也可单击"—"折叠各层级。项目浏览器的组织与样例如图 2.6-1 所示。

2.6.2 导航栏

导航栏一般位于界面的右上角，在二维和三维视图中均可显示。以三维视图为例，导航栏由三部分组成：控制盘、缩放控制栏和自定义导航栏。每一项均可以通过该命令的下拉列表进行展开，展开后可以切换至不同的控制方式，如图 2.6-2 所示。

2.6.3 ViewCube

在三维视图中，ViewCube 在视图的右上角显示，可以通过单击它的点、边、面分

图 2.6-1 项目浏览器的组织与样例

别调整到不同的视点，也可以将鼠标放置在 ViewCube 的任意位置并拖动来转动视图。可将视图调整到某一状态，在 ViewCube 上单击右键，并将此视图设置为主视图。如切换主视图可单击上方的主视图命令，使其恢复主视图，如图 2.6-3 所示。

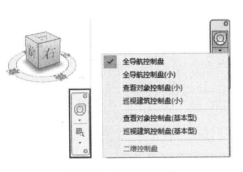

图 2.6-2 导航栏界面

图 2.6-3 主视图设置

2.6.4 视图控制栏

视图控制栏位于窗口的底部，可以控制当前视图的显示样式，其从左到右的命令依次为：视图比例、详细程度（粗略、中等、精细）、视觉样式（线框、隐藏线、着色、一致的颜色、真实、光线追踪）、日光路径、阴影、裁剪视图、显示裁剪区域、解锁三维视图、临时隐藏/隔离、显示隐藏的图元、临时视图属性、显示分析模型、高亮显示位移集、显示约束，如图 2.6-4 所示。

$$1:100 \quad \boxed{}$$

图 2.6-4 视图控制栏样式

2.6.5　视图工具

单击功能区中的【视图】选项卡，可以看到"图形、演示视图、创建、图纸组合、窗口"五个面板，每个面板中又包含了不同的命令，可以实现可见性、渲染、立面、剖面和用户界面等命令，【视图】选项卡命令如图 2.6-5 所示。

图 2.6-5　【视图】选项卡命令显示

2.7　图元编辑基本操作

2.7.1　图元的选择

图元的选择方法有单选、框选和过滤器选择等。鼠标左键单击可选中单个图元，可按住 Ctrl 键的同时单击其他图元来选中多个图元。当采用框选的方法时，若从左至右框选，需全部包围此图元，而从右至左框选时，只需选择图元的部分即可选择该图元，两种框选方式的区别如图 2.7-1 所示。

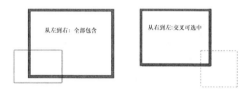

图 2.7-1　框选图元

如项目中的图元类型比较多，且每个类别有多个图元时，可选中全部，激活【修改 | 选择多个】上下文选项卡，在【选择】面板中单击"过滤器"命令，在弹出的"过滤器"对话框中，勾选所要选择的图元种类，单击"确定"命令，如图 2.7-2所示。

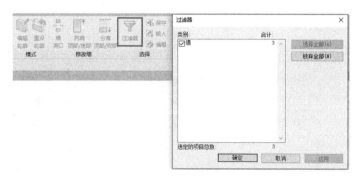

图 2.7-2　使用过滤器选择图元

2.7.2　图元的编辑

选中图元后，在【属性】面板中进行实例属性编辑，也可进行类型属性编辑。（后续墙体、门窗等均有详细编辑过程，这里不展开介绍）

2.7.3 图元的属性

选中某图元后，将自动弹出该图元的属性类型，在【属性】面板中可以进行图元的实例属性设置，也可单击面板右侧的"类型属性"对其进行类型设置。

2.8 选项

2.8.1 用户界面设置

单击【视图】选项卡→【窗口】面板→"用户界面"命令，可以控制"属性、ViewCube、项目浏览器、导航栏"等窗口的显示，按照需要勾选即可，如图 2.8-1 所示。

2.8.2 背景颜色修改

图 2.8-1　用户界面

一般情况下，Revit 软件界面的背景颜色显示为"白色"，如有需要，也可以设置为其他颜色。单击【文件】菜单，选择"选项"命令，在弹出的"选项"对话框中，选择"图形"，在"颜色"下的"背景"位置，将"白色"设置成需要的颜色，单击"确定"命令即完成背景颜色的修改，如图 2.8-2所示。

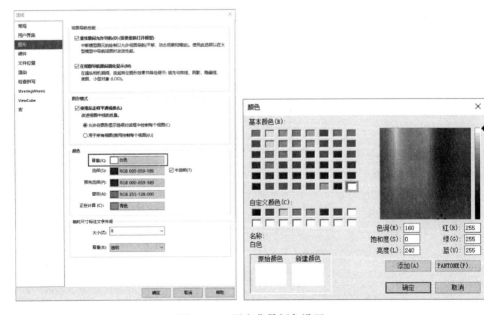

图 2.8-2　用户背景颜色设置

2.8.3　快捷键使用及更改

1. 快捷键的使用

与 CAD 类似，Revit 软件也有一些快捷键，快捷键的使用可以提高工作效率。常见的快捷键有很多，【修改】选项卡下【修改】面板中的命令使用频率很高，例如对齐（AR）、偏移（OF）、镜像（MM/DM）、拆分（SL）、移动（MV）、复制（CO）、旋转（RO）、修剪（TR）等。

除了【修改】面板中的，还有其他一些尝试用的快捷键，例如标高（GR）、轴网（LL）、墙体（WA）、门（DR）、窗（WN）、隐藏选中图元（HH）、显示全部图元（HR）、平铺视图（WT）、选择类似（SS）、参照平面（RP）、标注（DI）等。

2. 快捷键的更改

在 Revit 软件中也可以根据需要去设置或修改快捷键，单击【视图】选项卡→【窗口】面板→"用户界面"下拉列表中的"快捷键"命令，弹出"快捷键"对话框，可在其中新建、删除和更换快捷键，如图 2.8-3 所示。

图 2.8-3　快捷键的更改

2.9　项目与项目样板

2.9.1　项目样板的作用

Revit 项目样板在项目管理、设计效率和团队协作等方面都发挥着重要作用。项目样板中包含了项目中常用的图形、注释、标记和视图设置等元素，可以直接调用，无需重复设置，从而节省时间。通过选择合适的样板文件作为模板，可以快速开始新项目，无需从头设置项目参数和方案。

样板可以确保所有项目文件在风格和标准上保持一致，无论由哪位设计师进行建模，都能产生相似的效果。样板中包含了标准的图层设置、视图命名规范、标准等内容，有助于规范化设计流程，减少错误，提高项目质量。

通过遵循同样的标准和流程，团队成员之间的信息交流更加清晰直观。项目样板的使用有助于团队成员快速上手，减少因设置不一致或沟通不畅带来的协作障碍。

2.9.2　项目样板的位置

Revit 项目样板的位置通常位于本地计算机中的特定文件夹内。具体来说，该文件夹在安装 Revit 软件时会自动创建，并包含一些常用的样板文件。默认情况下，样板文件可能位于 C 盘 ProgramData 下的 Autodesk 文件夹中，具体路径可能因 Revit 版本而异（例如：C：\ ProgramData \ Autodesk \ RVT 2020 \ Templates \ China），如图 2.9-1 所示。

图 2.9-1　项目样板位置

由于文件夹默认是隐藏的，用户可能需要调整文件浏览器的设置才能查看到它。另外，用户也可以通过 Revit 软件的选项设置来查找或修改项目样板文件的位置。在 Revit 软件中，单击菜单下的"选项"命令，在弹出的"选项"对话框中选择"文件位置"，即可找到并修改项目样板文件的路径，如图 2.9-2 所示。

图 2.9-2　修改项目样板文件路径

2.9.3　创建项目样板

在 Revit 中创建项目样板是一个相对直接的过程，它为新项目提供了起点，包括视图样板、已载入的族、已定义的设置（如单位、填充样式、线样式、线宽、视图比例等）和几何图形等。以下是创建项目样板的一般步骤。

1. 使用软件自带的样板或空白样板创建

打开软件，单击"新建"命令，或者在【文件】菜单中单击"新建"工具下的"项目"命令。在弹出的"新建项目"对话框中，选择"项目样板"文件。这里可以选择软件自带的样板作为起点，或者选择"无"来创建一个完全空白的样板。根据需要定义度量制、单位、填充样式、线样式、线宽、视图比例等，并创建任意几何图形，这些图形将作为将来项目的基础使用。完成设置后，单击【文件】菜单中"另存为"工具下的"样板"命令。在弹出的"另存为"对话框中，输入样板名称并选择样板目录，最后单击"确定"命令完成项目样板创建。如图 2.9-3 所示。

图 2.9-3　另存为项目样板

2. 基于现有项目文件创建

如果已经拥有一个较为完整的项目文件，且只需将其中某一部分的项目设置作为新样板的基础条件，可以采用以下步骤：

使用 Revit 软件打开需要作为基础的项目文件。切换到三维视图，根据需要删除不需要的模型元素，只保留希望在新样板中保留的部分。单击【文件】菜单中"另存为"工具下的"样板"。在弹出的"另存为"对话框中，为新样板命名并选择样板目录，最后单击"确定"命令保存。

3. 通过"传递项目标准"创建

如果希望将某个项目中的特定设置（如视图样板、族、设置等）传递到新的项目样板中，可以使用"传递项目标准"功能：

打开包含所需设置的项目文件（源项目）和一个新的或空白的项目样板文件（目标样板）。在目标样板文件中，单击【管理】选项卡→【设置】面板→"传递项目标准"命令。在弹出的对话框中，选择源项目文件，并勾选需要传递的项目标准选项。完成设置传递后，保存目标样板文件，如图 2.9-4 所示。

2.9.4　创建新项目

启动 Revit 2020，默认打开"最近使用的文件"界面。此界面左侧可以看到

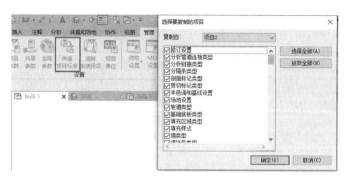

图 2.9-4 "传递项目标准"创建项目样板

"模型"命令下面的"新建"和"打开",以及"族"命令下面的"新建"和"打开"。选择"模型"命令下的"新建",在弹出的"新建项目"对话框中选择所需要的样板,如"建筑样板""构造样板""结构样板""机械样板",如图 2.9-5 所示。也可单击"浏览"命令,选择族库中的其他样板,如图 2.9-6 所示。

图 2.9-5 新建项目选择样板

图 2.9-6 浏览选择项目样板

2.10　项目基本设置

2.10.1　设定项目信息

在 Revit 软件中设置项目信息是一个重要步骤，它有助于确保项目的准确性和一致性。

单击【管理】选项卡→【设置】面板→"项目信息"命令，在弹出的"项目信息"对话框中，可以看到"标识数据""能量分析""布线分析"和"其他"。在"标识数据"中可以对项目的"组织名称""组织描述""建筑名称"和"作者"进行设置；在"其他"中可以对"日期""名称""地址""编号"等进行设置；也可单击"能量分析"和"布线分析"后的"编辑"命令进行相应的设置。如图 2.10-1 所示。

2.10.2　设定项目单位

在 Revit 软件中设定项目单位，可确保项目中的所有数值都使用统一的单位标准。单击【管理】选项卡→【设置】面板→"项目单位"

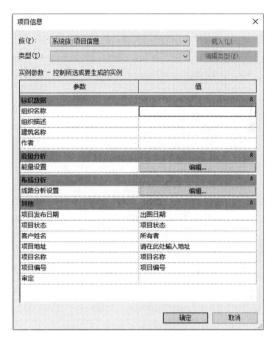

图 2.10-1　项目信息设定

命令，弹出"项目单位"对话框。首先在下拉列表中选择对应的规程，单击所选数值类型对应的"格式"命令，进入"格式"对话框。在这里，可以设置单位的格式、精度（如小数位数）、单位符号等。例如，对于长度单位，可以选择"米"或"毫米"作为单位，并设置小数位数、单位符号。如图 2.10-2 所示。

2.10.3　设定项目位置

单击【管理】选项卡→【项目位置】面板→"地点"命令，在弹出的"位置、气候、场地"对话框中，进行位置、天气、场地的相应设置。如图 2.10-3 所示。

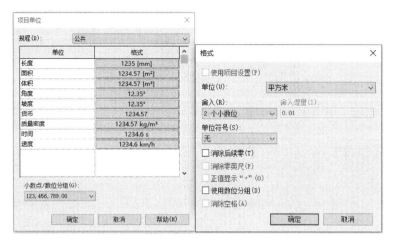

图 2.10-2　项目单位设定

图 2.10-3　项目位置设定

2.11　载入族与组

2.11.1　载入族

　　载入族是一个常见且重要的操作，族是 Revit 中用于构建项目的基本元素，包括墙体、窗户、门等各种构件族。单击【插入】选项卡→【从库载入】面板→"载入族"命令，在弹出的"载入族"对话框选择所需要的族类型，显示有"MEP""建筑""机电""结构""标题栏""消防"等，每个文件夹均包括多个类别的族文件，根据需要进行选择即可，如图 2.11-1 所示。

2.11.2　创建组

　　创建组是一个高效管理项目元素的方法，它允许用户将多个图元组合成一个单一的单元进行移动、复制或编辑。选中想要成组的所有图元，可以通过单击选择、框选或使用选择过滤器来完成。在选中图元后，单击【修改】选项卡（或在某些 Revit 版本中可能显示为【修改｜选择多个】上下文选项卡）→【创建】面板→

图 2.11-1　载入族

"创建组"命令。在弹出的"创建模型组"对话框中进行命名并单击"确定"命令。在【修改 | 模型组】上下文选项卡中单击"编辑组"命令，在弹出的"编辑组"对话框中单击"完成"命令，如图 2.11-2 所示。

图 2.11-2　创建模型组

单击"完成"命令后，创建好的组选中后便成为一个整体，由虚线框包围，选中此组，切换至【修改 | 模型组】上下文选项卡，在【成组】面板中，可以进行"编辑组""解组"等操作，如图 2.11-3 所示。

 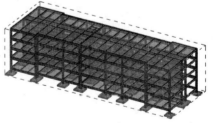

图 2.11-3　修改模型组

课后习题

1. 在 Revit 界面中，如项目浏览器不显示，可通过【视图】选项卡下的(　　)命令将其调整出来。

A. 可见性/图形替换   B. 平面视图
C. 用户界面   D. 视图样板

2. 在 Revit 软件中，单击【文件】菜单，选择"选项"命令，在弹出的"选项"对话框中，选择（   ）命令，在颜色下的背景位置，将白色设置成需要的颜色，单击"确定"命令即完成背景色的修改。

A. 图形   B. 用户界面
C. 常规   D. 渲染

3. 隐藏选中图元的快捷键是（   ）。

A. HR   B. HH
C. WT   D. SS

4. 设置项目信息应选择（   ）选项卡。

A. 视图   B. 管理
C. 注释   D. 分析

5. Revit 软件的操作界面不包括的是（   ）。

A. 快速访问工具栏   B. 绘图区
C. 功能栏   D. 设置栏

6. 下列（   ）不属于项目浏览器功能。

A. 修改项目样板   B. 打开一个视图
C. 管理 revit 链接   D. 管理族

7. Revit 软件的项目文件格式为（   ）。

A. . rte   B. . rfa
C. . rvt   D. . rve

参考答案

1. C   2. A   3. B   4. B   5. D   6. A   7. C

第3章　标高和轴网的创建

【导读】
　本章主要对 Revit 软件中标高和轴网的创建方法进行介绍。
　第1节讲解了标高的创建方法以及编辑。
　第2节讲解了轴网的创建方法以及编辑。
　通过实际工程案例——公共实训基地项目，讲解标高和轴网的创建过程。

知识目标：

1. 学生能够理解 Revit 软件中标高和轴网的基本定义和作用。

2. 掌握标高和轴网在建筑设计和建模中的重要性。

能力目标：

1. 学生能够独立在 Revit 软件中创建和编辑标高和轴网。

2. 能够根据具体项目需求，灵活应用标高和轴网进行建筑设计和建模。

课程思政目标：

1. 通过实际工程案例的学习，培养学生的职业素养和责任感，使其认识到标高和轴网在建筑设计和施工中的重要性。

2. 强调标高和轴网的准确性对工程质量和安全的影响，培养学生的责任心和敬业精神。

3. 在团队项目中，培养学生的团队合作精神和协作能力。

4. 强调团队沟通在标高和轴网创建过程中的重要性，培养学生的团队协作意识和能力。

3.1　标高

标高表示建筑物各部分的高度，并可以生成平面视图，反映建筑物构件在竖向的定位情况。

　提示：**在 Revit 中应先在立面或剖面视图中创建标高，后在平面视图中创建轴网，这样可以避免因先创建轴网、后创建标高造成新添加的平面视图不显示轴网的问题。**

3.1.1　标高的创建

在 Revit 中选择"结构样板"为样板文件，新建结构项目，如图 3.1-1 所示。"标高"命令必须在立面或剖面视图中才可用，在立面视图中一般会有样板中的默认标高，任意双击打开【项目浏览器】中"立面"的"东""西""南""北"四个命令，即可弹出如图 3.1-2 所示的界面，标高中各名称如图 3.1-3 所示。

图 3.1-1　结构样板　　　　　　　　　图 3.1-2　立面标高示意图

图 3.1-3　标高名称示意图

Step1：使用"标高"命令创建标高。单击【建筑】选项卡→【基准】面板→"标高"命令，即可绘制标高。鼠标移动到绘图区域标高上方，即可出现临时尺寸标注，选择要绘制的距离，鼠标左键单击确定标高第一点，沿着标高的方向进行绘制，鼠标左键再次单击结束，即可完成绘制，系统将自动命名为"标高 3"，绘制完成后，如图 3.1-4 所示。

Step2：使用"复制"命令创建标高。在绘图区域内，鼠标单击任意已有标高，单击【修改】选项卡→【修改】面板→"复制"命令。在选项栏上勾选"约束"（可在垂直或水平方向上复制标高）和"多个"（可连续多次复制标高），单击鼠标左键作为复制起点，向上/下拖动鼠标，直接输入临时尺寸的数值，单击回车键即可完成标高的复制，如图 3.1-5 所示。继续向上拖动鼠标输入数值，则可以复制多个标高。

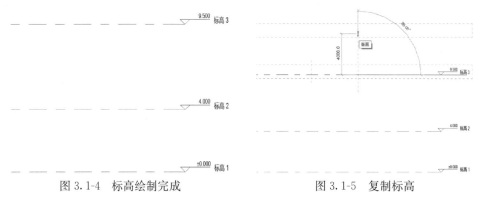

图 3.1-4　标高绘制完成　　　　　　　　图 3.1-5　复制标高

Step3：使用"阵列"命令创建标高。适用于一次多绘制多个等高距离的标高。单击【修改】选项卡→【修改】面板→"阵列"命令。其选项栏如图 3.1-6 所示。

图 3.1-6　"阵列"命令选项栏

（1）勾选"成组并关联"，则阵列的标高是一个模型组，如果要编辑标高，需要解组后才可以进行编辑。

（2）"项目数"为包含原有标高在内的数量。

（3）勾选"移动到第二个"，则在输入标高间距"3000mm"确定后，新创建的标高间距均为 3000mm。若勾选"最后一个"则新创建的多个标高与原有的标高间距和为 3000mm。

Step4：添加结构平面。使用"复制"或"阵列"命令创建的标高均是参照标高，在【项目浏览器】中的"结构平面"均不显示，如图 3.1-7 所示。

在【项目浏览器】中添加"标高 4"的方法：单击【视图】选项卡→【创建】面板→"平面视图"命令，在"平面视图"下拉列表中选择"结构平面"命令，在弹出的"新建结构平面"对话框中，选择"标高 4"，单击"确定"命令，如图 3.1-8 所示，此时【项目浏览器】上显示"标高 4"。

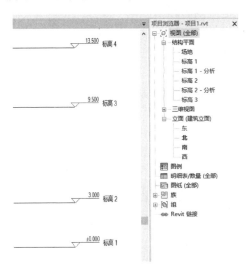

图 3.1-7　【项目浏览器】中不显示　　图 3.1-8　"新建结构平面"对话框
　　　　　"复制""阵列"标高

提示：新建建筑项目时则需要选择楼层平面。

3.1.2　标高的编辑

1. 设置标高类型

1）设置标高符号样式

激活"标高"命令后，单击【属性】面板上方"类型选择器"下拉列表的三角箭头，显示"上标头""下标头"和"正负零标高"三个选项，如图 3.1-9 所示，一般情况下，建筑标高零点的标注，选择"正负零标高"，零点以上选择"上标头"，零点以下选择"下标头"。

2）修改标高参数

单击【属性】面板上方"编辑类型"命令，弹出如图 3.1-10 所示标高"类型属性"对话框，可在该对话框下修改标高的参数信息。

各参数说明如下：

（1）基面：若选择"项目基点"，则表示在某一标高显示的高程基于项目基点；若选择"测量点"，则表示显示的高程点基于固定的测量点。

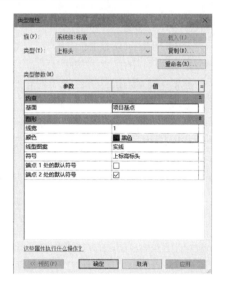

图 3.1-9　设置标高类型　　　图 3.1-10　标高"类型属性"对话框

（2）线宽：设置标高线的粗细程度。

（3）颜色：设置标高的颜色，以便于在创建新项目时进行区分和查找。

（4）线型图案：设计标高线条的线型，可以选择已有的，也可以自定义，建筑选择"中心线"。

（5）符号：确定是否显示标头符号，以及选择标高标头的样式。标高标头符号的设置可以根据实际情况进行设置。

（6）端点 1 处的默认符号：在绘制标高线时，标高线左端点（即端点 1）处默认显示的符号。该符号通常是标高标头，用于标识和显示标高号。

（7）端点 2 处的默认符号：在绘制标高线时，标高线右端点（即端点 2）处默认显示的符号。该符号通常是标高标头，用于标识和显示标高号。

2. 标高标头的编辑

1）显示隐藏编号

勾选"显示/隐藏编号"命令，则显示标头、标高值以及标高名称等信息，若不勾选，信息被隐藏。如图 3.1-11 所示。

2）添加弯头

若绘制标高时两个标高距离太近，可单击"添加弯头"符号进行调整，如图 3.1-12 所示，添加弯头后，在弯头的斜线上出现两个拖拽柄，左侧的拖拽柄用来调整弯头长度方向尺寸，右侧的拖拽柄用于调整弯头高度方向尺寸。若取消弯头，可将右侧的拖拽柄向下移动，与左侧拖拽柄对齐即可。

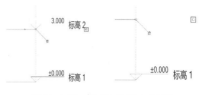

图 3.1-11　标高的显示控制

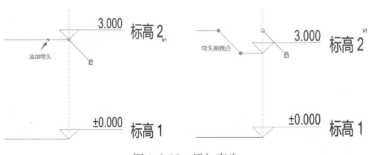

图 3.1-12　添加弯头

3）创建或删除长度或对齐约束

在"对齐约束"锁定的情况下，拉动端点拖拽柄，可以看到对齐约束线上的所有标高端点都跟随拖动，如图 3.1-13 所示。若单独拖动某一根标高线，需解锁"对齐约束"，然后进行拖拽，并可修改标高线的长度，如图 3.1-14 所示。

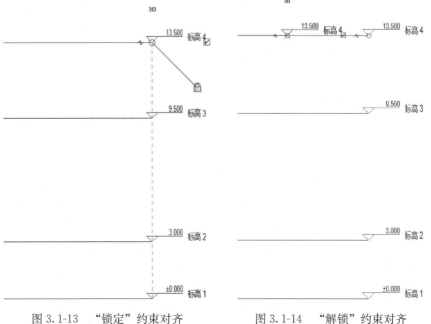

图 3.1-13　"锁定"约束对齐　　　　图 3.1-14　"解锁"约束对齐

4）2D/3D 切换

标高的显示状态分为 2D 和 3D 两种状态。2D 状态下，标高端点拖拽柄显示为实心点；3D 状态下，标高端点拖拽柄显示为空心圆，如图 3.1-15 所示。

提示：**2D 状态下所作的修改仅影响本视图，3D 状态下的修改影响所有平行视图。**

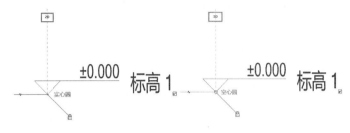

图 3.1-15　2D/3D 切换

5）标高重命名

双击"标高 1"，在文字编辑框中输入新标高名称，如图 3.1-16 所示。

重命名后，按回车键或在空白处单击鼠标左键，弹出图 3.1-17 所示对话框，单击"是"命令，修改后的名称将应用到相应视图。

图 3.1-16　标高重命名　　　　图 3.1-17　Revit 对话框

3.2　轴网

轴网用于平面构件的定位，在 Revit 软件中轴网确定了一个不可见的工作平面。轴网在水平方向起着平面定位的作用。

3.2.1　轴网的创建

"轴网"一般在楼层平面或结构平面进行绘制，单击【项目浏览器】中楼层平面或结构平面中的相关平面，绘图区域中会显示四个小眼睛，如图 3.2-1 所示，四个小眼睛分别代表"东""西""南""北"四个立面，轴网在四个立面之间绘制即可。

提示：**轴网的创建方式与标高的创建方式基本相同，在使用"轴网"工具时，增加了弧形轴线和多段网格工具。**

Step1：使用"轴网"命令创建轴网。

图 3.2-1 切换至相关楼层平面

Step2：单击【建筑】选项卡→【基准】面板→"轴网"命令，弹出【修改｜放置 轴网】上下文选项卡，在【绘制】面板中会显示轴网的"绘制"命令，如图3.2-2所示。

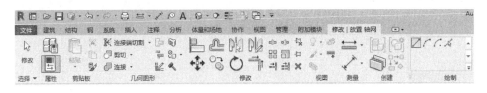

图 3.2-2 创建轴网"绘制"命令

1. 绘制直线轴网

Step1：单击【修改｜放置轴网】上下文选项卡→【绘制】面板→"线"命令，在绘图区域中绘制第一条垂直直线，如图3.2-3所示。

Step2：将光标指向第一条轴线的端点，向右侧拖动鼠标，光标与第一条轴线之间会显示一个临时尺寸标注，至第一条轴线的另一个端点出现蓝色的标头对齐虚线，单击鼠标完成屏幕第二条轴线的绘制，轴号为2，如图3.2-4所示。绘制完成后，连续按两次Esc键退出轴网的绘制。

2. 绘制弧线轴网

Step1：单击【修改｜放置 轴网】上下文选项卡→【绘制】面板→"起点-终点-半径弧"命令，在绘图区域中绘制弧线的起点后，移动光标显示两点之间的尺寸值，以及两端点连线与水平方向的角度，如图3.2-5所示。

Step2：根据临时尺寸的参数值单击确定终点位置，同时移动光标确定圆弧半径的方向及半径（可由键盘直接输入半径值），如图3.2-6（a）和图3.2-6（b）所示，当确定半径参数后，单击完成弧线绘制，如图3.2-7所示，此状态下可修改轴线的外观及位置。

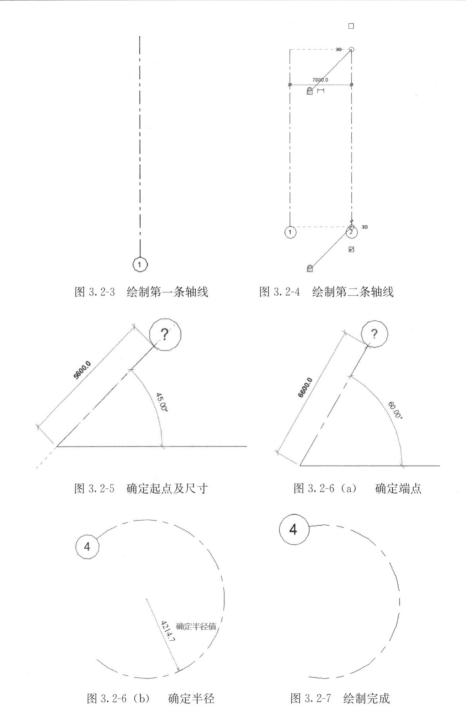

图 3.2-3　绘制第一条轴线　　　　图 3.2-4　绘制第二条轴线

图 3.2-5　确定起点及尺寸　　　　图 3.2-6（a）　确定端点

图 3.2-6（b）　确定半径　　　　图 3.2-7　绘制完成

3. 绘制多段轴网

Step1： 单击【修改｜放置 轴网】上下文选项卡→【绘制】面板→"多段"命令，进入【修改｜编辑草图】上下文选项卡，在【绘制】面板上提供了绘制多段轴网的工具，如图 3.2-8 所示。

图 3.2-8 多段轴网"绘制"命令

在多段轴网【绘制】面板上，可将图 3.2-8 所示的绘制工具进行组合使用，得到由多段线构成的连续轴网。

Step2：使用"复制"命令创建轴网。

使用"复制"命令创建轴网，指定轴间距有两种方法，一种是用鼠标在屏幕上进行拾取，另一种是通过键盘输入距离，其操作过程如下：

（1）使用"直线"命令创建 1 号轴线，如图 3.2-9 所示。

（2）选择已有的 1 号轴线，屏幕上出现虚线选择框及图元的中心线，单击【修改】面板中的"复制"命令，在 1 号轴线上方单击捕捉一点作为复制的参照点，然后水平向右移动光标，观察标注的临时尺寸，调整鼠标的位置，如图 3.2-10 所示。

Step3：使用"阵列"命令创建轴网。

创建多条等间距的轴网时，可以使用"阵列"命令，其操作过程如下：

（1）使用"直线"命令创建 1 号轴线，如图 3.2-11 所示。

（2）选择已有的 1 号轴线，单击【修改】面板的"阵列"命令，在选项栏上取消勾选"成组并关联"选项；设置"项目数"为"5"；移动到"第二个"。

（3）在 1 号轴线上单击捕捉第一点作为复制的参考点，水平向右移动光标，屏幕上临时修改尺寸数值为"4000"，如图 3.2-12 所示。

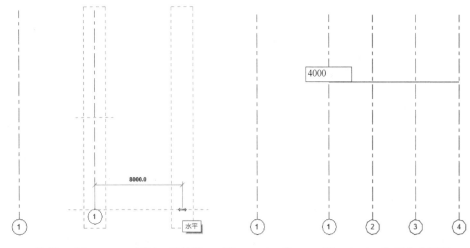

图 3.2-9 绘制　　图 3.2-10 复制 2 号轴线　　图 3.2-11 绘　　图 3.2-12 阵列完成轴网
　1 号轴线　　　　　　　　　　　　　　　　　制 1 号轴线

提示：1. 根据现行国家标准《房屋建筑制图统一标准》GB/T 50001—2017 规定，平面图中横向轴线的编号，应用阿拉伯数字从左向右顺次编写；竖向轴线的编号，用大写英文字母（I、O、Z）除外，从下至上顺次编写。

2. **绘制的轴网自动标注轴号，出现的 I、O、Z 字母，需要手动修改。**

3.2.2 轴网的编辑

轴网与标高一样，可以改变显示的外观样式。与标高的不同点在于轴网为楼层平面的图元，可以在各个楼层平面或结构平面设置不同的样式。

1. 设置轴网类型

1）设置轴网符号样式

单击【属性】面板上方的"类型选择器"下拉列表的三角箭头，默认有三种轴网类型，分别为"6.5mm 编号""6.5mm 编号自定义间隙"和"6.5mm 编号间隙"，如图 3.2-13 所示。

2）修改轴线参数

以"6.5mm 编号"为例，单击【属性】面板→"编辑类型"命令，弹出如图 3.2-14 所示对话框，在该对话框中修改轴网的参数信息。

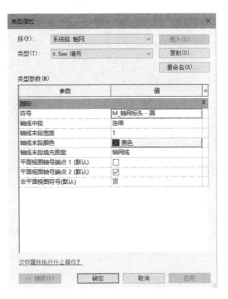

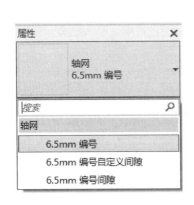

图 3.2-13　轴网"类型选择器"下拉列表　　　图 3.2-14　轴网"类型属性"对话框

各参数说明如下：

（1）符号：确定是否显示轴线标头的符号，以及选择轴线标头的样式。轴线标头的样式根据实际情况进行选择。

（2）轴线中段：在轴网中的显示的轴线中段的类型，有"连续""无""自定义"3 种类型。

（3）轴线末端宽度：表示轴线的宽度。

（4）轴线末端颜色：表示轴线的颜色。

（5）轴线末端填充图案：若轴线中段选择为"自定义"类型，则使用填充图案来表示轴网中段的样式类型。

（6）平面视图轴号端点 1（默认）：在平面视图中，用于设置轴线起点处的轴头符号。

（7）平面视图轴号端点 2（默认）：在平面视图中，用于设置轴线终点处的轴头符号。

（8）非平面视图符号（默认）：在立面和剖面视图中，轴网上显示标头符号的默认位置。有"顶""底""两者""无"四种选择。

2. 轴线标头的编辑

1）显示/隐藏编号

勾选轴线轴头"显示编号"命令，则在屏幕上显示轴头（轴线编号），如图 3.2-15 所示。若不勾选，如图 3.2-16 所示。

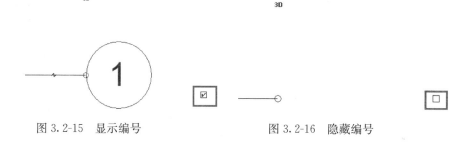

图 3.2-15　显示编号　　　　　　　　图 3.2-16　隐藏编号

2）添加弯头

如在绘制轴网时，两个轴线的距离太近，可添加弯头进行调整，如图 3.2-17 和图 3.2-18 所示。

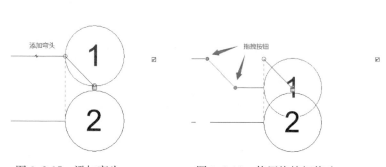

图 3.2-17　添加弯头　　　　　　　　图 3.2-18　使用拖拽柄修改

3）创建或删除长度或对齐约束

在"对齐约束"锁定的情况下，拉动端点拖拽柄，可以看到对齐约束的所有轴线端点都跟着拖动；若单独拖动某一条轴线的长度，则需要解锁"对齐约束"，然后进行拖拽,并可修改轴网线的长度。

4)2D/3D 切换

轴线的显示状态分为 2D 和 3D 两种状态。2D 状态下,轴线端点拖拽柄显示为实心点;3D 状态下,轴线端点拖拽柄显示为空心圆,与标高显示切换一致,这里不再赘述。

提示:2D 状态下所作的修改仅影响本视图,3D 状态下的修改仅影响所有平行视图。

5)轴号重命名

双击轴号"①",在文字编辑中输入新的轴线标号,单击"是"命令,修改后的名称将应用到相应视图。具体方法与标高的更改方法相同,这里不再赘述。

3.3 实战——公共实训基地标高和轴网的创建

扫码观看"第3章标高和轴网的创建"实战教学视频

1. 新建公共实训基地结构项目

在使用 Revit 软件新建项目时,样板文件的选择尤为重要,通常企业用户会建立本企业的标准化样板,而一般用户或教学使用默认样板文件即可满足需要。

1)样板设置

在联网状态下完成 Autodesk Revit 的安装后,在默认安装路径的文件夹中会显示默认自带的族库、族样板以及项目样板,但由于软件自带的项目样板内容比较简单,需要根据项目实际情况进行设置,在项目创建模型前,先定义好样板,包括项目的度量制、标高、轴网、线型、可见性等内容。

2)选择样板文件

Step1:双击打开 Revit 软件,在【最近打开的文件】界面中,单击"模型"中的"新建"命令或使用"Ctrl+N"组合键,如图 3.3-1 所示。或在【文件】菜单中单击"新建"→"项目"命令,如图 3.3-2 所示。

Step2:打开"新建项目"对话框,在"样板文件"的下拉列表中选择"结构样板"并勾选"项目",如图 3.3-3 所示,单击"确定"命令,即可开始项目的正式创建。或者单击"浏览"命令,可选择本地文件夹中的样板。

图 3.3-1 新建界面

图 3.3-2 新建项目

图 3.3-3 选择结构样板

3）项目设置

安装完软件进行新建项目时，会弹出"英制"与"公制"的选择框，根据项目要求选择所需的度量单位。在进入项目建模界面后，可单击【管理】选项卡→【设置】面板→"项目单位"命令，在"项目单位"对话框中，可根据不同的格式设置项目单位，如图 3.3-4 所示。

4）项目保存

Step1：在【文件】菜单中单击"保存"命令，快捷键为"Ctrl＋S"，或单击【快速访问工具栏】上的"保存"命令，弹出"另存为"对话框，如图 3.3-5 所示。

图 3.3-4 "项目单位"对话框

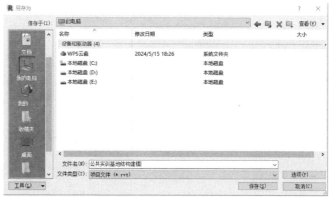

图 3.3-5 另存为对话框

提示：在建模过程中要经常保存，以免出现断电、软件或系统崩溃等突发情况，设置保存路径。

Step2：输入项目文件名为"第 3 章 标高与轴网的创建"，单击"保存"命令即可保存项目。保存后，将在所保存的文件夹中生成一个名为"第 3 章 标高与轴网的创建.rvt"的文件,但当再次单击"保存"命令时,将会增加生成一个名为"第 3 章 标高与轴网的创建 0001.rvt"的文件,该文件为过程文件,主要起到备份的作用,用户在后续应用时仍应以原文件"第 3 章 标高与轴网的创建.rvt"为准。

2. 创建公共实训基地结构标高和轴网

1)建模思路

设置项目样板→新建项目→绘制标高→编辑标高→设置项目基点→绘制轴网→编辑轴网→锁定。

2)创建标高

Step1:以"第 3 章 标高与轴网的创建.rvt"文件为基础,开始结构标高与轴网的创建。

Step2:在【项目浏览器】中展开"立面",双击"北",进入北立面视图。

Step3:根据"公共实训基地"建筑图纸,使用图纸中立面图创建标高。

提示:在建筑设计和建模过程中,当采用建筑标高来创建结构模型时,通常需要将楼板标高降低一定的高度,这个降低的高度一般设定为 50mm,即所谓的"降板"处理。

Step4:单击【建筑】选项卡→【基准】面板→"标高"命令,选择标高的绘制方式为"线",单击鼠标左键确定第一点,再次单击确定第二点。将"标高 1"与"标高 2"的层高修改为 4.4m,直接修改"标高 1"和"标高 2"之间的临时标注,或在"标高 2"的标头上直接输入高程点"4.400",如图 3.3-6 所示。

Step5:单击【建筑】选项卡→【基准】面板→"标高"命令,绘制标高 3,使其高度为 8.3m。也可任意创建标高后再修改层高,但注意绘制时应使标高线对齐,以使得美观,便于后期应用。

Step6:利用"复制"命令,创建 12.2m 和 16.0m 处标高,绘制完成后如图 3.3-7 所示,将创建完成后的标高分别对应修改其名称为"1F""2F""3F""4F"和"WD"。

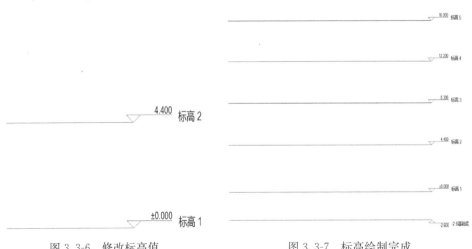

图 3.3-6 修改标高值   图 3.3-7 标高绘制完成

Step7：单击【建筑】选项卡→【基准】面板→"标高"命令，切换标高的类型为"下标头"，按照创建"标高"的方法，在±0.000 标高下 2.6m 位置处创建"标高6"，更改"标高6"的名称为"室外地坪"。

Step8：绘制完成后，在右侧【项目浏览器】结构平面发现不显示"复制"后的标高，单击【视图】选项卡→【创建】面板→"平面视图"命令，选择"结构平面"，在弹出"新建结构平面"对话框中，将"3F""4F""WD"和"−2.6 基础底"全部选择，选择完成后，即可在【项目浏览器】中显示。

3）创建轴网

Step1：在【项目浏览器】中，双击"结构平面"中的标高1，弹出"标高1"的平面视图。

Step2：根据"公共实训基地"建筑图创建轴网。

Step3：创建轴网之前，先对"项目基点"进行设置，按键盘 V 键两次，弹出"标高1的可见性/图形替换"，在"过滤器列表"中勾选"建筑""结构"，如图 3.3-8 所示，在"可见性"列中勾选"场地"命令，在"场地"命令下选择"项目基点"，选择完成后如图 3.3-9 所示。

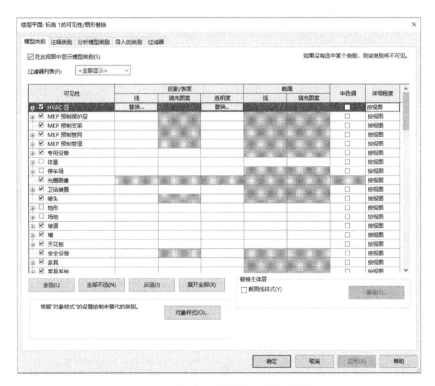

图 3.3-8　标高1的可见性/图形替换

Step4：单击"确定"命令，完成"项目基点"的设置，返回到绘图区，即可看见"项目基点"的示意图，如图 3.3-10 所示。

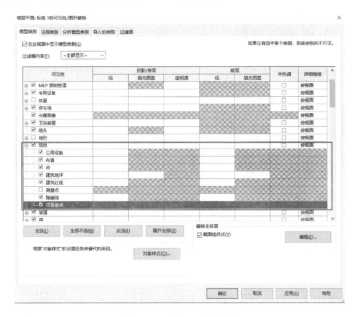

图 3.3-9　设置项目基点

Step5：创建轴网，将轴网的 1 轴与 A 轴定义到"项目基点"上，绘制完成后如图 3.3-11 所示，根据"公共实训基地"建筑图绘制轴网。

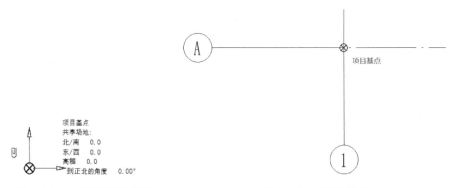

图 3.3-10　项目基点示意图　　　　　　图 3.3-11　项目基点

Step6：标注尺寸标注。为显示各个轴线之间的间距，对轴网进行尺寸标注。单击【注释】选项卡→【尺寸标注】面板→"对齐"命令，鼠标左键依次单击选择轴网，即可完成标注。标注完成后，如图 3.3-12 所示。

Step7：保存文件，命名为"第 3 章　标高和轴网的创建"。

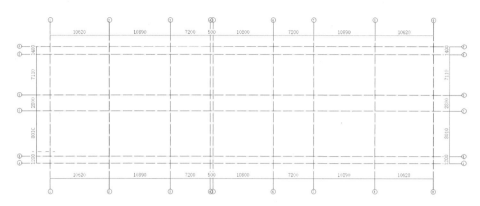

图 3.3-12　公共实训基地标高轴网

课后习题

1. 在 Revit 中创建标高时，首先应该在（　　）模式下进行。

A. 结构平面视图　　　　　　　　　　B. 立面视图

C. 三维视图　　　　　　　　　　　　D. 建筑平面视图

2. 在 Revit 中，如果想要修改一个已存在的标高名称，应该如何操作？（　　）

A. 直接在立面视图中点击标高符号并输入新名称

B. 在【项目浏览器】中找到对应的标高，右键选择"重命名"

C. 使用【属性】面板中的"编辑类型"命令修改标高类型名称

D. 在"楼层平面"视图中双击"标高线"，在弹出的对话框中修改名称

3. 在 Revit 2020 中，若需为一个多层建筑项目（如 30 层，地下 2 层＋地上 28 层）快速设置标高，并希望标高的命名符合"B2、B1、F1、F2、……、F28"的格式，以下哪个方法最为高效？（　　）

A. 手动逐一创建每个标高，并手动命名。

B. 使用"阵列"功能（快捷键"AR"）先按大致间距创建标高，再逐个修改名称和高度。

C. 复制（快捷键"CC"）已创建的标高，逐个调整高度和名称。

D. 导入外部 Excel 文件，通过数据链接方式批量创建并命名标高。

4. 某建筑共 50 层，其中首层地面标高为 ±0.000，首层层高 6.0m，第二层至第四层层高 4.8m，第五层及以上层高 4.2m，请按要求建立项目标高，并建立每个标高的楼层平面视图。并且，请按照以下平面图中的轴网要求绘制项目轴网，最终结果以"标高轴网"为文件名进行保存。［题目来源：中国图学学会（一级）—全国 BIM 技能等级考试第三期第 1 题］

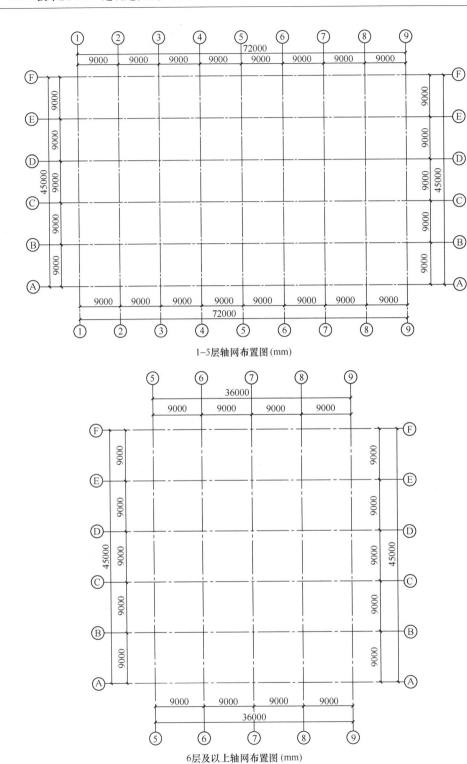

1—5层轴网布置图(mm)

6层及以上轴网布置图(mm)

5. 根据下图中给定的尺寸绘制标高轴网。某建筑共三层，首层地面标高为±0.00，层高为 3m，要求两侧标头都显示，将轴网颜色设置为红色并进行尺寸标注，请将模型以"轴网"为文件名进行保存。〔题目来源：中国图学学会（一级）—全国 BIM 技能等级考试第四期第 1 题〕

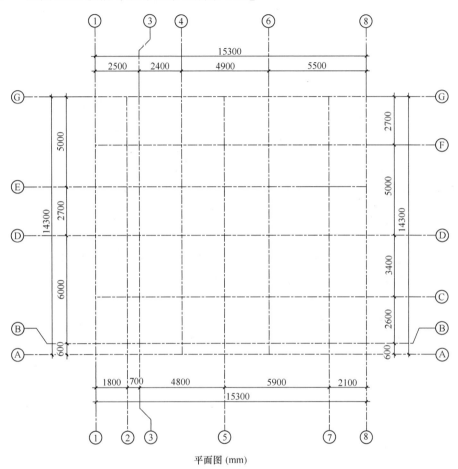

平面图 (mm)

参考答案

1. B　2. D　3. B

第4章 Revit 结构建模

【导读】

本章主要对 Revit 软件中结构模型的创建方法进行介绍。

第1节讲解了结构基础的分类、创建和编辑方法以及钢筋的添加方法。

第2节讲解了结构柱的创建和编辑方法以及钢筋的添加方法。

第3节讲解了结构梁的创建和编辑方法以及钢筋的添加方法。

第4节讲解了结构板的创建和编辑方法以及钢筋的添加方法。

通过实际工程案例——公共实训基地项目，讲解结构基础、结构柱、结构梁、结构板的创建过程和钢筋的添加过程。

知识目标：

1. 深入了解 BIM 技术在结构建模中的应用原理，明确 Revit 软件在结构建模中的核心功能和优势。

2. 熟悉 Revit 软件中结构建模的基本元素，如基础、柱、梁、板等，以及它们的属性设置和参数化设计方法。

3. 了解基础、柱、梁、板等的钢筋添加和编辑方法。

能力目标：

1. 能够运用 Revit 软件独立完成结构建模任务，包括基础、柱、梁、板等结构元素的创建和编辑。

2. 能够根据实际需求对结构模型进行优化设计，调整结构元素的尺寸、位置和属性，以满足建筑设计和施工的要求。

3. 能够熟练运用 Revit 软件进行结构元素的钢筋添加，确保结构设计的准确性和完整性。

4. 掌握 Revit 软件的协同功能，能够与其他专业团队进行有效的沟通和协作，共同推进项目的进展。

课程思政目标：

1. 学生在结构建模过程中，深刻理解结构设计的科学性和严谨性，培养求真务实、一丝不苟的科学精神。

2. 通过结构建模工程案例，让学生体会团队协作在建筑工程领域的重要性，提升团队合作意识与沟通交流技巧。

3. 引导学生思考建筑结构工程师的社会责任，树立正确的工程伦理观念。

4. 启发学生的创新思维，同时培养他们的绿色建筑与可持续发展理念。

4.1　基　础

4.1.1　结构基础的分类

结构基础的定义是建筑物或其他工程结构的底部部分，其关键作用是支撑和传递结构的重量和荷载到地面或地基上，为整个建筑物或结构提供必要的支撑。具体来说，结构基础可以分为"独立基础""条形基础"和"基础底板"三类。

"独立基础"也被称作单独基础或柱式基础，可用于单独柱子或高耸的构筑物。独立基础的类型有阶形基础、坡形基础和杯形基础等。

"条形基础"是指其长度远大于宽度的基础形式，可分为墙下条形基础和柱下条形基础。

"基础底板"是指建筑物地下部分的基础结构，是支撑整个建筑物重量的基础层。

"基础"命令位于【结构】选项卡下的【基础】面板中，可以看到"独立""墙""板"三个命令，其中"墙"命令是指可沿墙底部生成的条形基础，如图 4.1-1 所示。

图 4.1-1　基础面板的三种类型

4.1.2　创建与编辑独立基础

1. 创建独立基础

Step1：新建"结构样板"项目，展开【项目浏览器】下"视图"中的"立面"进入任意"立面"视图，在工作界面上绘制"标高 0"，高度可设置为−1200mm。切换至"楼层平面标高 0"。

Step2：单击【结构】选项卡→【基础】面板→"独立"命令。此时在【属性】面板的"类型选择器"中只有一个"矩形独立基础"，如有更多需求可进行载入。

单击【插入】选项卡下的"载入族"命令，选择"结构→基础→杯口基础-单阶"等，如图 4.1-2 所示。

图 4.1-2　基础族载入

Step3：通过载入"族"的方法，可将各类独立基础载入到项目中，以"独立基础—坡形截面"为例，在【属性】面板中选择"独立基础—坡形截面"，将"约束"中的标高设置为"标高0"，单击鼠标左键即可放置独立基础，转到三维视图，如4.1-3所示。

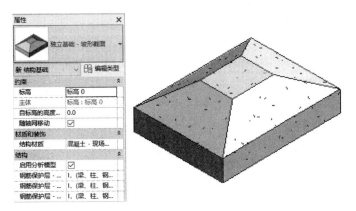

图 4.1-3　独立基础—坡形截面三维视图

2. 编辑独立基础

Step1：以"独立基础—坡形截面"为例，选择已绘制的基础面，单击【属性】面板中的"编辑类型"命令，在弹出的"类型属性"对话框中，可对独立基础进行编辑，包括："复制""重命名""修改尺寸"等，如图 4.1-4 所示。

图 4.1-4　独立基础—坡形截面"类型属性"对话框

Step2：选择已绘制的"独立基础—坡形截面"，单击【属性】面板中的"结构材质"可进行材质设置，同时可设置"结构"下面的顶面、底面及其他面的钢筋保护层，如图 4.1-5 所示。

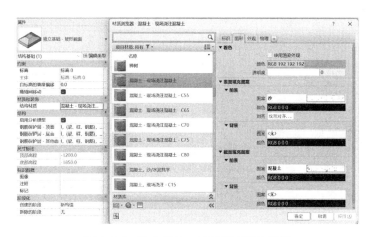

图 4.1-5　独立基础—坡形截面属性编辑

4.1.3　创建与编辑条形基础

1. 创建族中现有条形基础

Step1：进入"结构平面"楼层视图，单击【结构】选项卡→【结构】面板→"墙"命令，在下拉列表中选择"墙：结构"，在【属性】面板的"类型选择器"中选择"基本墙常规—200mm"类型，随后在平面视图上绘制几面结构墙。切换三维视图看效果，如图 4.1-6 所示。

Step2：单击【结构】选项卡→【基础】面板→"墙"命令，此时在【属性】面板中可以看到"条形基础"族，选择其中的一种类型。激活【修改│放置 条形基础】上下文选项卡，在【多个】面板中单击"选择多个"命令，选中上一步画出的所有结构墙，之后单击"完成"命令，此时在结构墙下方自动生成承重基础，条形基础放置后的效果图如 4.1-7 所示。

图 4.1-6　结构墙

图 4.1-7　条形基础效果图

2. 创建自定义条形基础

Step1：如项目中没有需要的条形基础，可以通过自定义的方式进行绘制。单击【建筑】选项卡→【构建】面板→"构件"下拉列表中的"内建模型"命令，在弹出的"族类别和族参数"对话框中，选择"结构柱"，并命名为"条形基础"，如图 4.1-8所示。

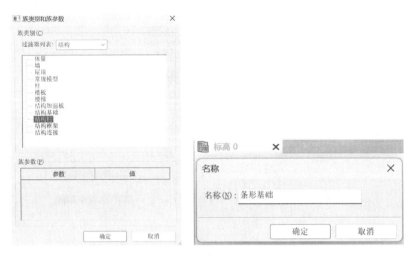

图 4.1-8　内建模型"条形基础"

Step2：单击"确定"后切换至【创建】选项卡，可以看到【形状】面板内的"拉伸""融合""放样""旋转""放样融合"等命令，可以采取这些命令绘制轮廓，如图 4.1-9 所示。

Step3：此时以三阶条形基础为例进行绘制。单击"放样"命令，自动切换至【修改｜放样】上下文选项卡，在【工作平面】面板中选择"绘制路径"命令，自动切换至【修改｜放样＞绘制路径】上下文选项卡，在【绘制】面板中选择"线"进行路径绘制。绘制完成后单击【模式】面板中的"√"完成放样命令的路径绘制，如图 4.1-10 所示。

图 4.1-9　【形状】面板显示

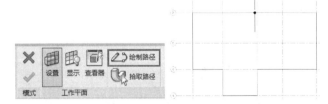

图 4.1-10　放样绘制路径

Step4：路径绘制完毕之后，切换至【修改｜放样】上下文选项卡，在【放样】面板中单击"编辑轮廓"命令后，在弹出的"转到视图"对话框中选择"立面：东"或"立面：西"，单击"打开视图"命令，使得工作平面切换至"立面"上，如图 4.1-11 所示。

Step5：切换至【修改｜放样＞编辑轮廓】上下文选项卡后，在【绘制】面板中单击"线"命令进行草图轮廓绘制，如图 4.1-12 所示。单击"√"完成，草图由粉色变成蓝色，继续单击"√"完成放样。之后再单击"√"完成模型，自定义的条形基础便完成了，如图 4.1-13 所示。

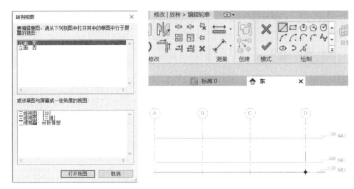

图 4.1-11　设置工作平面至"立面"

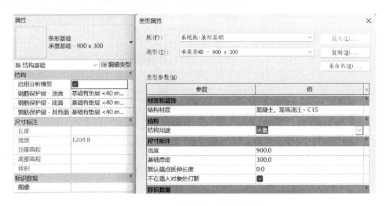

图 4.1-12　编辑轮廓草图　　　　　　　图 4.1-13　条形基础效果图

3. 编辑条形基础

单击【属性】面板中的"编辑类型",在弹出的"类型属性"对话框中,可以进行命名、材质、用途和尺寸的修改。在【属性】面板中可以进行钢筋保护层的调整。条形基础的编辑界面如图 4.1-14 所示。此方法适用于现有条形基础,自定义的条形基础可在"放样"命令中进行"在位编辑"。

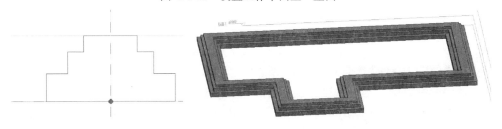

图 4.1-14　条形基础属性编辑

4.1.4　创建与编辑基础底板

1. 创建基础底板

单击【结构】选项卡→【基础】面板→"板"命令,选择"板"下拉列表中的

"结构基础：楼板"命令。自动切换到【修改｜创建楼层边界】上下文选项卡，在【绘制】面板中选择"线""矩形"等绘制命令，随后单击【模式】面板中的"√"，完成楼板边界的绘制，如图 4.1-15 所示。

图 4.1-15　结构基础：楼板

2. 编辑基础底板

选中绘制好的"结构基础：楼板"，单击【属性】面板中的"编辑类型"，在弹出的"类型属性"对话框中，单击"结构"参数后的"编辑…"，进入"编辑部件"对话框，在"厚度"处修改数值进行厚度设置。单击"材质"下的"混凝土，现场浇…"进入"材质浏览器"对话框，可对材质进行新建，在"图形"选项下可进行颜色、填充图案等设置。同时在【属性】面板中还可以进行"约束"设置和"钢筋保护层"调整。基础底板的编辑界面如图 4.1-16 所示。

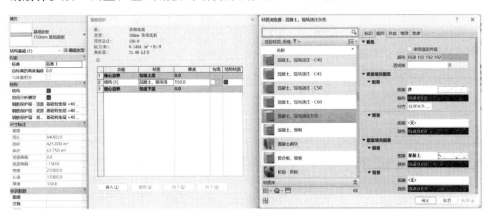

图 4.1-16　基础底板属性编辑

4.1.5　基础模型钢筋添加

Step1：在【项目浏览器】的"结构平面"中双击打开"标高 1"结构平面视图，在此平面绘制坡形基础及基础上的柱子。

Step2：单击【视图】选项卡→【创建】面板→"剖面"命令，分别绘制水平方向和垂直方向的剖切面，如图 4.1-17 所示。单击【项目浏览器】面板中的"剖面 1"，将视图调整到"剖面 1"界面，如图 4.1-18 所示。

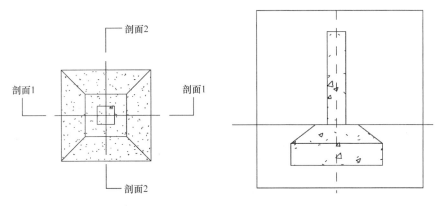

图 4.1-17　基础剖切面绘制　　　　图 4.1-18　基础剖面图

Step3：单击【结构】选项卡→【钢筋】面板→"钢筋"命令，弹出【修改｜放置钢筋】上下文选项卡和"钢筋形状浏览器"面板。

首先在左侧的【属性】面板的"类型选择器"中选择"钢筋型号"，这里选择"钢筋 8 HPB300"即可，在右侧【钢筋形状浏览器】面板中选择"钢筋形状：02"，在【修改｜放置钢筋】上下文选项卡中【放置平面】面板上选择"当前工作平面"，在【放置方向】面板上选择"平行于工作平面"，【钢筋集】面板上将布局设置为"最小净间距"，间距设置为"150.0mm"，如图 4.1-19 所示。将钢筋布置在基础的剖面图上，平面及三维效果图如图 4.1-20 所示。

图 4.1-19　放置钢筋前设置

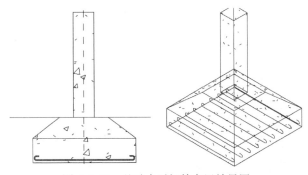

图 4.1-20　基础水平钢筋布置效果图

Step4：将视图调整为"剖面2"，用与上一步骤相同的方法绘制一组相同的钢筋。选中绘制好的钢筋，在【属性】面板中，单击"图形"下的"视图可见性状态"右侧的"编辑..."，弹出"钢筋图元视图可见性状态"对话框，找到"视图类型"中的"三维视图"，勾选"清晰的视图"和"作为实体查看"，如图 4.1-21 所示。将另一方向的钢筋也进行视图可见性状态的编辑，三维显示如图 4.1-22 所示，并将此项目保存为"4.1 基础及钢筋布置模型"。

图 4.1-21　钢筋视图可见性状态编辑

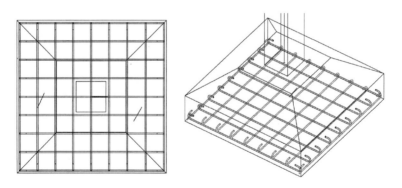

图 4.1-22　基础钢筋效果图

4.2　结构柱

4.2.1　结构柱载入

将视图切换到【项目浏览器】的"结构平面"中，打开 1F（±0.000 标高），单击【插入】选项卡下"载入族"命令，在弹出的"载入族"对话框中，选择"结构"→"柱"，可以看到有"钢、混凝土、木质、轻型钢、预制混凝土"等多种类型的柱，展开其中的"混凝土"文件夹，可以看到里面包含各种不同的混凝土柱，选择要载入的柱类型后单击"打开"命令，即可载入结构柱，也可以根据项目的需要进行其他结构柱的载入。载入路径如图 4.2-1 所示。

图 4.2-1　结构柱载入路径

4.2.2　结构柱属性编辑

　　单击【结构】选项卡→【结构】面板→"柱"命令，在【属性】面板的"类型选择器"中选择载入的矩形柱，单击右侧"编辑类型"命令，在弹出的"类型属性"对话框中单击"复制"命令，并重新命名，修改"h"和"b"后面的数据来改变柱的宽度和长度，单击"确定"，从而修改其类型属性。同时也可通过修改【属性】面板中的"结构材质"设置柱的材质，通过"结构"中的命令设置柱的钢筋保护层，如图 4.2-2 所示。

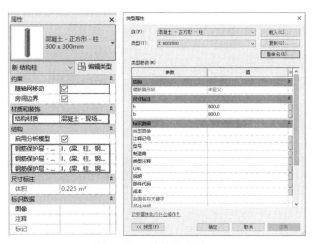

图 4.2-2　结构柱的编辑

4.2.3　结构柱绘制

1. 垂直柱绘制

　　单击【结构】选项卡→【结构】面板→"柱"命令，自动切换到【修改｜放置结构柱】上下文选项卡，在【放置】面板中选择"垂直柱"，在选项栏中设置"高度"或"深度"。单击鼠标左键即可放置柱子，如图 4.2-3 所示。

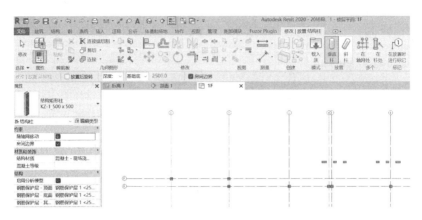

图 4.2-3　垂直柱的绘制

　　如结构柱放置在轴网的交接处时，为了减少重复操作，可单击【多个】面板中的"在轴网处"命令，鼠标"从右至左"框选轴网，此时被选中的轴网变"蓝色"，松开鼠标左键，单击"完成"命令即可绘制出轴网处的垂直柱，如图 4.2-4 所示。三维效果如图 4.2-5 所示。

　　提示：此时选择轴网亦可以"从左至右"选择，但需要"框选"所有轴网才可进行选中，"从右至左"选择时，仅选择部分轴网即可全部选中。

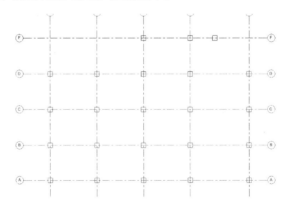

图 4.2-4　在轴网处绘制多个结构柱

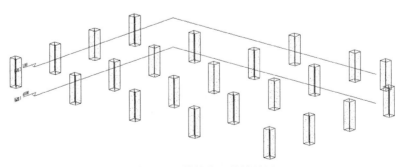

图 4.2-5　结构柱三维效果图

2. 倾斜柱绘制

单击【结构】选项卡→【结构】面板→"柱"命令，自动切换到【修改│放置结构柱】上下文选项卡，在【放置】面板中选择"斜柱"，在选项栏中设置"第一次单击"和"第二次单击"确定标高位置。在工作界面单击两次鼠标左键确定柱的起点和终点，即可生成倾斜柱，如图 4.2-6 所示。

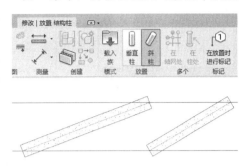

4.2.4　结构柱模型钢筋添加

图 4.2-6　倾斜柱绘制

Step1：打开"4.1 基础及钢筋布置模型"，调整到 1F 平面，单击【结构】选项卡→【钢筋】面板→"钢筋"命令，弹出【修改│放置钢筋】上下文选项卡和【钢筋形状浏览器】面板。

首先在左侧的【属性】面板的"类型选择器"中选择"钢筋型号"，在右侧【钢筋形状浏览器】面板中选择"钢筋形状：01"，在【修改│放置钢筋】上下文选项卡中，【放置平面】面板上选择"当前工作平面"，在【放置方向】面板上选择"垂直于保护层"，将鼠标放置于柱截面上单击完成竖向钢筋布置，如图 4.2-7 所示。

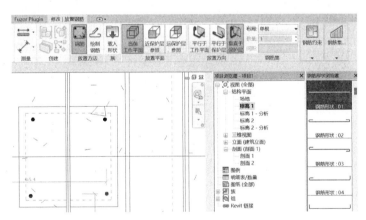

图 4.2-7　垂直柱竖筋的布置

Step2：竖筋布置完成后进行垂直柱箍筋的布置。切换到 1F 平面，单击【结构】选项卡→【钢筋】面板→"钢筋"命令，弹出【修改│放置钢筋】上下文选项卡和【钢筋形状浏览器】面板。首先在左侧的【属性】面板的"类型选择器"中选择"钢筋型号"，在右侧【钢筋形状浏览器】中选择"箍筋形状：33"或"箍筋形状：34"，在【修改│放置钢筋】上下文选项卡中，【放置平面】面板上选择"当前工作平面"，在【放置方向】面板上选择"平行于工作平面"，【钢筋集】面板中将布局设置为"最小净间距"，间距设置为"150.0mm"，将鼠标放置于柱子截面上单击完成箍筋布置，如图 4.2-8 所示。

    提示：此处设置的钢筋型号、形状及最小净间距均可根据实际需要进行设置。

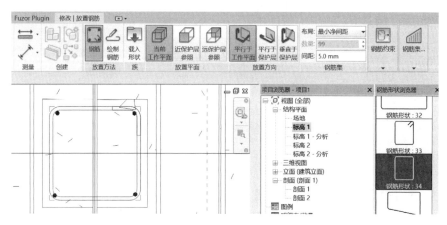

图 4.2-8　垂直柱箍筋的布置

    Step3： 由于垂直柱与坡形基础位置的需要钢筋的柱插筋，需要对垂直柱钢筋进行编辑。将视图调整到"剖面 1"，选中一根竖筋后，单击【修改｜放置钢筋】上下文选项卡→【模式】面板→"编辑草图"命令，此时弹出【修改｜放置钢筋＞编辑钢筋草图】上下文选项卡，同时选中的那根竖筋变成粉色的直线，进入可编辑状态，利用【绘制】面板中的形状进行草图的绘制，单击【模式】面板中的"√"命令，完成此根柱钢筋的编辑，如图 4.2-9 所示。

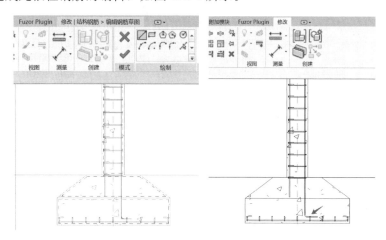

图 4.2-9　柱插筋的布置

    提示：柱的其余三根钢筋也采用相同的方法进行编辑。

    Step4： 将视图调整回"剖面 1"，单击垂直柱上已经布置好的箍筋，在最下面的一根箍筋上出现一个上下拉动箭头，单击箭头向下拉动，拉动至柱插筋的弯钩处，如图 4.2-10 所示。基础与柱的钢筋布置整体效果如图 4.2-11 所示。

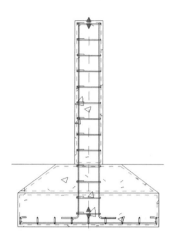
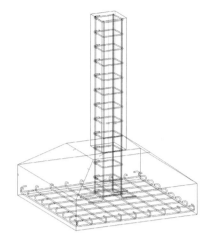

图 4.2-10　垂直柱箍筋延长　　　图 4.2-11　基础与柱的钢筋布置整体效果图

4.3　结构梁

4.3.1　结构梁载入

单击【项目浏览器】面板中"结构平面"，将视图调整到 1F 平面，单击【插入】选项卡下"载入族"命令，在弹出的"载入族"对话框中，连续选择"结构"→"框架"，文件夹中包含"钢、混凝土、木质、轻型钢、预制混凝土"等多种类型，选中需要的梁，单击【打开】命令，即可载入结构梁。载入路径如图 4.3-1 所示。

图 4.3-1　混凝土梁载入路径

4.3.2　结构梁属性编辑

单击【结构】选项卡→【结构】面板→"梁"命令，在【属性】面板"类型选

择器"中选择一种梁,单击右侧的
"编辑类型"命令,在弹出的"类型属
性"对话框中,单击"复制"命令,
并重新命名,修改"b"和"h"后面
的数据来改变梁的宽度和厚度。单击
"确定"命令,从而修改其类型属性。
同时也可通过修改【属性】面板中的
"结构材质"设置梁的材质,并通过
"结构"中的命令设置梁的钢筋保护
层,如图 4.3-2 所示。

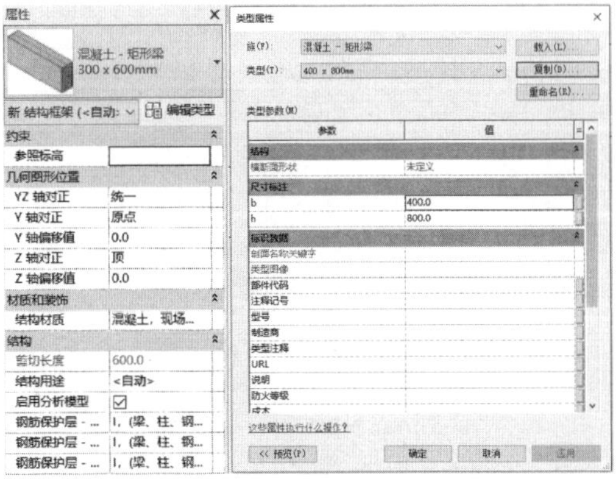

图 4.3-2 结构梁的编辑

4.3.3 结构梁绘制

1. 水平梁绘制

将视图调整到"结构平面"中的"标高 2",单击【结构】选项卡→【结构】
面板→"梁"命令,自动切换到【修改│放置 梁】上下文选项卡,在【属性】面
板中设置实例属性,并在选项卡中设置"放置平面"和"结构用途",使用"线"
进行梁的布置,如图 4.3-3 所示。三维效果如 4.3-4 所示。

提示:绘制时不勾选"三维捕捉"和"链"。

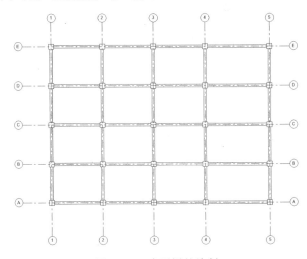

图 4.3-3 水平梁的绘制

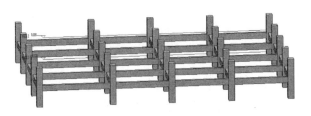

图 4.3-4 结构梁三维效果图

提示：为了减少重复操作，结构梁也可沿轴网布置，方法与在轴网处布置柱相同。

2. 倾斜梁绘制

倾斜梁的绘制与水平梁类似，可在绘制前在【属性】面板上调整约束值，之后进行梁绘制。也可以先绘制水平梁后再进行属性参数的调整，如图 4.3-5 所示。

图 4.3-5　倾斜梁绘制

4.3.4　结构梁模型钢筋添加

Step1：单击【结构】选项卡→【钢筋】面板→"钢筋"命令，弹出【修改｜放置钢筋】上下文选项卡和【钢筋形状浏览器】面板。

首先在左侧的【属性】面板的"类型选择器"下选择"钢筋型号"，选择"钢筋 12 HRB335"即可，在右侧【钢筋形状浏览器】面板中选择"钢筋形状：01"，在【修改｜放置钢筋】上下文选项卡下的【放置平面】面板中选择"当前工作平面"，【放置方向】面板中选择"垂直于保护层"，将鼠标放置于梁截面上部进行梁上部纵筋和下部纵筋的布置，如图 4.3-6 所示。

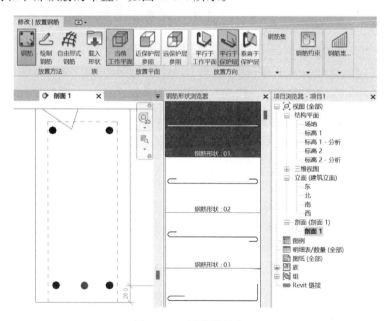

图 4.3-6　梁纵筋的布置

Step2："梁"箍筋方法布置同"柱"，这里不再赘述，布置效果如图 4.3-7 所示。

Step3：框架梁与柱子搭接位置需要加密布置，选中箍筋，调整箍筋的双向箭头，拉动箭头将间距为 150mm 的箍筋调整到适当位置，如图 4.3-8 所示。

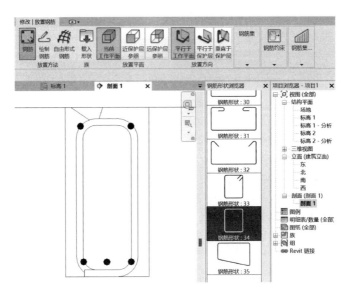

图 4.3-7　梁箍筋的布置

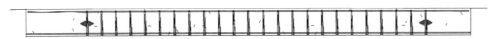

图 4.3-8　间距为 150mm 梁箍筋调整

Step4：用同样的方法在梁上绘制型号为"6 HPB300"、间距为"100.0mm"箍筋，绘制后调整到前视图中，拉动双向箭头调整梁左侧部位至与现有箍筋交接位置，再将此箍筋复制到梁的右侧部位，如图 4.3-9 所示。梁钢筋布置效果如图 4.3-10 所示。

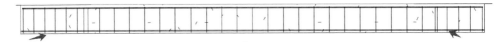

图 4.3-9　梁箍筋加密区布置

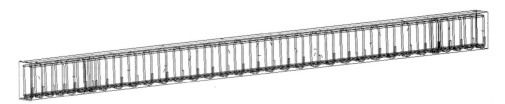

图 4.3-10　梁钢筋布置效果

4.4　结构板

4.4.1　结构板载入

结构"板"的载入方法同"梁""柱"，这里不再赘述，载入路径如图 4.4-1 所示。

图 4.4-1　结构板载入

结构楼板的绘制方式与建筑楼板类似。

结构楼板与建筑楼板虽不同，但可互相转换，如选中建筑楼板，在【属性】面板中勾选"结构"，便可将建筑楼板转换为结构楼板，如图 4.4-2 所示。

提示：建筑楼板不能添加钢筋信息，不能承重，而结构楼板则提供了钢筋保护层等参数，可以布置钢筋。一般情况下，结构楼板只有核心层，而建筑楼板可以包括其他装饰层。

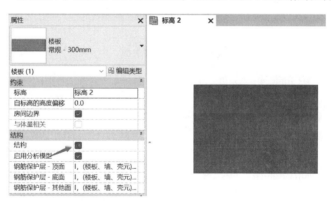

图 4.4-2　勾选结构进行楼板转换

4.4.2　结构板属性编辑

在【属性】面板中可进行标高约束、结构中的钢筋保护层等实例属性设置。类型属性编辑方法同"柱""梁"等，如图 4.4-3 所示。

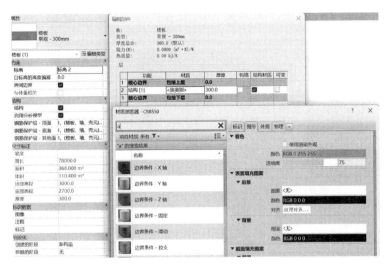

图 4.4-3 结构楼板属性编辑

4.4.3 结构板绘制

将视图调整到结构楼层平面"2F",单击【结构】选项卡→【结构】面板→"楼板"命令下拉列表中的"楼板:结构"命令,在【属性】面板中选择楼板类型,可进行实例属性编辑和类型属性编辑。并在自动切换的【修改│创建楼层边界】上下文选项卡下的【绘制】面板中选择绘制边界线的方式,在平面视图中绘制闭合轮廓后,单击【模式】面板中"√"命令完成绘制。如图 4.4-4 所示。

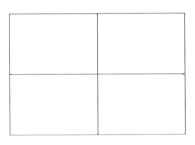

图 4.4-4 结构楼板绘制

提示:绘制结构板时需要是闭合轮廓,否则无法生成。

4.4.4 结构板模型钢筋添加

Step1: 在平面视图中绘制结构楼板,断面尺寸为 5000mm × 5000mm,厚度为 100mm,在平面图中绘制垂直于板的 2 个剖面,分别为剖面 1 和剖面 2,如图 4.4-5所示。

Step2: 将视图调整到"剖平 1",单击【结构】选项卡→【钢筋】面板→"钢筋"命令,弹出【修改│放置钢筋】上下文选项卡和【钢筋形状浏览器】面板。

在左侧【属性】面板中选择"钢筋型号",如"钢筋 8 HPB300",在右侧【钢筋形

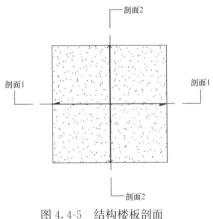

图 4.4-5 结构楼板剖面

状浏览器】面板中选择"钢筋形状：01"，在【修改｜放置钢筋】上下文选项卡下的【放置平面】面板上选择"当前工作平面"，在【放置方向】面板上选择"垂直于保护层"，在【钢筋集】面板中将"布局"设置为"最小净间距"，间距设置为"200.0mm"，将鼠标放置于板截面上部，完成楼板上部 X 方向钢筋布置，同理点开【钢筋集】面板，将"布局"设置为"最小净间距"，间距设置为"150.0mm"，将鼠标放置于板截面下部，完成楼板下部 X 方向钢筋布置，如图 4.4-6 所示。

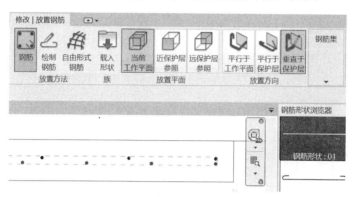

图 4.4-6　结构楼板 X 方向上部及下部钢筋布置

Step3：将视图调整到"剖平 2"，用同样的方法进行 Y 方向底部钢筋的布置，此时在【钢筋集】面板中将布局设置为"最小净间距"，间距设置为"150.0mm"。选中钢筋，单击【属性】面板中的"视图可见性状态"，将"三维视图"后的"作为实体查看"进行勾选，并将详细程度调整为"精细"，板的钢筋布置效果如图 4.4-7 所示。

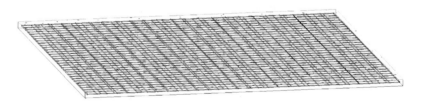

图 4.4-7　结构楼板钢筋布置效果图

4.5　实战——公共实训基地结构的创建

4.5.1　实战——公共实训基地结构基础的创建

扫码观看"第4章
Revit结构建模"
实战教学视频

根据"公共实训基地"结构基础详图和平面图，可以读出独立基础的类型为"坡形基础"，项目共 10 种尺寸的基础。首先将所需要的基础创建出来，并参照钢筋混凝土的配筋表进行基础钢筋的布置，这里只绘制坡形基础部分即可。

1. 建模思路

【插入】选项卡→【从库中载入】面板→"载入族"命令，选择"基础"→编辑类型→选择绘制方式→绘制基础→添加钢筋→完成基础绘制及钢筋布置。

2. 公共实训基地结构基础的创建

Step1： 打开"第 3 章 标高与轴网的创建"，调整至"—2.6 基础底"结构平面。单击【插入】选项卡→【从库中载入】面板→"载入族"命令，在弹出的"载入族"对话框中，选择"China/结构/基础/独立基础/坡形截面 .rfa"，单击【属性】面板→"编辑类型"→"类型属性"→复制→重命名为"DJP01"。在【属性】面板中将材质设置为"混凝土，现场浇筑—C30"，按照配筋表进行基础尺寸的修改，具体参数设置如图 4.5-1 所示。

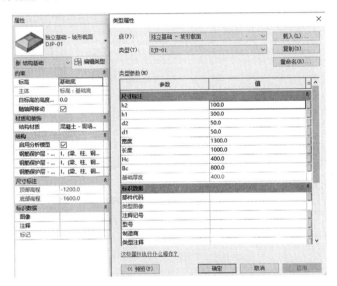

图 4.5-1 独立基础—坡形截面 DJP01 设置

Step2： 将设置好的"DJP01"坡形基础在"—2.6 基础底"标高上先放置一个，单击【视图】选项卡→【创建】面板→"剖面"命令，建立"剖面 1"，并将视图调整到剖面 1，单击【结构】选项卡→【钢筋】面板→"钢筋"命令→【修改｜放置钢筋】上下文选项卡，在【属性】面板中选取钢筋的型号为"12 HRB400"，钢筋形状选择"01"，选择"当前工作平面""垂直于保护层"命令，点开钢筋集设置为"最小净间距"，间距设置为"180.0mm"，之后将鼠标放置在基础底板处，布置水平方向的钢筋，如图 4.5-2 所示。

提示：看准图纸，将基础的底标高设置在"—2.6 基础底"标高上，不能设置在±0.000 标高上，以免后续修改麻烦。

Step3： 在此视图上继续选择"当前工作平面"，"平行于工作平面"，点开钢筋集设置为"最小净间距"，间距设置为"180.0mm"，之后将鼠标放置在基础底板处，布置水平方向的钢筋，单击【属性】面板中"视图可见性状态"后"编辑..."，勾选"作为实体查看"，并将"视图控制栏"中的"详细程度"调整为

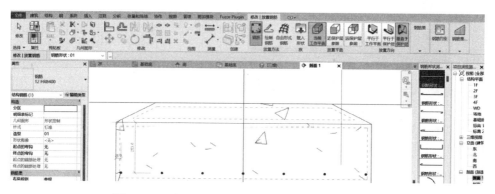

图 4.5-2　独立基础—坡形截面 DJP01 垂直钢筋布置

"精细"，调整至三维视图观察整体效果图，如图 4.5-3 所示。

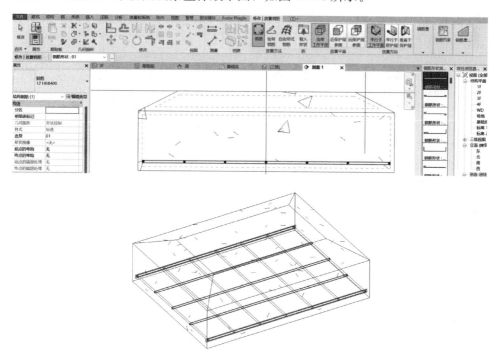

图 4.5-3　独立基础—坡形截面钢筋布置效果图

Step4：在【属性】面板的"类型选择器"中选择"DJP01"的钢筋后，点开"编辑类型"，单击"复制"命令，重命名为"DJP02"，按照配筋表进行设置尺寸，利用同样的方法将其余的基础布置出来，如图 4.5-4 所示。

Step5：在【项目浏览器】面板中选择标高，将视图调整到"－2.6 基础底"标高上，按照平面位置将基础均布置在相应位置上，并用同样的配筋步骤进行钢筋配置，基础布置完成后，如图 4.5-5 所示。

图 4.5-4　其他独立基础—坡形截面的设置

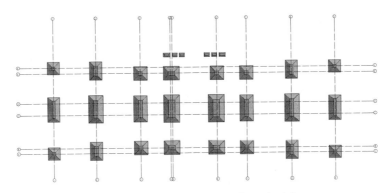

图 4.5-5　独立基础—坡形截面平面图

4.5.2　实战——公共实训基地结构柱的创建

1. 建模思路

【插入】选项卡→【从库中载入】面板→"载入族"命令，选择"柱"→编辑类型→选择绘制方式→绘制结构柱→添加钢筋→完成结构柱绘制及钢筋布置。

2. 公共实训基地结构柱的创建

根据"公共实训基地"柱的平面图，可以读出其中包括四种不同尺寸的矩形柱，分别为 KZ-1，KZ-2，KZ-3 和 KZ-4。

Step1：单击【结构】选项卡→【结构】面板→"柱"命令，展开【属性】面板"类型选择器"，选择其中一个尺寸的"混凝土—矩形—柱"，将材质设置为"混凝土，现场浇筑—C30"，并完成钢筋保护层的设置，如图 4.5-6 所示。

Step2：单击右侧"编辑类型"命令，弹出的"类型属性"，单击"复制"命令，在弹出的"名称"对话框中输入"KZ-1 500×500"，将其尺寸修改为"500mm×500mm"，如图 4.5-7 所示。

Step3：将"底部标高"设置为"1F"，"底部偏移"设置为"—1800.0mm"，"顶部标高"设置为"2F"，"顶部偏移"设置为"0.0"，将"KZ-1 500×500"布置在基础"DJP03"上，如图 4.5-8 所示。

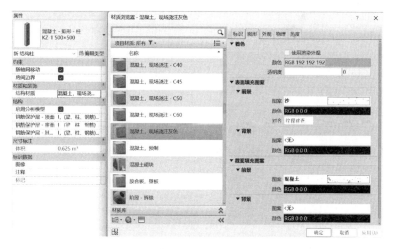

图 4.5-6　KZ-1 500×500 材质设置

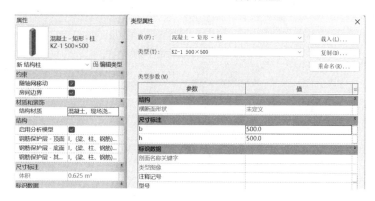

图 4.5-7　KZ-1 500×500 重命名及尺寸设置

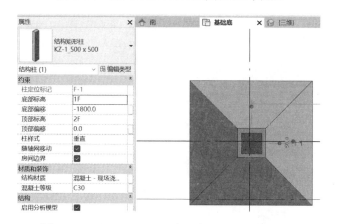

图 4.5-8　KZ-1 500×500 布置在基础 "DJP03" 上

提示：此时一定要设置好柱的底部标高及偏移距离，如设置不准确，底部的基础也会随之发生高度位置的改变。

Step4：将视图调整到"1F"，单击【结构】选项卡→【钢筋】面板→"钢筋"命令，在【属性】面板中选择"20 HRB400"钢筋型号，在【钢筋形状浏览器】中选择"钢筋形状：01"，在弹出的【修改/放置钢筋】上下文选项卡中，将放置平面选择为"近保护层参照"，将放置方向设置为"垂直于保护层"，将12根竖筋设置在"KZ-1 500×500"中。

将【属性】面板中的钢筋型号调整为"8 HRB400"，在【钢筋形状浏览器】中选择"钢筋形状：34"，将放置平面选择为"当前工作平面"，放置方向设置为"平行于工作平面"，在【钢筋集】面板中将布局设置为"最小净间距"，将间距设置为"200.0mm"，单击鼠标左键，将箍筋设置在 KZ-1 500×500 中，如图 4.5-9 所示。

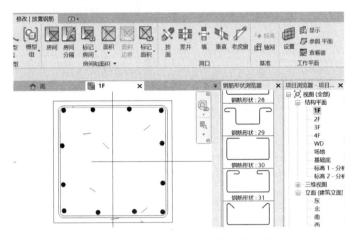

图 4.5-9　KZ-1 500×500 竖筋和箍筋布置

Step5：将视图调整到"三维"，选中视图中图元，在弹出的【修改│选择多个】上下文选项卡中，单击"过滤器"，在弹出"过滤器"对话框中，将"分析柱"和"结构柱"勾选掉，如图 4.5-10 所示。单击"确定"命令，此时将柱上的钢筋全部选中，单击【属性】面板中"视图可见性状态"后的"编辑..."，在弹出的"钢筋图元视图可见性状态"对话框中，将三维视图后对应的"作为实体查看"勾

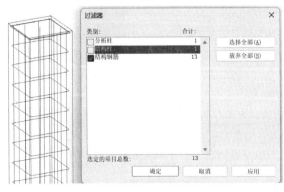

图 4.5-10　过滤器钢筋选择

选，单击确定，即可明显显示钢筋的轮廓，如图 4.5-11 所示

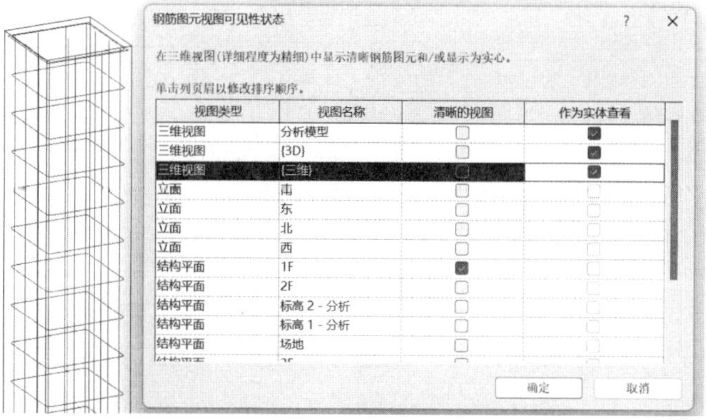

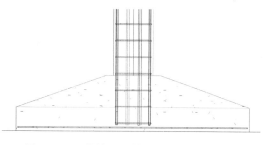

图 4.5-11　钢筋视图可见性设置

Step6：图纸上还应布置加密箍筋，将最小净距离改为"100.0mm"后放置箍筋即可，这里不再布置。随后在三维视图中，调整到"前"，选中箍筋，出现一个上下拉伸符号，向下拉伸，将箍筋延伸到基础底部，用同样的方法将其他竖筋也延伸至基础的底部位置，如图 4.5-12 所示。

图 4.5-12　箍筋和竖筋延伸至基础底部

Step7：选中右侧竖筋，在弹出的【修改│结构钢筋】上下文选项卡中，单击【模式】面板→"编辑草图"命令，将此根竖筋绘制出弯钩，如图 4.5-13 所示。同时改变方向将其他竖筋也绘制出弯钩的形式，最后效果如图 4.5-14 所示。

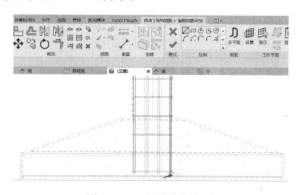

图 4.5-13　竖筋编辑草图

Step8：将"KZ-1 500×500"柱子连同钢筋根据平面图的显示均复制出来，按照平面位置将柱子均布置在相应基础上。用上述同样的方法将"KZ-2 600×600"

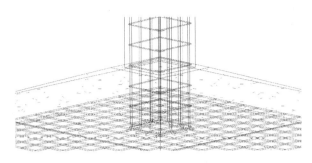

图 4.5-14　柱子与基础钢筋效果图

"KZ-3 900×300""KZ-4 600×300"均设置出来,并分别进行钢筋的布置。之后将这些柱子按照图纸分别布置在相应的基础之上,如图 4.5-15 所示。

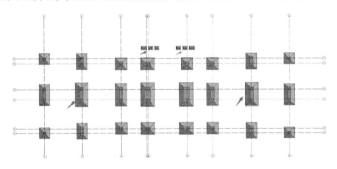

图 4.5-15　－2.6 基础底标高独立基础及结构柱平面图

图中除箭头所指的柱子与 2F 以上的不相同外,其他均相同,此时可以选中除这几根柱之外的其他柱,将【属性】面板中的"顶部标高"调整为"WD",完成这些柱的高度修改。之后再将视图调整到"2F","顶部标高"调整到"WD",单独绘制四根"KZ-2 600×600",如图 4.5-16 所示。

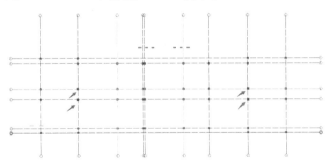

图 4.5-16　2F 上"KZ-2 600×600"绘制

同样方法绘制大门处的柱子,将其标高顶部调整至"2F",顶部偏移设置为"1300.0mm"。底部标高设置为"1F",底部偏移设置为"－2100.0mm"。

提示:绘制此处柱子时注意认真读取图纸,2F 有几根与 1F 不同的柱子需要单独绘制,不能将 1F 上柱子的高度全部上升至 WD 高度。

Step9：柱绘制完成后，调整到三维视图，观察其效果，如图 4.5-17 所示。

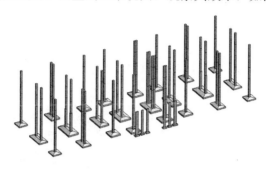

图 4.5-17　独立基础和结构柱效果图

4.5.3　实战——公共实训基地结构梁的创建

根据"公共实训基地"梁的平面图，可以读出图中梁的种类均为"矩形梁"。

1. 建模思路

【插入】选项卡→【从库中载入】面板→"载入族"命令，选择"梁"→编辑类型→选择绘制方式→绘制结构梁→添加钢筋→完成结构梁绘制及钢筋布置。

2. 公共实训基地结构梁的创建

Step1：将视图调整到"1F"，单击【结构】选项卡→【结构】面板上→"梁"命令，展开【属性】面板的"类型选择器"，选择其中一个尺寸的"混凝土—矩形梁"，将材质设置为"混凝土，现场浇筑—C30"，并完成钢筋保护层的设置。

单击右侧的"编辑类型"，弹出"类型属性"对话框，单击"复制"命令，在弹出的"名称"中，输入"KL-1 300×600"，将其尺寸修改为"300mm×600mm"。如图 4.5-18 所示。

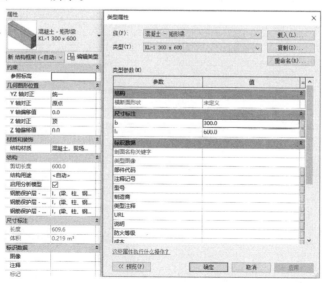

图 4.5-18　KL-1 300 × 600 梁设置

Step2：这里不再重复梁钢筋的布置方法，按照同样的方法进行其他梁种类的编辑和布筋。将视图调整到平面视图"1F"，将不同类型的梁对照图纸布置在相应位置，绘制方法同墙类似，"1F"梁平面如图 4.5-19 所示。梁绘制完成后效果如图 4.5-20 所示。

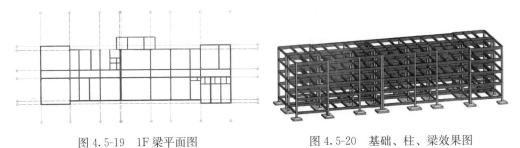

图 4.5-19　1F 梁平面图　　　　　　图 4.5-20　基础、柱、梁效果图

4.5.4　实战——公共实训基地结构板的创建

1. 建模思路

【结构】选项卡→【结构】面板→"楼梯命令"→楼板：结构→编辑类型→选择绘制方式→完成创建和绘制。

2. 公共实训基地结构板的创建

Step1：根据"公共实训基地"板的平面图，进行结构板的布置。将视图调整到"1F"，单击【结构】选项卡→【结构】面板→"楼板"命令，单击【属性】面板的"编辑类型"，弹出"类型属性"对话框，单击"复制"命令，在弹出的"名称"位置输入"板—120"，将其厚度修改为"120.0mm"，材质设置为"混凝土，现场浇筑—C30"，如图 4.5-21 所示。

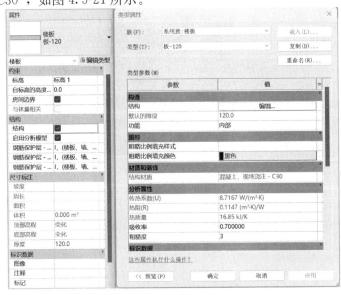

图 4.5-21　板—120 楼板设置

Step2：这里不再重复板钢筋的布置方法，将 1F 标高上结构楼板布置完成。利用同样的方法将 2F 标高、3F 标高、4F 标高，WD 标高的板也绘制出来，并将钢筋布置完成，结构板绘制完成后整体效果如图 4.5-22 所示。

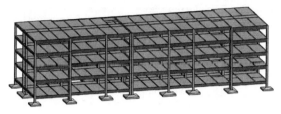

图 4.5-22　基础、柱、梁、板整体效果图

Step3：保存文件，命令为"第 4 章　Revit 结构建模"。

课后习题

1. Revit 结构基础有几种形式？（　　　）

A. 4　　　　　　B. 2　　　　　　C. 5　　　　　　D. 3

2. 下面关于建筑楼板和结构楼板的说法错误的是（　　　）。

A. 结构楼板与建筑楼板不同，建筑楼板和结构楼板不可互相转换

B. 建筑楼板不能添加钢筋信息，不能承重，而结构楼板提供了钢筋保护层等参数，可以布置钢筋

C. 一般情况下，结构楼板只有核心层，而建筑楼板可以包括其他装饰层

D. 结构楼板的绘制方式与建筑楼板类似

3. （　　　）可以在轴网交点处一次性放置多个结构柱。

A. 在"结构柱"选项栏中单击"在轴网处"，鼠标由左至右选取所有

B. 在"结构柱"选项栏中单击"在轴网处"，鼠标由右至左选取所有

C. 以上两种方式都可以

D. 不可以实现

4. 钢筋显示根据不同的详细程度进行调整，调整至（　　　）时更清晰。

A. 精细　　　　B. 中等　　　　C. 粗略　　　　D. 粗略和中等

5. 根据以下图纸，建立九层框架结构模型。[题目来源：中国图学学会（二级结构）—全国 BIM 技能等级考试第十三期第 4 题]

（1）建立模型轴网、标高，1～2 层层高 3.6m，3～8 层层高 3.2m，9 层层高 3m；

（2）建立整体结构模型，包括：基础、梁、柱、楼板、屋面等；其中，基础及柱采用 C30 混凝土，梁、楼板、屋面采用 C25 混凝土；

（3）建立二层、三层梁配筋模型，保护层厚度统一取 25mm，加密区长度 1200mm；

（4）建立二层、三层柱配筋模型，保护层厚度统一取 25mm；

（5）建立屋面板配筋模型，保护层厚度统一取 20mm。

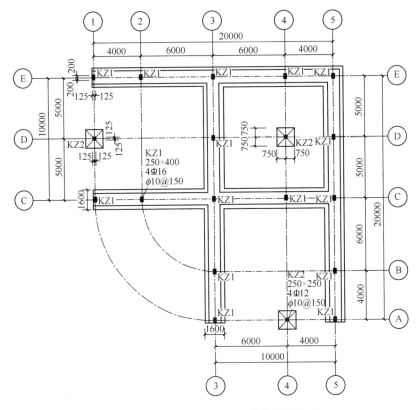

基础平面图(mm)

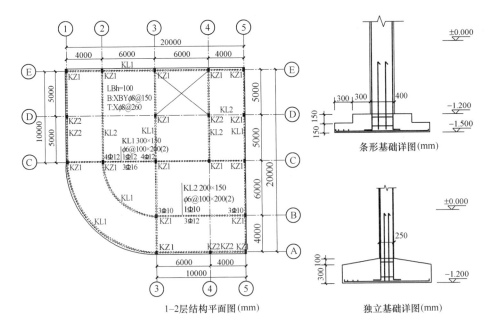

1-2层结构平面图(mm)

条形基础详图(mm)

独立基础详图(mm)

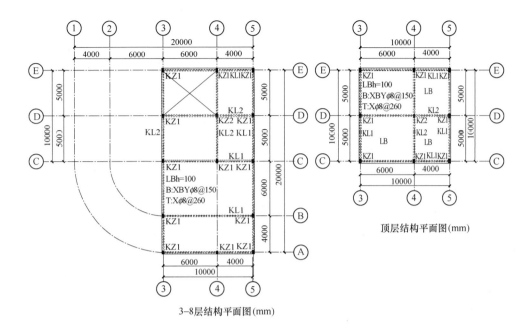

3-8层结构平面图(mm)

顶层结构平面图(mm)

参考答案

1. D　2. A　3. C　4. A

第5章 墙 体

【导读】

本章主要对 Revit 软件中墙体的创建和编辑方法进行介绍。

第1节讲解了墙体的基本类型。

第2节讲解了基本墙的创建以及编辑方法。

第3节讲解了叠层墙的创建以及编辑方法。

第4节讲解了幕墙的创建以及编辑方法。

第5节讲解了墙轮廓的编辑。

第6节讲解了墙的附着与分离。

通过实际工程案例——公共实训基地项目，讲解墙体的创建和编辑过程。

知识目标：

1. 深入了解 Revit 软件中不同类型的墙体及其属性设置，包括墙体的高度、厚度、材质等。

2. 熟悉 Revit 软件墙体建模的基本原理和方法，包括墙体的创建和编辑等操作流程。

能力目标：

1. 能够运用 Revit 软件独立完成墙体的建模任务，包括不同类型墙体的创建、属性设置和修改等。

2. 根据实际需求对墙体设计进行优化，调整墙体的尺寸、位置和属性，以满足建筑设计和施工的要求。

3. 能够解决在墙体建模过程中遇到的各种实际问题，如墙体与其他元素的冲突、墙体属性的错误设置等。

课程思政目标：

1. 让学生在墙体建模过程中，专注于墙体的细节设计与精准构建，养成对高质量成果追求的习惯，从而培育精益求精的工匠精神。

2. 借助 Revit 软件中墙体的相关知识，使学生深刻认识到墙体在建筑节能与环保方面的关键作用，从而增强其节能环保意识，并树立起为社会可持续发展贡献力量的责任感。

3. 通过对不同风格建筑墙体特点的研究与建模实践，引导学生传承优秀建筑文化，并鼓励他们在传承基础上进行创新设计，以促进建筑文化的多元发展。

4. 以 Revit 软件中墙体建模项目为载体，培养学生的团队协作意识与沟通交流技巧，使他们能够在团队环境中高效地完成建筑设计任务。

5.1　墙体的类型

墙体不仅是建筑空间的分隔和维护主体，还是门、窗、卫浴等部件的依附主体。在 Revit 软件中，墙属于系统族。墙体有三种族类型，分别为基本墙、叠层墙和幕墙。在创建墙体前需要先对墙体的类型进行定义，包括墙厚度、材质、功能等，再根据需要进行定位轴线的选择，设置墙体高度，进行正确绘制。

5.2　创建与编辑基本墙

5.2.1　创建基本墙

基本墙包括常规墙体和异形墙体，常规墙体采用绘制和拾取线的方式创建，异形墙则需要采用拾取面的方式创建。本节只介绍常规墙体的创建方式。

1. 绘制墙体

Step1：新建一个建筑样板项目，单击【建筑】选项卡→【构建】面板→"墙"命令，选择"墙：建筑"即可。单击【属性】面板上方"类型选择器"下拉列表的三角箭头，显示"叠层墙""基本墙"和"幕墙"三个选项，选择"基本墙"中的"常规—200mm"类型，如图 5.2-1 所示。

Step2：墙体的定位线包括"墙中心线""核心层中心线""面层面：外部""面层面：内部""核心面：外部""核心面：内部"，如图 5.2-2 所示。需要根据图纸要求进行正确选择。默认值为"墙中心线"，即在绘制墙体时，墙体中心线与绘制路径重合。

图 5.2-1　墙体
【属性】面板

Step3：墙体的底部约束和底部偏移可控制墙的底部位置，顶部约束和顶部偏移可控制墙的顶部位置。在绘制墙体时一定要设置好这四项参数来控制墙体的高度，特别是层数较多的建筑，需先设置好本层的墙体高度，以免在绘制上一层墙体时出现重合问题，如图 5.2-3 所示。

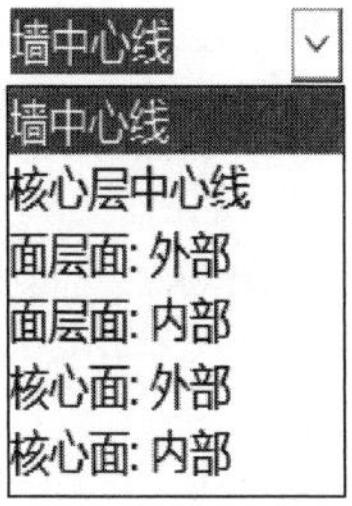

图 5.2-2　墙体定位线设置对话框 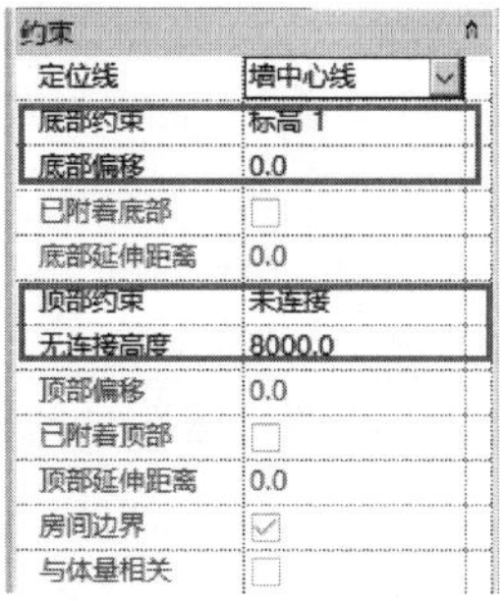　　图 5.2-3　墙体高度定位

Step4：如绘制连续墙体，在选项栏将"链"命令勾选。也可设置偏移值，如图 5.2-4 所示。

图 5.2-4　墙体链和偏移设置

绘制时，可使用直线、矩形、多边形、弧形等绘制方法，在视图中拾取两点直接进行绘制。在进行外墙绘制时，要顺时针进行绘制才能保证提前设置好的材质位于正确方向，如果画反后可单击"翻转箭头"进行墙体的翻转，如图 5.2-5 所示。

图 5.2-5　外墙翻转箭头

2. 拾取墙体

拾取墙体的基本方法与绘制相同，只是"线"无需绘制，而是直接拾取现有的"线"来代替。单击【修改｜放置墙】上下文选项卡→【绘制】面板→"拾取线"命令，再去拾取现有的线，如图 5.2-6 所示。

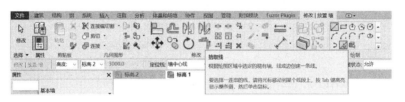

图 5.2-6　拾取线绘制墙体

5.2.2　编辑基本墙

Step1：墙体命名。在【属性】面板的"类型选择器"中单击基本墙下的"常规－200mm"，单击右方"编辑类型"命令，在弹出的"类型属性"对话框中，单击"复制"命令，将名称修改为"外墙"，单击"确定"命令，如图 5.2-7 所示。

Step2：墙体功能层添加。继续单击"编辑…"命令，弹出"编辑部件"对话框，可单击"插入"添加功能层，通过"向上（U）"或

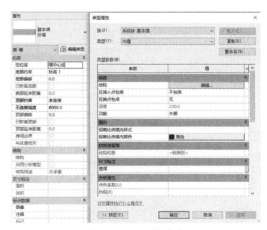

图 5.2-7　墙体命名

"向下（O）"可调整位置，并在"厚度"位置设置数字改变功能层厚度，如图 5.2-8 所示。

提示：墙体功能层添加时，在两个核心边界中间只能有一层，且为核心层。核心边界内外两侧的功能层也有限制。功能层除墙体涂膜层（或使用拆分工具）外均应设置厚度，否则将导致无法设置此功能层。

Step3：墙体功能层材质设置。分别单击每个功能层所对应的"材质"下"〈按类别〉"命令右侧的"..."，弹出"材质浏览器"对话框，可选择现有的材质，如"混凝土—现场浇筑混凝土"，可看出其表面填充图案为"沙"，截面填充图案为"混凝土"，如图 5.2-9 所示。

在"材质浏览器"对话框中可新建材质，单击"材质浏览器"对话框左下角的"新建材质"命令，对新建材质进行"重命名"，如图 5.2-10 所示。

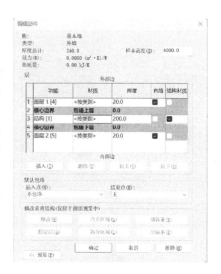

图 5.2-8　墙体功能层添加、
位置、厚度设置

单击"表面填充图案"中的图案位置，弹出"填充样式"对话框，即可选择表面填充图案，如图 5.2-11 所示。

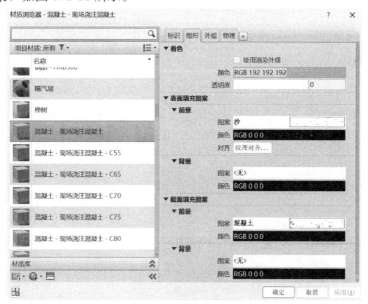

图 5.2-9　功能层材质选择为"混凝土—现场浇筑混凝土"

单击"表面填充图案"中的颜色位置弹出"颜色"对话框，即可进行颜色设置，如图 5.2-12 所示。同理，可以设置截面填充图案。勾选"使用渲染外观"并单击"外观"命令后进行颜色设置，这样可以保证设置的颜色能够显示出来，如图 5.2-13 所示。

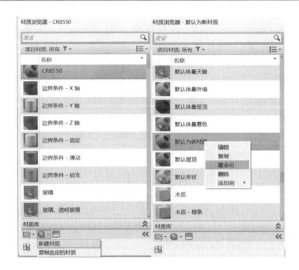

图 5.2-10 "材质浏览器"对话框中新建材质

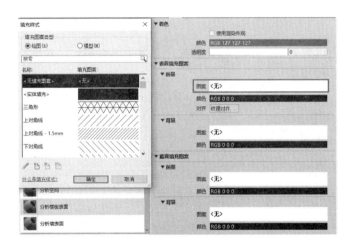

图 5.2-11 新建材质中表面填充图案填充样式

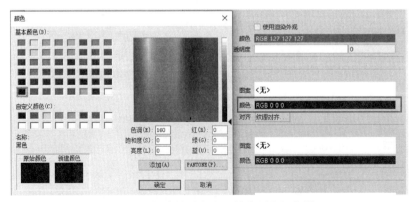

图 5.2-12 新建材质中表面填充图案颜色设置

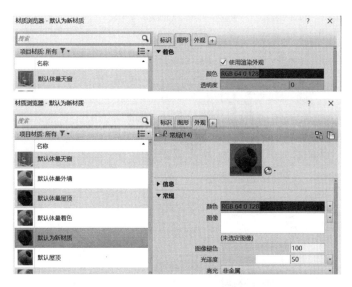

图 5.2-13　新建材质中使用渲染外观设置

提示：单击"使用渲染外观"后，外观设置的颜色才能显示出来。

Step4：墙体的位置、长度、高度及内外墙面等可以通过尺寸驱动、鼠标拖拽控制柄进行修改和编辑。同时【修改】面板中的"移动、复制、旋转、阵列、镜像、对齐和修剪"等命令也可以对墙体进行编辑。

5.2.3　创建和编辑墙饰条和分隔条

1. 在墙类型属性中创建和编辑墙饰条和分隔条

单击"墙"【属性】面板上"编辑类型"命令，弹出"类型属性"对话框，单击结构后"编辑…"进入"编辑部件"对话框，单击左下角"预览"，切换视图为"剖面：修改类型属性"，此时"修改垂直结构仅限于剖面预览中"，命令中的"墙饰条（W）"和"分隔条（R）"，为亮显状态，单击"墙饰条"命令，打开"墙饰条"对话框，单击"添加"命令添加一行，如图 5.2-14 所示。同时可以对其轮廓、材质、距离等进行编辑操作。分隔条的创建原理相同。

图 5.2-14　在墙类型属性中创建墙饰条

2. 使用专用工具创建和编辑墙饰条和分隔条

Step1：将视图调整为"三维视图"，单击【建筑】选项卡→【构建】面板→"墙"命令，在"墙"命令的下拉列表中即可看到"墙：饰条"和"墙：分隔条"命令，单击"墙：饰条"命令，进入【修改丨放置墙饰条】上下文选项卡，在【放置】面板中选择"水平"或"垂直"来控制墙饰条的方向，如图 5.2-15 所示。

　　Step2：在【属性】面板"类型选择器"中选择"墙：饰条"或"墙：分隔条"的类型，单击"编辑类型"，在弹出的"类型属性"对话框中，单击"复制"命令，设置墙饰条的名称。并对轮廓、材质等进行编辑，如图 5.2-16 所示。

　　Step3：在三维视图中，将墙饰条和分隔条放置在三维立体墙面上，如图 5.2-17所示。

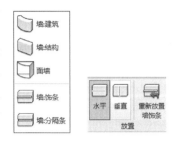

图 5.2-15　"墙：饰条"命令及放置方向

图 5.2-16　墙饰条属性编辑

图 5.2-17　墙饰条和分隔条示意图

5.3　创建与编辑叠层墙

　　"叠层墙"是指包含叠放在一起的两面子墙或者多面子墙。每面子墙在不同的高度上可以设置不同的厚度，可以通过"编辑类型"定义其结构。仅有"基本墙"系统族中的墙类型可以作为子墙，子墙互相连接。

　　以创建一面由"外部—带砌块与金属立筋龙骨复合墙""外部—带砖与金属立筋复合墙"和"外部—带粉刷砖与砌块复合墙"连接和附着组成的叠层墙，墙体总高度为 4000mm。

　　Step1：单击【建筑】选项卡→【构建】面板→"墙"命令，在"类型选择器"中选择"叠层墙"，设置其定位轴线，底部约束设置在"标高 1"为例，顶部约束设置在"标高 2"，整体墙面高度为"4000.0mm"。

　　Step2：单击"编辑类型"命令，弹出"类型属性"对话框，复制并重新命名墙体名称为"叠层墙",单击"结构"后的"编辑"命令,弹出"编辑部件"对话框,单击"插入"命令,添加一行子墙,使得叠层墙由三面叠加在一起的子墙组成。

插入后,可设置每层子墙的材质和高度,可将中间的子墙高度改为"可变",意味着在总高度不变的情况下,这层子墙的高度可随其他子墙高度变化自动改变,如图 5.3-1 所示。

Step3:单击两次"确定",进入【修改│放置墙】上下义选项卡,分别选择【绘制】面板中的"圆形"和"线"命令绘制叠层墙,切换至三维视图,如图 5.3-2 所示。

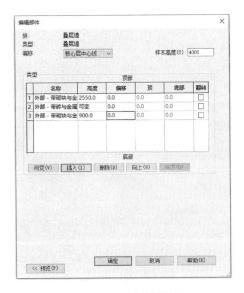

图 5.3-1　叠层墙设置

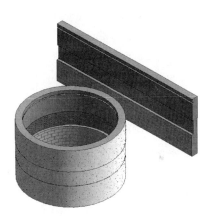

图 5.3-2　叠层墙绘制效果图

5.4　创建与编辑幕墙

幕墙由三部分组成:幕墙嵌板、幕墙网格和幕墙竖梃。幕墙嵌板是构成幕墙的基本单元,幕墙可以有一块或多块嵌板。幕墙网格决定幕墙嵌板的大小。幕墙竖梃沿着幕墙网格布置,起到支撑作用。幕墙默认有三种类型:店面、外部玻璃和幕墙。

5.4.1　创建幕墙

在 Revit 软件中,幕墙的创建方式和基本墙的绘制方式基本类似。单击【建筑】选项卡→【构建】面板→"墙"命令,在"类型选择器"中选择"幕墙",设置好实例属性,直接绘制即可,如图 5.4-1 所示。

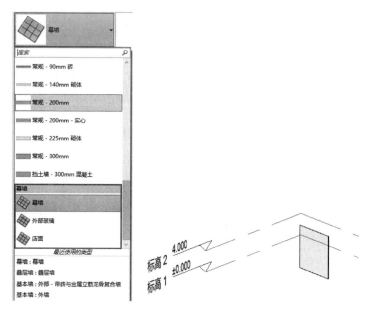

图 5.4-1　绘制幕墙后效果图

5.4.2　编辑幕墙

1. 幕墙实例属性编辑

幕墙绘制前可先设置好实例属性，也可先绘制幕墙再去调整实例属性中的参数，
"底部约束"和"底部偏移"控制幕墙起点位置，"顶部约束"和"顶部偏移"控制幕墙
终点位置，"垂直网格"和"水平网格"中的"角度"和"偏移"控制幕墙网格的角度
和位置。可勾选"结构用途"来定义幕墙是否承重，如图 5.4-2 所示。

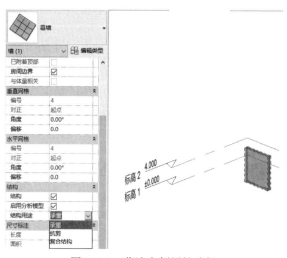

图 5.4-2　幕墙实例属性编辑

2. 幕墙类型属性编辑

Step1：单击【属性】面板右方"编辑类型"，弹出"类型属性"对话框中，类型参数中"构造""材质和构造""垂直网格""水平网格""垂直竖梃""水平竖梃"等，可一一进行编辑设置。

Step2：当在常规墙体中绘制幕墙时，将在幕墙位置自动创建洞口，因此需将"自动嵌入"勾选上。嵌板设置为"系统嵌板：玻璃"，"垂直网格""水平网格"均设置为"固定数量"。"垂直竖梃""水平竖梃"均设置为如图 5.4-3 所示，画出一面嵌入基本墙内的幕墙，如图 5.4-4 所示。

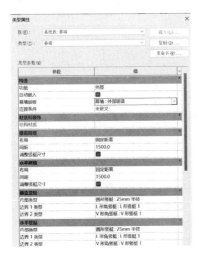

图 5.4-3　幕墙属性编辑　　　　图 5.4-4　基本墙体中嵌入幕墙效果

3. 幕墙网格的编辑

Step1：在幕墙的"类型属性"中，设置后的幕墙网格和竖梃有时不符合要求，需要单独进行编辑，先将"类型属性"对话框中的所有设置删除，重新画一面幕墙，再采用幕墙网格的方式添加网格，而后再添加竖梃。

Step2：单击【建筑】选项卡→【构建】面板→"幕墙网格"命令，可以整体分割或局部细分幕墙上的嵌板。此时，在【修改 | 放置 幕墙网格】上下文选项卡中可以看到三个命令："全部分段"是指单击可添加整条网格线，"一段"是指单击可添加一段网格线，"除拾取外的全部"是指先添加一整条网格线，再删除拾取的那段网格线。分别放置如图 5.4-5 所示。

4. 幕墙竖梃的编辑

Step1：单击【构建】面板中的"竖梃"命令，可以选择竖梃类型。在【修改 | 放置 竖梃】上下文选项卡中可以看到三个命令："网格线"是指为一整根网格添加竖梃，"单段网格线"是指为单根的一段网格添加竖梃，"全部网格线"是指为整个幕墙上的所有网格添加竖梃，分别放置如图 5.4-6所示。

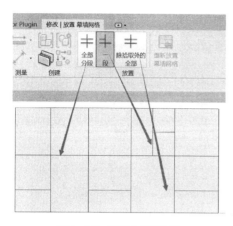

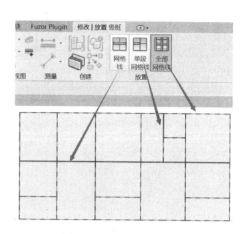

图 5.4-5　幕墙网格放置　　　　　　　　图 5.4-6　幕墙竖梃放置

Step2：竖梃的样式也可以进行设计，单击【属性】面板右侧的"编辑类型"。弹出"类型属性"对话框，对类型参数中的"约束""构造""材质和装饰""尺寸标注"等进行设置，如图 5.4-7 所示。

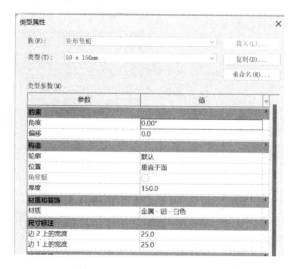

图 5.4-7　矩形竖梃属性编辑

Step3：如竖梃类型中没有想要的，可单击【插入】选项卡中的"载入族"命令，载入相应的轮廓族后，创建相应的竖梃，也可以直接载入相应的竖梃族。

5.4.3　幕墙中的门与窗

幕墙中的嵌板除了默认的玻璃外，还可以替换成实体的墙、门和窗等。将鼠标放置在要替换的幕墙嵌板边缘，此时选中的是整块幕墙，使用"Tab"键进行切换，使得选中的为单块的幕墙嵌板，此时【属性】面板里显示的是"系统嵌板（玻璃）"，可在"类型选择器"下拉列表中直接替换现有幕墙窗或门。如下拉列表中没有，可以单击右侧的"编辑类型"，弹出"类型属性"对话框，单击"载入"命令从族库中载入，如图 5.4-8 所示。

　　提示：此时载入的门窗必须是带有"幕墙"字样的门窗族，即在"建筑"下"幕墙"中的"门窗嵌板"中选择。

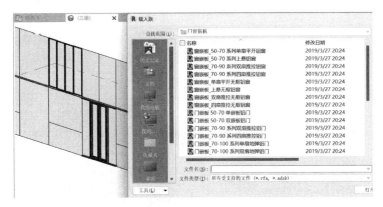

图 5.4-8　幕墙中的门、窗嵌板替换

5.5　编辑墙轮廓

　　常规直线绘制的墙立面轮廓为矩形，如有其他轮廓形状需求或者墙面上需要有洞口时，可直接在剖面视图或者立面视图中编辑墙的立面轮廓。注意轮廓线必须是闭合的。

　　提示：轮廓线必须是闭合且不相交。

　　选择一面墙，切换到立面，选中这面墙，单击【修改｜墙】上下文选项卡下的"编辑轮廓"命令，墙进入可编辑状态，使用【绘制】面板中的"线""图"等命令进行轮廓修改。也可使用【修改】面板下的"剪切""复制"等命令进行轮廓编辑。单击"√"完成墙体轮廓编辑，如图 5.5-1 所示。

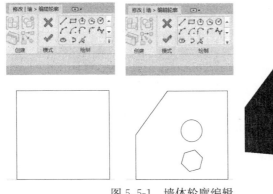

图 5.5-1　墙体轮廓编辑

5.6　墙的附着与分离

当绘制完墙体后，可将其与屋顶、楼板或天花板等附着在一起。例如现有四面墙及上方的人字形屋顶，怎样使得墙能和屋顶紧密结合在一起呢？可选中墙体，自动激活【修改｜墙】上下文选项卡，单击"附着顶部/底部"命令，拾取"屋顶"，便可使得墙体形状自动发生变化，表示墙与屋顶已成功附着。单击"分离顶部/底部"命令，可将墙从屋顶上分离出来而恢复原来状态，如图 5.6-1 所示。

图 5.6-1　墙体的附着与分离

5.7　实战——公共实训基地墙体的创建

扫码观看
"第5章　墙体"
实战教学视频

1. 建模思路

识图→【建筑】选项卡→【构件】面板→"墙：建筑"命令→编辑类型→选择绘制方式→完成创建。

2. 公共实训基地墙体的创建

查看公共实训基地项目 CAD 图纸，可以看出外墙的厚度为 390mm，材质为普通砖，且外墙在绘制时定位线为"面层面-内部"。内墙为 200mm 厚普通砖，根据图纸尺寸布置即可。

Step1：在"第 3 章　标高和轴网的创建 .rvt"文件中标高是结构标高，建筑标高与之不同，此时可重新按照"公共实训基地"建筑图纸新建建筑标高，并在此基础上绘制墙体。在【项目浏览器】面板中展开平面，双击"1F"，进入一层平面视图。

Step2：单击【建筑】选项卡→【构建】面板→"墙"命令→"墙：建筑"命令，在【属性】面板的"类型选择器"中选择"基本墙"，单击右侧的"编辑类型"，弹出"类型属性"对话框，单击"复制"，重新命名墙体名称为"公共实训基地外墙"。

Step3：单击"构造"→"编辑..."→"编辑部件"，修改核心层结构的材质为"砌体—普通砖"，厚度修改为"390.0mm"，单击"确定"命令。

Step4：将"底部约束"设置为"1F"，"底部偏移"设置为"－600.0mm"（将墙底部延伸到室外地坪位置），"顶部约束"设置为"2F"，"顶部偏移"为"0"，按照 CAD 图纸，沿轴网顺时针方向逐一进行外墙绘制。外墙墙体绘制平面图及三维图如图 5.7-1 所示。

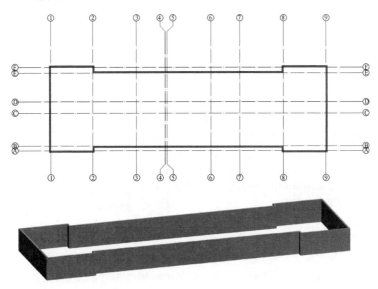

图 5.7-1　一层外墙绘制效果图

提示：四项参数影响墙体高度，设置时一定读好图纸，设置正确，防止后续墙体重合，以免增加不必要的工作量。墙体的绘制采取顺时针布置，使得墙体的内外面布置正确，如发现反向应及时修改。

Step5：继续按照 CAD 图纸显示绘制一层内墙，结果如图 5.7-2 所示。

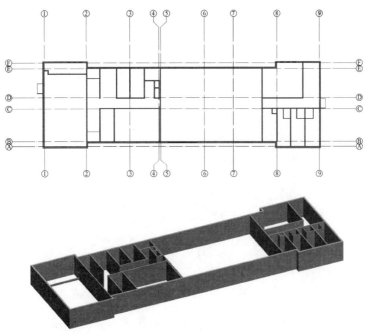

图 5.7-2　一层内墙绘制效果图

Step6：同样方法进行二层、三层、四层、五层外墙和内墙的绘制，最顶层墙面参照 CAD 立面图纸，进行轮廓编辑。复制外墙，将墙厚改为 200mm，将一层外门位置的外墙也绘制完成。整体三维效果图如图 5.7-3 所示。

Step7：图纸上一些难以用现有的族文件表现的窗和门可以用幕墙的方式进行创建，并按照尺寸设置网格和竖梃，整体效果如图 5.7-4 所示。

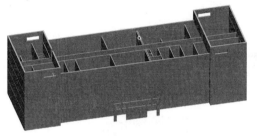

图 5.7-3　基本墙体整体效果图

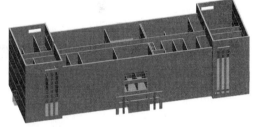

图 5.7-4　添加幕墙后的墙体整体效果图

Step8：观察立面 CAD 图纸，可以发现立面墙体有不同的装饰，可以采用拆分面后给墙体赋予不同的填充颜色进行区分。在【修改】选项卡下单击"拆分面"命令，如图 5.7-5 所示。

图 5.7-5　"拆分面"命令

而后选择要拆分的墙体，弹出【修改 | 拆分面＞创建边界】上下文选项卡，使用【绘制】面板中的"线"命令绘制拆分面轮廓，如图 5.7-6 所示。

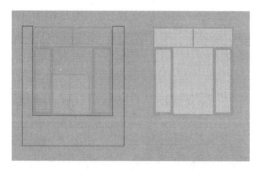

图 5.7-6　拆分面编辑边界

重复绘制拆分面，同样尺寸可以采用复制方式。单击【修改】选项卡→【修改】面板→"填色"命令→"材质浏览器"对话框→"橘红色外墙漆"，用鼠标左键单击需要填色的轮廓处，如图 5.7-7 所示。填充后的整体效果如图 5.7-8 所示。

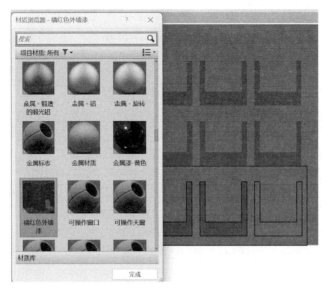

图 5.7-7　拆分面颜色填充

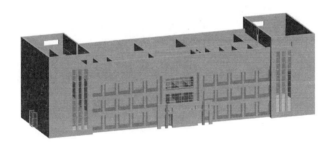

图 5.7-8　墙体绘制完成整体效果图

Step9：保存文件，将文件名命名为"第 5 章　墙体"。

课后习题

1. 在 Revit 软件中最好按照（　　）方向绘制墙体。

A. 顺时针　　　　　　　　　　B. 逆时针

C. 根据建筑设计决定　　　　　D. 顺时针和逆时针均可

2. 在 Revit 软件中绘制墙体时，墙体定位线位置为（　　）。

A. 墙线

B. 墙外边界

C. 墙内边界

D. 墙中心线，核心层中心线，面层面内部，面层面外部

3. 以下( )不是可设置的墙的类型参数。

A. 表面填充样式 　　　　　　B. 复合层厚度

C. 材质 　　　　　　　　　　D. 连接方式

4. 墙绘制完成后，将墙图元选中后，按键盘空格键，可以( )。

A. 翻转墙的方向 　　　　　　B. 延长墙的长度

C. 移动墙的位置 　　　　　　D. 旋转墙的角度

5. 幕墙网格的添加方式不包括( )。

A. 全部分段 　　　　　　　　B. 一段

C. 除未拾取外的全部 　　　　D. 除拾取外的全部

6. 幕墙竖梃的添加方式不包括( )。

A. 网格线 　　　　　　　　　B. 单段网格线

C. 全部网格线 　　　　　　　D. 除拾取外的全部网格线

7. 根据给定尺寸和构造创建墙模型并添加材质，未标明尺寸不作要求。〔题目来源：中国图学学会（一级）—全国 BIM 技能等级考试第十八期第 1 题〕

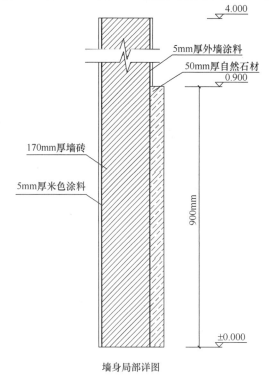

墙身局部详图

参考答案

1. A　2. D　3. D　4. A　5. C　6. D

第6章 门　　窗

【导读】

　　本章主要对 Revit 软件中门和窗的创建方法进行介绍。

　　第 1 节讲解了门和窗的创建方法。

　　第 2 节讲解了门和窗的编辑方法。

　　通过实际工程案例——公共实训基地项目，讲解门和窗的创建过程。

知识目标：

1. 掌握 Revit 软件中门窗的基本类型，如平开窗、推拉窗、折叠窗等，以及各类门窗在建筑规范中的尺寸、材质和性能要求。

2. 熟悉 Revit 软件门窗建模的操作流程，包括门窗的创建、属性设置、位置调整、尺寸修改等技巧。

3. 理解门窗与墙体之间的关联关系，掌握如何在 Revit 软件中处理门窗与墙体的连接，确保门窗在墙体中的正确位置和开启方式。

能力目标：

1. 能够运用 Revit 软件独立完成门窗的建模任务，包括门窗的创建、属性设置和位置调整等，确保门窗模型的准确性和完整性。

2. 能够根据建筑设计要求和施工条件，对门窗设计进行优化，如调整门窗尺寸、材质或开启方式，以满足建筑功能和美观的需求。

3. 具备解决门窗建模过程中遇到的各种问题的能力，如门窗与墙体的冲突、门窗属性的错误设置等，确保门窗建模的顺利进行。

课程思政目标：

1. 门窗创建的过程中，强调细节的重要性，要求学生对待每一个门窗模型都精益求精，追求完美。

2. 通过团队合作完成门窗建模项目，增强学生的团队协作精神和沟通协调能力。

3. 鼓励学生勇于探索新的门窗建模方法和技巧，培养创新思维和解决问题的能力。

4. 在教学过程中，融入社会主义核心价值观的教育，引导学生树立正确的世界观、人生观和价值观。

5. 引导学生了解中国传统建筑文化，并在门窗设计中融入传统文化元素，增强文化自信。

6.1 门窗的布置

门窗在建筑构建中占据非常重要的地位。门窗在 Revit 软件中，以墙为承载主体，门窗属于可载入图元，在项目中可载入所需的门窗族。

6.1.1 门的布置

门的布置较常见的方法是在平面上直接插入到墙上，一般贴墙布置或者布置门后修改临时尺寸标注来确定准确位置。

Step1：单击【建筑】选项卡→【构建】面板→"门"命令，在【属性】面板的"类型选择器"中选择门，此时只有默认的"单扇—与墙齐"门族，选择任意尺寸放置在墙上，门的开启方向可以通过"翻转箭头"或者"空格"键控制，门与墙的距离可以通过修改尺寸标注的数字，或者先绘制"参照平面"后单击【修改】选项卡→【修改】面板→"对齐"命令进行对齐。单扇门布置如图 6.1-1 所示。

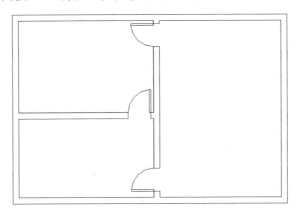

图 6.1-1　"单扇—与墙齐"门族布置

Step2：单击【插入】选项卡→【从库中载入】面板→"载入族"命令，弹出"载入族"对话框。选择"建筑"文件夹中的"门"，会出现多种类型的文件夹，可按照需要进行选择，这里载入"双扇嵌板平开门"，还可以载入"水平卷帘门"等，如图 6.1-2 所示。将其布置在墙上，效果如图 6.1-3 所示。

图 6.1-2　"双扇嵌板平开门""水平卷帘门"族载入

图 6.1-3　"双扇嵌板平开门""水平卷帘门"布置三维显示

6.1.2　窗的布置

窗的布置与门的布置方法基本相同。

Step1：单击【建筑】选项卡→【构建】面板→"窗"命令，在【属性】面板的"类型选择器"中选择窗，此时只有默认的"固定"窗族，选择任意尺寸放置在墙上，窗与墙的距离可以通过修改尺寸标注的数字，或者先绘制"参照平面"后，使用【修改】选项卡→【修改】面板→"对齐"命令进行对齐，也可输入"SM"自动捕捉到中点位置。窗的方向可以通过单击"翻转箭头"或者"空格"键进行翻转，如图 6.1-4 所示。

提示：布置窗时一定根据需要设置好窗的"底高度"参数。

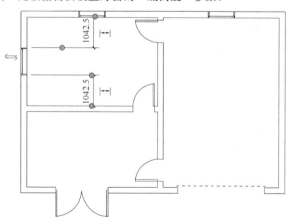

图 6.1-4　"固定"单扇窗族布置

Step2：单击【插入】选项卡→【从库中载入】面板→"载入族"命令，弹出"载入族"对话框。选择"建筑"中"窗"，会出现多种窗类型的文件夹，可按照需要进行选择，这里载入"双扇平开-带贴面"，如图 6.1-5 所示。将其布置在墙上，效果如图 6.1-6 所示。

图 6.1-5   "双扇平开—带贴面"窗族载入

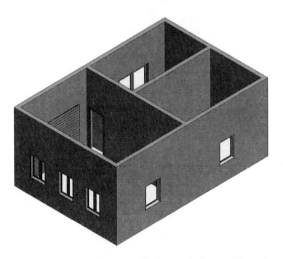

图 6.1-6   "双扇平开—带贴面"窗布置三维显示

6.2   门窗的编辑

6.2.1   门窗【属性】面板编辑

1. 门窗实例属性编辑

以"窗"为例，选中要编辑的窗，自动激活【修改│窗】上下文选项卡，在【属性】面板上可以修改"底高度""顶高度""防火等级"等参数。

2. 门窗类型属性编辑

以"窗"为例，选中要编辑的窗，单击【属性】面板右侧的"编辑类型"，弹出"类型属性"对话框，修改窗的"构造""材质""尺寸标注"以及"分析属性"参数，并将窗名称修改为"C0912"，如图 6.2-1 所示。项目中此类型的窗自动同步修改。

也可全部选中相同的窗，再进行编辑，如要选择这一组同样的窗，可使用"选择类似"快捷键"SA"，将项目中的"双扇平开、带贴面"整体尺寸改为"1200mm×1200mm"，并重命名为"C1212"，效果如图 6.2-2 所示。

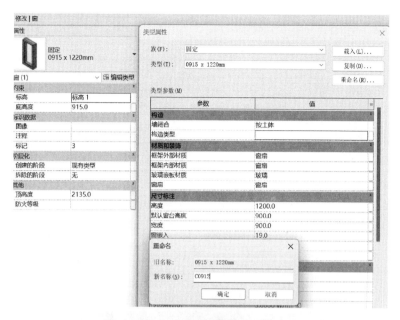

图 6.2-1 窗"类型属性"对话框编辑

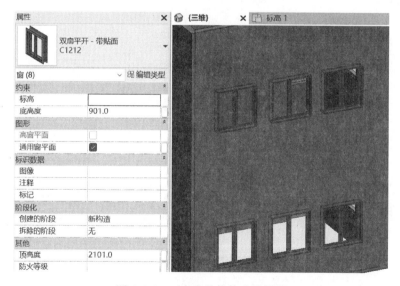

图 6.2-2 双扇窗整体修改效果图

6.2.2 类型标记

有时需要在视图上进行标记图元,单击【注释】选项卡→【标记】面板→"按类别标记"命令,把鼠标挪动到门和窗位置,单击左键即可标记成功,如图 6.2-3 所示。

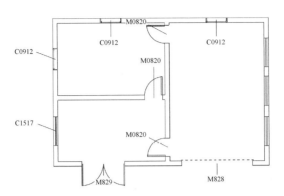

图 6.2-3　平面图按类别"门窗"标记

也可单击【标记】面板中"全部标记"命令,在弹出的"标记所未标记的对象"对话框中,选择"门标记""窗标记",单击"确定"命令完成标记,如图 6.2-4 所示。

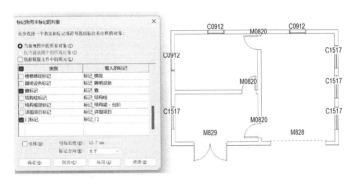

图 6.2-4　平面图全部标记进行"门窗"标记

6.2.3　门窗层间复制

当上层的门窗与下层相同时,可采用"复制"方式进行布置。选中要复制的门窗,此时自动切换到【修改|选择多个】上下文选项卡,单击"复制到剪切板"命令,如图 6.2-5 所示。此时左侧的"粘贴"命令会从"灰显"状态切换为"亮显"状态,在下拉列表出现的选项中,选择"与选定的标高对齐",在弹出的"选择标高"对话框中,选择所要复制到的标高,此时选择"标高 2",如图 6.2-6 所示。单击"确定"命令,此时,门窗就复制到二层的墙上,效果图如图 6.2-7 所示。

图 6.2-5　"复制到剪切板"命令位置

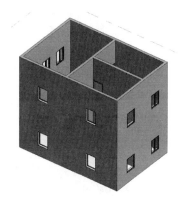

图 6.2-6　与选定的标高对齐到标高 2　　　　图 6.2-7　门窗复制到"标高 2"
　　　　　　　　　　　　　　　　　　　　　　　　　后整体三维显示

　　提示：复制过程可以在三维视图中完成，效果更明显，检查更方便。

6.3　实战——公共实训基地门窗的创建

6.3.1　公共——实训基地门的创建

扫码观看
"第6章　门窗"
实战教学视频

　　1. 建模思路

　　【建筑】选项卡→【构建】面板→"门"命令→"编辑类型"命令→确定放置
位置→完成创建和绘制。

　　2. 公共实训基地门的创建

　　根据"公共实训基地"建筑图，打开项目"第 5 章　墙体. rvt"。本项目中包
括门的类型有单扇门和双扇门，单扇门的尺寸有 1200mm×2700mm、800mm×
2700mm、600mm×1800mm，双扇门的尺寸有 1800mm×3500mm、1800mm×
2700mm，防火门尺寸为 1200mm×2100mm。

　　Step1：单击【插入】选项卡→【从库中载入】面板→"载入族"命令，在弹
出的"载入族"对话框中，选择"China"→"建筑"→"门"→"普通门"→
"平开门"→"双扇"→"双面嵌板镶玻璃门. rfa"，"China"→"消防"→"建
筑"→"防火门"→"双嵌板钢防火门. rfa"，防火门载入如图 6.3-1 所示。

　　Step2：定义需要的门类型。单击【建筑】选项卡→【构建】面板→"门"命
令，在【属性】面板的下拉列表中，选择"双面嵌板镶玻璃门"，单击"编辑类
型"，在弹出"类型属性"对话框中，单击"复制"，在弹出的名称中输入
"M1827"，并将"尺寸标注"中的"高度"修改为"2700.0mm"，"宽度"修改为
"1800mm"，如图 6.3-2 所示。

　　使用同样方法复制命名"ZM1227""M1835"，并修改相应尺寸。返回【属性】

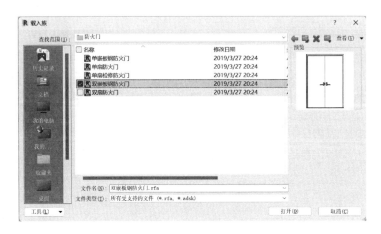

图 6.3-1　防火门载入

图 6.3-2　M1827 门类型定义

面板，选择"单扇-与墙齐"，单击"编辑类型"，复制命名"M0618""M0821""M1021"和"M1127"，并修改相应尺寸。

Step3：在【属性】面板中选择"M0618"，设置"底高度"为"0.0"，按照平面位置插入到相应墙体上，同时将其他的各类单扇门、双扇门、防火门均按尺寸插入到墙体上，如图 6.3-3 所示。

Step4：切换到 2F 楼层平面，如有和 1F 相同位置的门，可先单击【修改】选项卡→"复制到剪切板"命令→"粘贴"下拉列表下的"与选定的标高对齐"命令，在弹出的对话框中选择"标高 2"，生成 2F 相同位置相同类型的门。也可以重新绘制，但前者速度更快更便捷。其他位置的门采用绘制的方式即可。2F 层的门如图 6.3-4 所示。

Step5：其他楼层的门可采取同样的方法进行绘制。三维效果如图 6.3-5 所示。

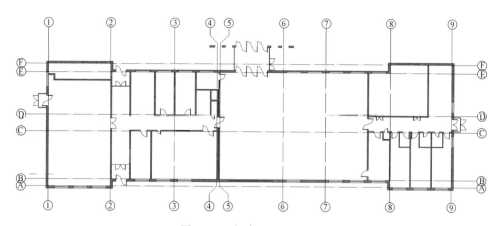

图 6.3-3 门布置 1F 平面图

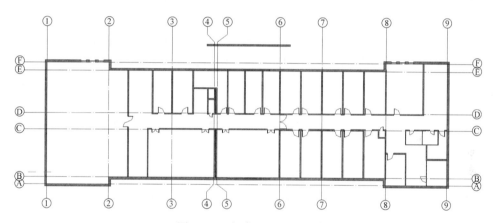

图 6.3-4 门布置 2F 平面图

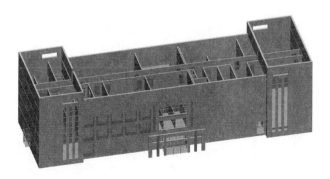

图 6.3-5 门布置后的三维效果图

6.3.2　公共——实训基地窗的创建

1. 建模思路

【建筑】选项卡→【构建】面板→"窗"命令→"编辑类型"命令→确定放置位置→完成创建和绘制。

2. 公共实训基地窗的创建

根据"公共实训基地"建筑图，继续进行"窗"的创建。本项目中包括窗的类型有"组合窗-双层三列""组合窗-单层双列""推拉窗"。

Step1：单击【插入】选项卡→【从库中载入】面板→"载入族"命令，在弹出的【载入族】对话框中，选择"China"→"建筑"→"窗"→"普通窗"→"组合扇"→"组合窗-三层双列（平开＋固定）.rfa"，"China"→"建筑"→"窗"→"普通窗"→"组合扇"→"组合窗-双层三列（平开＋固定）.rfa"和"China"→"建筑"→"窗"→"普通窗"→"推拉扇"→"推拉窗 6.rfa"。

Step2：定义需要的窗类型。单击【建筑】选项卡→【构建】面板→"窗"命令，在【属性】面板的下拉列表中，选择"组合窗-三层双列（平开＋固定）"，单击"编辑类型"，弹出"类型属性"对话框，单击"复制"，在弹出的名称中输入"C1226"，并将"尺寸标注"中的"高度"修改为"2600.0mm"，"宽度"修改为"1200.0mm"，如图 6.3-6 所示。

图 6.3-6　C1226 窗类型定义

使用同样方法选择"组合窗-双层三列（平开＋固定）-上部双扇"，单击"编辑类型"，复制命名"C2420""C2426"，并修改相应尺寸。返回【属性】面板，选择"推拉窗"，单击"编辑类型"，复制命名"C2406""C1218"，并修改相应尺寸。

Step3：在"类型选择器"中选择"C2420"，设置"底高度"为"0.0"，按照平面位置插入到相应墙体上，同时将其他的各类窗均按尺寸插入到墙体上，如图 6.3-7 所示。

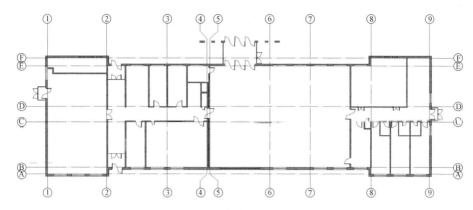

图 6.3-7　窗布置 1F 平面图

Step4：切换到 2F 楼层平面，如有和 1F 相同位置的窗，可先单击【修改】选项卡→"复制到剪切板"命令→"粘贴"下拉列表下的"与选定的标高对齐"命令，在弹出的对话框中，选择"标高 2"，生成 2F 相同位置相同类型的窗。其他位置的窗采用绘制的方式即可。2F 层的窗如图 6.3-8 所示。

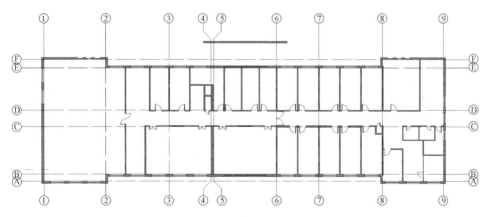

图 6.3-8　窗布置 2F 平面图

Step5：其他楼层的窗可采取同样的方法进行绘制。三维效果如图 6.3-9 所示。

Step6：保存文件，将文件名命名为"第 6 章　门窗.rvt"。

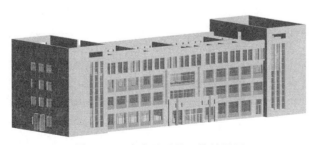

图 6.3-9　窗布置后的三维效果图

课后习题

1. 将门从当前墙偏移至对面墙,可(　　　)。

A. 选择门,单击"偏移",指定距离后偏移

B. 单击"偏移",选择门,指定距离后偏移

C. 以上都可以

D. 无法偏移

2. 门窗类型属性不可以进行编辑的是(　　　)。

A. 门窗高度　　　　　　　　　B. 门窗命名

C. 门窗底高度设置　　　　　　D. 类型标记

3. 按照首层平面图放置门窗,门窗尺寸见表1,其中外墙门窗布置位置需精确,内部门窗对位置不作精确要求。[题目来源:中国图学学会(一级)—全国 BIM 技能等级考试第四期第 4 题]

门窗表　　　　　　　　表1

| 类别 | 名称 | 洞口尺寸(mm) | | 樘数 | | 合计 |
		宽	高	一层	二~六层	
窗	C1	1500	1200		5×2=10	10
	C2	1800	1500	4	5×4=20	24
	C3	900	1200	6	5×6=30	36
	C4	2700	1500	2	5×2=10	12
	C5	2100	1500	2	5×2=10	12
	C6	1200	1500	4	5×4=20	24
门	M-A	2360	2100	2		2
	M1	1000	2100	4	5×4=20	24
	M2	900	2100	12	5×12=60	72
	M3	800	2100	12	5×12=60	72
	M4	2100	2100	4	5×4=20	24
	M5	2400	2100	2	5×2=10	12
	M6	2700	2100	2	5×2=10	12

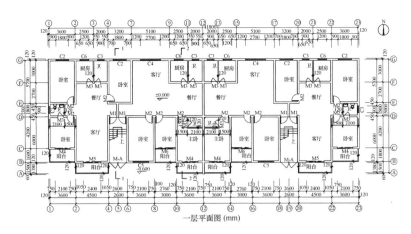

一层平面图 (mm)

参考答案

1. D　2. D

第7章　建筑楼板与天花板

【导读】

本章主要对楼板和天花板的创建方法进行介绍，包括普通楼板、带坡度楼板、异形楼板以及天花板的创建。

第1节讲解了楼板的创建方法。

第2节讲解了天花板的创建方法。

通过实际工程案例——公共实训基地项目，讲解实际工程中楼板创建。

知识目标：

1. 掌握楼板与天花板的基本概念，了解其在建筑结构中的作用和重要性。

2. 了解 Revit 软件中楼板与天花板创建的具体步骤、方法和技巧，能够灵活运用软件进行设计。

能力目标：

1. 通过实践操作，能够熟练地在设计软件中创建各种类型的楼板与天花板，包括普通楼板、异形楼板和天花板的创建等。

2. 在创建过程中，学生应能够识别并解决遇到的问题，如楼板与墙体的连接问题、天花板布局不合理等，从而提升其问题解决能力。

课程思政目标：

1. 通过细致入微的楼板与天花板创建过程，引导学生树立精益求精的工匠精神，注重细节、追求完美。

2. 鼓励学生将民族文化元素融入楼板与天花板的设计中，传承和弘扬中华优秀传统文化，增强文化自信。

3. 通过设计实践，增强学生的文化自信和民族自豪感。

7.1　楼板的创建

楼板，在建筑领域，通常指的是楼房两层之间的隔板，是一种分隔承重构件，它将房屋垂直方向分隔为若干层，并把人和家具等竖向荷载及楼板自重通过墙体、梁或柱传给基础。

楼板是建筑设计中常用的构件，与墙类似，都属于系统族。借助楼板这一构件，可以创建楼面板、坡道和休息平台等。通常在平面视图中进行楼板绘制。创建楼板时，可以通过拾取墙或使用绘制工具绘制其轮廓来定义楼板边界。

7.1.1 普通楼板

1. 新建楼板

Step1：创建楼板类型。

在平面视图中，单击【建筑】选项卡→【构建】面板→"楼板"命令。在【属性】面板中的"类型选择器"下拉列表中，列出了系统给出的楼板类型，如图 7.1-1所示。

选择默认"常规－150mm"类型楼板，单击"编辑类型"。在"类型属性"对话框中单击"复制"命令，命名为"练习楼板－150mm"。

单击"结构"右侧的"编辑..."命令，进入"编辑部件"对话框，在此可以简单设置楼板的层数以及各层的厚度。单击"结构"后方的"〈按类别〉"命令进入"材质浏览器"对话框，在"材质浏览器"对话框中可更改各层的材质，如图 7.1-2 所示。

搜索"C30"，单击"混凝土，现场浇筑—C30"右方的箭头，将此材质添加到文档中，单击"确定"命令，完成结构层材质设置，修改结构层厚度为"130.0mm"，然后，再插入一层"水泥砂浆"面层，厚度为"20.0mm"，设置如图 7.1-3 所示，依次单击"确定"命令。

提示：在构建层次结构时，必须确保"结构层"被正确地放置在"核心边界"层之内。如果"核心边界"层的上方和下方都已经存在"结构层"，那么在这个范围内就无法再添加另一个"结构层"。这是因为"核心边界"层定义了结构的边界，任何超出这个边界的结构层都将被视为不符合规范。

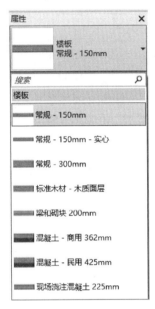

图 7.1-1　楼板类型

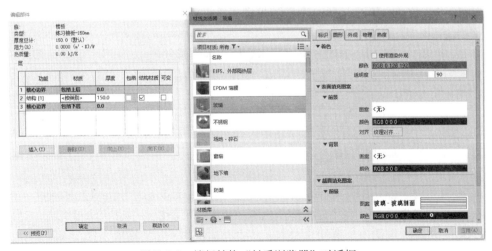

图 7.1-2　楼板结构"材质浏览器"对话框

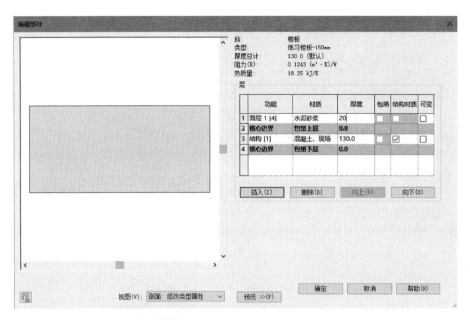

图 7.1-3　楼板结构层设置

Step2：绘制楼板边界。

单击【绘制】面板→"边界线"命令，在边界线中有"线""矩形""多边形"等多种命令。

提示：楼板边界必须满足"闭合"和"不相交"两个基本条件。

举例：采用"矩形"绘制方式，在"标高1"绘制长10000mm、宽8000mm的闭合矩形边界，如图7.1-4所示。

Step3：完成楼板编辑。

单击【模式】面板中"√"命令，完成编辑，如图7.1-5所示。切换至三维视图，如图7.1-6所示。

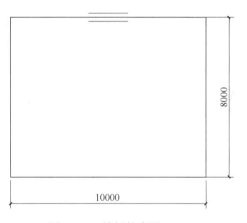

图 7.1-4　楼板轮廓图（mm）

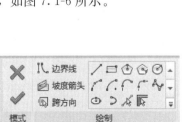

图 7.1-5　"√"命令

图 7.1-6　楼板三维视图

2. 编辑楼板

在实际项目中，楼板的建立并不都是中规中矩的，时常会遇到各种形状的楼板，这就需要在建立楼板后进行进一步修改。主要的修改方式有两种：

第一种方法：双击需编辑的楼板，进入楼板编辑草图模式，在草图模式状态下修改楼板的外形轮廓来实现。

第二种方法：鼠标左键选中楼板，在【模式】面板下选择"编辑边界"，进入草图模式，在草图模式状态下修改楼板的外形轮廓来实现。

提示：在修改过程中，外形轮廓线必须是一条封闭的几何形状，且各条轮廓线只能首尾相连，一定不能彼此相交。

采用"线""圆角弧"和"剪切"等命令修改楼板轮廓，单击【模式】面板中"√"完成编辑，切换至三维视图，如图 7.1-7 所示。

提示：图元较多时，可使用全部框选后选择过滤器方式选择楼板。

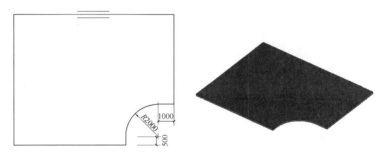

图 7.1-7　楼板轮廓修改及三维效果图（mm）

7.1.2　带坡度楼板

在实际项目中除形状各异的楼板外，楼板在高度方面也有不同。Revit 软件提供了建立坡度楼板的工具。建立坡度楼板的核心思想是使一块楼板的两个边界处于不同的高度上，可以通过设置不同的高程点来实现，也可以通过设立坡度箭头来实现。本小节主要介绍通过设立坡度箭头的方式来建立带坡度的楼板。

Step1：绘制楼板边界。

单击【建筑】选项卡→【构建】面板→"模板"命令，采用上节中"练习楼板－150mm"楼板类型，在绘图区域创建一个闭合轮廓。

见第 7.1.1 节普通楼板，以普通楼板为例，紧邻上一楼板上边缘绘制长10000mm、宽 4000mm 的闭合矩形边界，如图 7.1-8 所示。

Step2：添加坡度箭头。

单击【绘制】面板→"坡度箭头"命令，如图 7.1-9 所示。根据状态栏提示，"单击可输入线的起点"，选定起点后，再"输入线终点"，即可绘制出坡度箭头。（以图 7.1-10 中箭头位置和方向为例）。

选中该箭头，修改【属性】面板，其中"指定"下拉列表有"尾高"和"坡度"两种方式，采用默认"尾部"，"尾高度偏移"改为"1000.0mm"。

图 7.1-8 楼板边界（mm）

图 7.1-9 "坡度箭头"命令

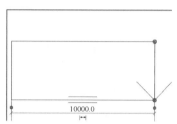

图 7.1-10 楼板边界坡度箭头属性（mm）

提示："尾高"代表将箭头"尾部"（起点）进行偏移，"坡度"代表沿着箭头方向形成输入度数的相应坡度。

Step3：完成编辑。

单击【模式】面板→"√"命令完成编辑。切换至三维视图，如图 7.1-11 所示。

Step4：继续添加楼板。

在带坡度楼板上方继续绘制另一普通楼板，使带坡度楼板最高点到达该楼板。见第7.1.2 节带坡度楼板，以带坡度楼板为例，紧邻上一带坡度楼板上边缘，同样在"标高1"中绘制长 10000mm、宽 3000mm 的闭合矩形边界。在【属性】面板实例属性中，"自标高的高度偏移"输入"1000.0mm"。单击【模式】面板→"√"命令完成编辑。切换至三维视图，如图 7.1-12 所示。

图 7.1-11 带坡度楼板

图 7.1-12 带坡度楼板到达楼板标高

7.1.3 异形楼板

为满足实际项目中形状各异的异型楼板，在 Revit 软件中借助于已创建的普通楼板，对普通楼板的形状进行编辑（包括修改子图元、添加点、添加分割线、拾取支座和重设形状）。其实质是在一些特殊的楼板设计中需要降低或升高楼板中某些点的高度，形成异形楼板。异形楼板的建立过程如下。

Step1：选中普通楼板。

在三维视图或平面视图选中某一楼板。

见第 7.1.2 节带坡度楼板，以最后在"标高 1"中创建长 10000mm、宽 3000mm 的矩形楼板为例。

Step2：楼板形状编辑。

三维视图或平面视图中选中该楼板，在【形状编辑】面板中有"修改子图元""添加点""添加分割线""拾取支座"和"重设形状"等命令。【形状编辑】面板如图 7.1-13 所示，各命令功能如下：

图 7.1-13 【形状编辑】面板

（1）添加点：为楼板添加一个高程点。

（2）添加分割线：为楼板添加一条分割线（用于添加线性边缘，以便重新构造选定楼板的几何形状。添加的分割线可以将几何图形分割为多个可独立操作的子区域）。

（3）拾取支座：拾取梁，在梁中线位置为楼板添加分割线（用于定义分割线，并在选择梁时为楼板创建恒定承重线。另外端点距拾取参照的高程将创建新的分割边，高程可以使用板厚度从板的底面向上移动到顶面）。

（4）修改子图元：选择之前的添加点、分割线，修改其高程（用于操控之前添加的点和分割线，具体操作时在视图中选中添加的点或线，直接修改其高程数值即可）。

（5）重设形状：删除点和分割线，恢复楼板原状（用于放弃对图元的修改，使楼板恢复到操作之前的形状）。

Step3：修改子图元高程。

选择该楼板，切换至平面视图，单击【修改|楼板】上下文选项卡→【形状编辑】面板→"修改子图元"命令，楼板四周边线变为绿色虚线，角点处有绿色高程点，如图 7.1-14 所示。

图 7.1-14 修改子图元高程（mm）

举例：修改上面两个子图元高程点为－800mm，代表高程相对降低 800mm（此操作类似于建立带有坡度的楼板）。

Step4：恢复原有形状。

单击"重设形状"命令，恢复原有平楼板形状。

Step5：添加点和修改高程。

在"楼层平面"视图中，选中该楼板，单击"添加点"命令，将一个新点添加到楼板中心，修改新添加点的高程为－200mm，切换至三维视图，形成楼板中间汇水的效果，如图 7.1-15所示。

继续单击"重设形状"命令，恢复原有平楼板形状。

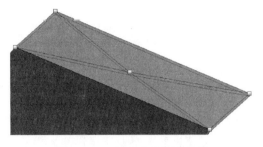

图 7.1-15　添加点和修改高程

Step6：添加分割线和修改高程。

在"楼层平面"视图中选中该楼板，单击"添加分割线"命令，按图 7.1-16绘制两条分割线，单击"修改子图元"命令，修改两条新添加分割线的高程均为500mm。切换至三维视图，形成坡度上升和下降的效果，如图 7.1-17 所示。

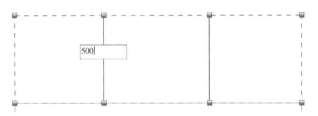

图 7.1-16　添加分割线和修改高程（mm）

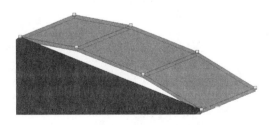

图 7.1-17　添加分割线、修改子图元高程完成后效果

7.2　天花板

在建筑学或室内设计领域，天花板是指建筑室内顶部表面的地方，通常是为了遮盖建筑内部的梁、管线等结构而建造的装饰性表面。它不仅具有美化室内空间的功能，还可能包含隔声、隔热、保温等实用性能。

例如,在"标高 1"中创建天花板,默认天花板将放置在标高 1 上方 2600mm 的位置,可以使用天花板类型属性指定该偏移量,如图 7.2-1 所示,通过下图可直观地观察楼板与天花板的相对位置,标高 3m 的下方为天花板。

图 7.2-1　天花板与楼板相对位置（mm）

Step1：建立天花板类型。

单击【建筑】选项卡→【构建】面板→"天花板"命令,在【属性】面板的"类型选择器"中选择系统提供的"复合天花板 600×600mm 轴网"类型,如图 7.2-2所示。单击"编辑类型"命令再次选择结构右侧的"编辑…",可更改天花板结构和材质（在此采用默认值）。

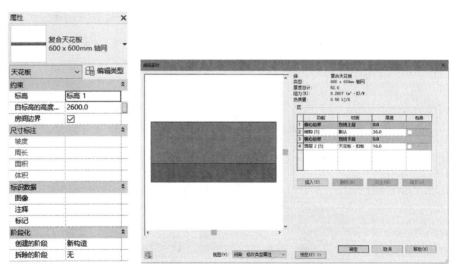

图 7.2-2　天花板类型和结构编辑

Step2：绘制天花板边界。

切换视图为"楼层平面"的"标高 1",绘制长 10000mm、宽 5000mm 的闭合矩形楼板（距地高度 3000mm）。双击"天花板平面"下的"标高 1",进入"标高 1"平面视图,天花板有两种方式放置,分别为"自动创建天花板"和"绘制天花板"。

"自动创建天花板":自动创建天花板工具处于默认选中状态,鼠标左键单击选择封闭墙体,选择后在墙体内部会生成闭合红色矩形,如图 7.2-3 所示。此时为待生成天花板的预览状态,再次单击鼠标左键即可生成,如图 7.2-4 所示。

图 7.2-3　天花板边界线　　　　　　　图 7.2-4　天花板三维视图

"绘制天花板"：绘制天花板命令是基于选定的墙或线完成天花板边界的创建，这种绘制方式类似于楼板的建立过程，即在进行天花板建立时，通过"拾取墙""直线"等工具先为天花板建立边界线，再单击"确定"命令生成构件模型。

单击【绘制】面板中的"线"命令，创建一个长 10000mm、宽 10000mm 的闭合矩形轮廓。单击【模式】面板中"√"完成编辑。切换至三维视图，将"视觉样式"改为"真实"，旋转至天花板正面视图，可以看到天花板内部样式，如图 7.2-5 所示。

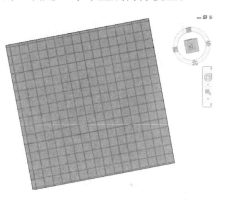

Step3：天花板的编辑。

在实际项目中，由于天花板构件设立在楼板的下部，根据实际需要，有时要对天花板进行特殊形状的编辑，或建立异形构件。在平面视图选中该天花板，单击

图 7.2-5　天花板类型和结构编辑

【模式】面板中的"编辑边界"命令，同样可以采用"坡度箭头"建立带坡度天花板。

在实际项目中，当需要在天花板上为安装线路、管线等机电构件开洞时，可以采用三种开洞方式："按面"开洞、"竖井"开洞和"垂直"开洞，详见教材第 10 章：洞口。

7.3　实战——公共实训基地楼板的创建

1. 建模思路

【建筑】选项卡→【构建】面板→"楼板"命令→编辑类型→选择绘制方式→完成创建和绘制。

扫码观看
"第7章 建筑
楼板与天花板"
实战教学视频

2. 公共实训基地楼板的创建

本节以创建"标高 1"楼板为例，进行讲解。

Step1：选中"常规－150mm"楼板，单击"编辑类型"，弹出"类型属性"对话框，单击"复制"命令，弹出"名称"对话框，输入新名称"公共实训基地标高 1 楼板"，单击"确定"命令完成新建，如图 7.3-1 所示。

Step2：单击"编辑类型"，再次选择结构右侧
的"编辑…"命令设置结构层材质为"混凝土—
现场浇筑—C30"材质，厚度为"100.0mm"，创
建完成后如图 7.3-2 所示。

Step3：单击"确定"完成楼板的创建。软件
自动返回到"绘图区域"。找到该楼板的具体位

图 7.3-1　名称对话框

置，确定楼板的绘制方式为"线"，沿着墙内边缘绘制，绘制后如图 7.3-3 所示。

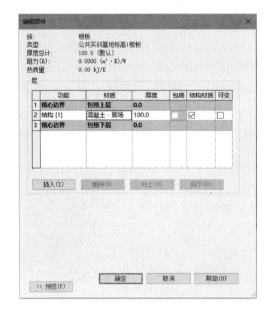

图 7.3-2　楼板"编辑部件"对话框

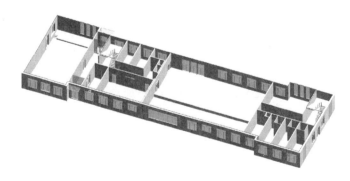

图 7.3-3　标高 1 楼板边界线

Step4：完成编辑。

创建后，单击【模式】面板中的"√"命令完成编辑，如图 7.3-4 所示。

Step5：利用相同的方法，创建其他位置的楼板，绘制完成后，将项目另存为
"第 7 章　建筑楼板与天花板"。

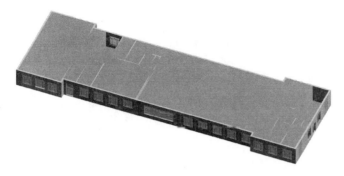

图 7.3-4 标高 1 楼板三维视图

课后习题

1. 在 Revit 软件中，可以通过以下哪种方式生成天花板？（　　）

A. 拾取封闭的房间   B. 拾取封闭墙体

C. 拾取任意墙体   D. 拾取楼板并创建垂直偏移

2. 以下哪项不是 Revit 软件中楼板构件的一个有效选项？（　　）

A. 楼板：建筑   B. 楼板：结构

C. 楼板：楼板边   D. 楼板：檐槽

3. 下列哪个选项不是 Revit 软件中创建或修改天花板时可能遇到的操作？（　　）

A. 编辑天花板的草图线以改变其形状

B. 使用坡度功能调整天花板的倾斜角度

C. 将楼板的材质直接应用于天花板

D. 删除部分天花板以创建开口

4. 创建如图所示异形楼板，楼板类型不限，矩形楼板和洞口尺寸不限，比例合适即可。要求楼板底部所在绝对高程为 4m，矩形洞口，上高下低，高点高程为 6m，低点高程为 5m。

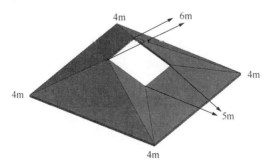

5. 创建如图所示异形楼板，楼板类型不限，楼板和洞口尺寸不限，比例合适即可。要求楼板底部所在绝对高程为 0m，顶部圆形高程为 4m，中间部分楼板相接触。

参考答案

1. B　2. D　3. C

第8章 屋　顶

【导读】
　　本章主要对屋顶的创建方法进行介绍，主要包括迹线屋顶、拉伸屋顶、玻璃斜窗、老虎窗和屋檐工具的创建。
　　第1节讲解了创建迹线屋顶的基本方法。
　　第2节讲解了创建拉伸屋顶的基本方法。
　　第3节讲解了玻璃斜窗的创建方法。
　　第4节讲解了屋顶边界和屋顶坡面两种老虎窗的创建方法。
　　第5节讲解了屋檐工具的安装方法。
　　通过实际工程案例——公共实训基地项目，讲解实际工程中屋顶的创建方法。

知识目标：

1. 学生能够理解屋顶在建筑设计中的功能、作用以及不同类型的屋顶（如平屋顶、坡屋顶、复杂形状屋顶等）的特点和应用场景。

2. 学生能够熟悉 Revit 软件中创建屋顶的基本命令，如迹线屋顶、拉伸屋顶等，并了解从选择标高、绘制边界线到设置屋顶属性的完整流程。

能力目标：

1. 学生能够根据建筑设计需求，选择合适的屋顶类型和创建方法，在 Revit 软件中准确、高效地创建出符合要求的屋顶模型。

2. 通过实践练习，学生能够初步具备设计屋顶的能力，包括选择合适的坡度、材质、颜色等，以创造出既美观又实用的屋顶效果。

3. 在创建屋顶的过程中，学生能够遇到并解决各种实际问题，如边界线不闭合、坡度设置不合理等，从而提升自己的问题解决能力。

课程思政目标：

1. 通过强调屋顶创建的精细度和准确性，引导学生树立精益求精的工匠精神，注重细节，追求完美。

2. 屋顶作为建筑的重要组成部分，其质量直接关系到建筑的安全和使用寿命。通过讲解屋顶设计的重要性和责任感，培养学生的责任意识，确保所设计的屋顶既美观又安全。

3. 鼓励学生在掌握基本屋顶创建技能的基础上，勇于尝试新的设计理念和方法，创新屋顶形状、材质等，以提升学生的创新意识和创新能力。

　　屋顶是房屋或构筑物外部的顶盖，也是建筑物顶部的承重和围护构件，一般由屋面、保温（隔热）层和承重结构三部分组成。屋顶又被称为建筑的"第五立面"，对建筑的形体和立面形象具有较大的影响。在 Revit 软件建筑设计中，屋顶包含普通屋顶和体量模型屋顶，本章主要介绍普通屋顶，本章主要介绍普通屋顶（图 8-1）。

图 8-1　不同类型屋顶

8.1　创建与编辑迹线屋顶

8.1.1　创建迹线屋顶

迹线屋顶在建立时主要通过建筑的迹线来定义其边界进而生成的屋顶。

Step1：屋顶类型的编辑。

切换至"楼层平面"视图，单击【建筑】选项卡→【构建】面板→"屋顶"命令，在下拉列表中选择"迹线屋顶"。

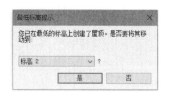

提示：当在最低标高创建屋顶时，会弹出图 8.1-1 中提示，改为"标高 2"建立屋顶。

图 8.1-1　迹线屋顶标高提示

在【属性】面板的"类型选择器"下共有"基本屋顶"和"玻璃斜窗"两种屋顶族。"基本屋顶"是指普通的屋顶，"玻璃斜墙"实质是指玻璃材质屋顶，其性质和玻璃幕墙一致，具体的绘制与玻璃幕墙类似，可以为其添加网格与竖梃，并为其镶嵌玻璃嵌板。

以"基本屋顶"为例。选择"常规—125mm"，单击"编辑类型"，复制该类型，命名为"练习屋顶—125mm"，再次单击"结构"右侧的"编辑..."命令，进入"编辑部件"对话框，修改屋顶结构如图 8.1-2 所示，依次单击"确定"命令。

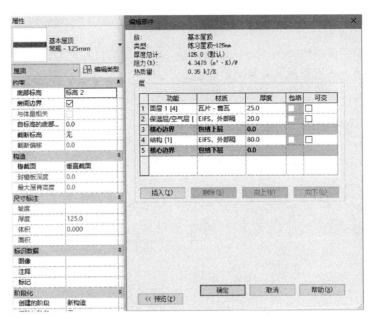

图 8.1-2 屋顶类型编辑

Step2：屋顶边界绘制。

【绘制】面板默认为"拾取墙"，切换绘制方式为"矩形"，如图 8.1-3 所示。

在绘图区域绘制长 10000mm、宽 8000mm 的闭合边界，绘制完成后单击【模式】面板中"√"命令，完成编辑，切换至三维视图，如图 8.1-4所示。

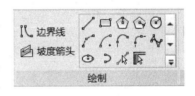

图 8.1-3 屋顶绘制方式

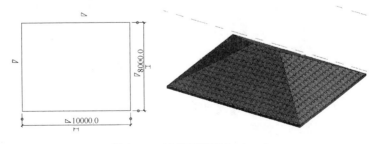

图 8.1-4 迹线屋顶建立（mm）

提示：选项栏默认勾选"定义坡度"，悬挑值为 **0**。

（1）"定义坡度"是指每个屋顶边缘坡度。

（2）"悬挑"指的是屋顶边缘向外延伸与墙体的距离。"悬挑"一般用在屋顶的装饰方面。

8.1.2 编辑迹线屋顶

Step1：坡度修改。

在平面视图或三维视图下，选中该屋顶，单击【模式】面板下"编辑迹线"命令，选择其中一条边界线，如图 8.1-5 所示，将上、下边界坡度定义为 45°，左右边界取消"定义屋顶坡度"，创建后屋顶三维视图，如图 8.1-6 所示。

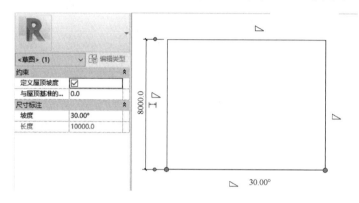

图 8.1-5　迹线屋顶更改（mm）

图 8.1-6　迹线屋顶三维视图

（1）勾选"定义坡度"代表该边界将形成斜坡屋顶，如不勾选，屋顶在该边界方向将不形成斜坡。

（2）"相对基准的偏移"代表屋顶相对于其基准面（通常是地面或楼层平面）的高度差异。这个偏移量用于调整屋顶的实际高度。

（3）"尺寸标注"中"坡度"代表斜坡坡度，与单击绘图区域边界线，修改"三角箭头"附近数值的效果是相同的。

Step2："标高 2"楼层平面视图范围。

切换至"标高 2"楼层平面视图，屋顶未完全显示。这是由于视图的设置范围造成的，当顶部视图范围设置量小于屋顶的高度时就会出现不能完全显示的现象。

这一问题需要通过在屋顶所在楼层中设置楼层平面【属性】面板中的"视图范围"来解决。具体做法为：单击【属性】面板→"视图范围"后的"编辑..."，发现"顶部"和"剖切面"偏移量设置值较低，如图 8.1-7 所示。

切换至"立面视图"或"三维视图"，单击【注释】选项卡→【尺寸标注】面板→"高程点"命令，如图 8.1-8所示。标记屋顶最高点高程，如图 8.1-9 所示。该高程与"标高 2"高程之间的距离应设置为"剖切面"最小偏移量，"顶部"设置值应高于剖切面，如图 8.1-10 所示，修改完成后即可全部显示屋顶。

 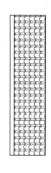 

图 8.1-7　视图范围更改前

图 8.1-8　高程点

图 8.1-9　测量屋顶最高点高程

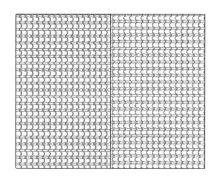 

图 8.1-10　视图范围更改后

8.2　创建与编辑拉伸屋顶

拉伸屋顶则是在立面视图、三维视图或剖面视图中绘制屋顶的侧面轮廓，通过拉伸直接生成屋顶，屋顶的高度与坡度取决于侧面轮廓绘制的高度与角度。

8.2.1　创建拉伸屋顶

Step1：绘制参照平面。

在绘图区域创建一个参照平面。单击【建筑】选项卡→【工作平面】面板→

"参照平面"命令,在绘图区域绘制一条垂直平面。

Step2:绘制拉伸屋顶。

切换"标高 2"平面视图,单击【建筑】选项卡→【屋顶】面板→"屋顶"命令,在下拉列表中选择"拉伸屋顶",弹出"工作平面"对话框,选择"拾取一个平面"命令,单击"确定"。在绘图区域拾取上一步新绘制的垂直工作平面,弹出"转到视图"对话框,选择视图"东"或"西"。选择"立面:东",单击打开视图,如图 8.2-1 所示。

提示:如拾取的工作平面是水平绘制,此处"转到视图"为"南"或"北"。

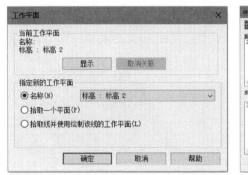

图 8.2-1　拾取工作平面及转到视图

提示:此处拉伸屋顶的参照标高,仅作为参照,并非屋顶线一定在该参照线上绘制。

在"东立面"视图中,切换屋顶类型为"练习屋顶－125mm",单击【绘制】面板中的"样条曲线"命令,绘制弧线拉伸线条。单击【模式】面板中"√"命令完成编辑。切换至三维视图,如图 8.2-2 所示。

提示:线条边界必须是连续的,因为屋顶有一定的厚度,因此不能有较大的"尖角"。

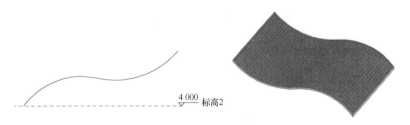

图 8.2-2　拉伸屋顶建立

8.2.2　编辑拉伸屋顶

以图 8.2-2 拉伸屋顶为例,对屋顶进行编辑。选择该屋顶,拖拽两个蓝色箭头可以更改屋顶的拉伸起点和终点。在【属性】面板同样可以对屋顶的"拉伸起点"和"拉伸终点"进行更改,另外还可以修改"参照标高"和"标高偏移",如图 8.2-3 所示。

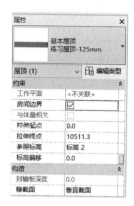

图 8.2-3 拉伸屋顶编辑和修改

8.3 创建与编辑玻璃斜窗屋顶

8.3.1 创建玻璃斜窗屋顶

玻璃斜窗的创建方法与迹线屋顶类似，具体绘制过程不再重复讲解。在【属性】面板的"类型选择器"下拉列表中，选择"玻璃斜窗"，单击"编辑类型"→"复制"命令，命名为"练习玻璃斜窗"，创建出如图 8.3-1 所示的玻璃斜窗屋顶。

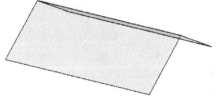

图 8.3-1 玻璃斜窗的建立

8.3.2 编辑玻璃斜窗屋顶

Step1：添加幕墙网格。

系统默认的玻璃斜窗是无网格的，可通过手动划分网格。在立面视图、楼层平面或三维视图下，单击【建筑】选项卡→【构建】面板→"幕墙网格"命令。在【修改|放置 幕墙网格】上下文选项卡下【放置】面板中选择放置类型。有三种放置类型（见第 5.4.2 节幕墙网格的编辑），如图 8.3-2 所示。

将幕墙网格放置在玻璃斜窗上时，在玻璃斜窗上将显示网格的预览图像，可以使用以上三种网格线段选项来控制幕墙网格的位置。在绘图区域单击鼠标左键放置

图 8.3-2 幕墙网格放置

第一条网格线，通过修改临时尺寸，对网格线的位置进行修改。选择一条网格线，激活【修改|幕墙屋顶网格】上下文选项卡，单击【幕墙网格】面板→"添加/删除线段"命令，可添加或删除网格线。如图 8.3-3 所示，对"玻璃斜窗"的网格进行划分，尺寸自定，比例适中，两侧对称。

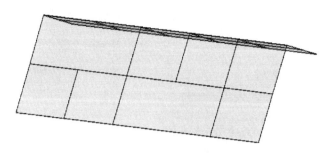

图 8.3-3　幕墙网格划分后三维视图

Step2： 添加竖梃。

创建幕墙网格后，可以在网格线上放置竖梃，单击【建筑】选项卡→【构建】面板→"竖梃"命令。在【属性】面板的"类型选择器"中，选择所需的竖梃类型，如图 8.3-4 所示。

激活【修改｜放置竖梃】上下文选项卡，在【放置】面板中有三种放置竖梃的方式，如图 8.3-5 所示。以"全部网格线"为例，添加所有竖梃类型为"矩形竖梃 50×150mm"，创建后如图 8.3-6 所示。

图 8.3-4　竖梃类型

图 8.3-5　竖梃放置方式

Step3： 修改水平竖梃和竖直竖梃之间的连接。

选中一根竖梃。激活【修改｜幕墙竖梃】上下文选项卡，在【竖梃】面板中显示"结合"或"打断"命令。

(1)"结合"可在连接处延伸竖梃的端点，显示为一个连续的竖梃；

(2)"打断"在连接处修剪竖梃的端点，显示为单独的竖梃。

点击任意一根竖梃，在竖梃相连接处附近将会出现类似"＋"形图标，如图 8.3-7所示，点击该图标同样可以实现竖梃连接方式的转换。

Step4： 修改嵌板类型。

在玻璃斜窗屋顶中，划分网格后需要在这些网格中建立相应的嵌板，其中最常

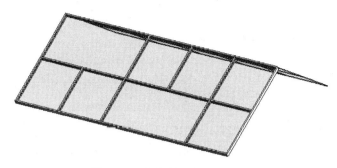

图 8.3-6　竖梃放置后三维视图

见的就是窗构件。这里的窗构件并不是通过【插入】选项卡→【从库中载入】面板→"载入族"命令进行载入的，而是通过修改替换嵌板类型实现。

图 8.3-7　切换竖梃连接

在实际选择中，很难直接选中一块嵌板，通常需要将鼠标放置在其临近的竖梃上，使用"Tab"键进行切换，观察底部状态栏出现"幕墙嵌板：系统嵌板：玻璃：R0"，单击选中。在【属性】面板的"类型选择器"下拉列表中，选择替换嵌板，如图 8.3-8 所示。

图 8.3-8　幕墙嵌板的替换和载入

由于系统自带的嵌板类型较少，单击"编辑类型"命令，在"类型属性"对话框中单击"载入"，选择"族"文件，双击"建筑"文件夹→"幕墙"，"幕墙"文件夹有"门窗嵌板""其他嵌板"和"幕墙构件"三种嵌板类型可以尝试选择。以载入"其他嵌板"中的 点爪式幕墙嵌板1 为例，替换某块原有玻璃嵌板，替换后效果如图 8.3-9 所示。

Step5：玻璃斜窗屋顶网格和竖梃快速划分和放置。

在上节中，已经介绍了网格和竖梃的手动划分和放置方法，通常适用于小面积幕墙，对于大面积、规则幕墙网格的划分，建议用以下介绍自动划分方法。

在 Revit 软件中提供了 4 种不同的幕墙网格自动划分方式，即固定距离、固定数量、最大间距和最小间距，4 种方式之间的差别如下：

图 8.3-9　嵌板替换后三维效果

（1）固定距离：该类型幕墙的每个实例均以独自的幕墙 UV 坐标划分，距离不足指定距离时，剩下的部分不再划分。需要指定的参数为"类型参数"中的"距离"。

（2）固定数量：该类型的幕墙按各实例在"属性"面板中指定的分割数量等间距划分为幕墙网格。

（3）最大间距：该类型的幕墙按相等间距等分幕墙网格，每个网格的间距最大值不会超过设定的距离。

（4）最小间距：该类型的幕墙按相等间距等分幕墙网格，每个网格的间距最小值不会超过设定的距离。

上述 4 种自动化分网格的方式均在【属性】面板中实现。单击【属性】面板→"编辑类型"命令，在类型属性中，"网格 1"和"网格 2"代表网格的划分方式。"网格 1 竖梃"和"网格 2 竖梃"代表竖梃的放置类型。如图 8.3-10"类型属性"设置后，三维效果如图 8.3-11 所示。

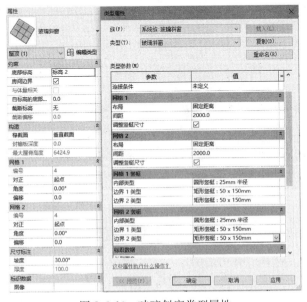

图 8.3-10　玻璃斜窗类型属性

Step6：配置轴网布局。

选择玻璃斜窗屋顶，在中心将会出现一个◇图标，代表轴网布局，单击后如图 8.3-12 所示，在左端出现两个箭头，向上箭头（表示为将对正网格 2 为设置中心），向右箭头（表示为将对正网格 1 为设置中心）。

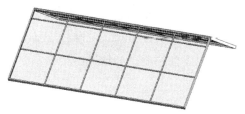

图 8.3-11　玻璃斜窗竖梃生成后

图 8.3-12　配置轴网布局

单击箭头，向上进行移动（表示为将对正网格 2 为设置中心），调整后如图 8.3-13 所示。

Step7：带角度网格和竖梃。

选中该玻璃斜窗，在【属性】面板下的实例属性中找到"网格 1"和"网格 2"属性，更改角度数值可生成

图 8.3-13　更改后幕墙的网格配置方案

带角度的网格和竖梃，以角度均为 45°为例，单击"应用"命令，三维效果如图 8.3-14 所示。

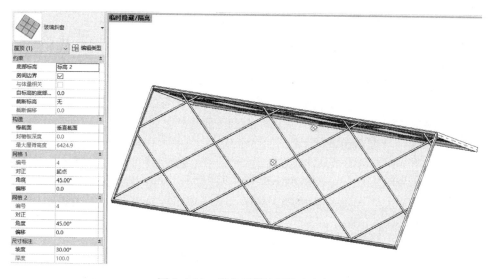

图 8.3-14　带角度幕墙网格和竖梃

8.4 创建与编辑老虎窗

老虎窗，又称老虎天窗，上海俗语，指一种开在屋顶上的天窗，也就是在斜屋面上凸出的窗，用作房屋顶部的采光和通风。在 Revit 软件中将屋顶设置成图中老虎窗的效果，需要进行较为高级和复杂的建模过程。根据建模方式的不同，主要将老虎窗分为两种，第一种为图 8.4-1 中左图效果，老虎窗从屋顶边界部位"翘起"，较为少见。第二种为图 8.4-1 中右图效果，在屋顶中部开洞，外加另一个屋顶，形成屋顶坡面老虎窗。

图 8.4-1 老虎窗

8.4.1 屋顶边界老虎窗

Step1：采用"迹线屋顶"建立一个带坡度屋顶。以图 8.1-6 迹线屋顶为例进行编辑。

Step2：编辑迹线。

切换至"标高 2"楼层平面视图，选中该屋顶，单击【模式】面板下"编辑迹线"命令，以上边界为例，首先，需要将该边界打断为至少三段，使用【修改】选项卡下"拆分图元"命令。依次点击 A、B 两点进行拆分，如图 8.4-2（左）所示，拆分后将出现三个"三角形"坡度符号。点击中间边界，取消该边界坡度。

提示：坡度符号和添加坡度箭头不能同时存在于一条边界上。

Step3：添加坡度箭头。

单击【绘制】面板中"坡度箭头"命令，更改【属性】面板中"指定"为"坡度"，坡度数值改为 45°。以打断点为起点，分别向边界中点绘制坡度箭头。单击【模式】面板中"√"命令完成编辑，切换至三维视图，如图 8.4-2（右）所示。

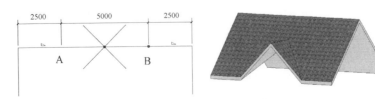

图 8.4-2 屋顶边界老虎窗

8.4.2 屋顶坡面老虎窗

Step1：采用"迹线屋顶"命令建立一个带坡度屋顶，以图 8.4-2 屋顶边界老虎窗为例。

Step2：新建一个小屋顶。

切换"标高 2"楼层平面视图，单击【建筑】选项卡→【屋顶】面板→"迹线屋顶"命令，绘制一个与已存在大屋顶相垂直的小屋顶，小屋顶长 4000mm、宽 2000mm，取消上下边界的坡度，左右边界坡度为 30°，如图 8.4-3 所示。

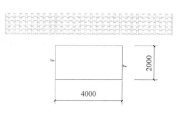

图 8.4-3 屋顶尺寸

Step3：屋顶连接。

在三维视图下，选择合适的角度，选中某个屋顶，弹出【修改｜屋顶】上下文选项卡，在【几何图形】面板中单击"连接/取消连接屋顶"命令，如图 8.4-4 所示。先点击小屋顶靠近大屋顶的边缘线，再点击大屋顶靠近小屋顶的外部面，小屋顶将连接至大屋顶外部面，如图 8.4-5 所示。

图 8.4-4 "连接取消连接屋顶"命令

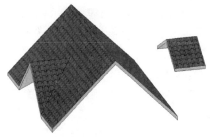

图 8.4-5 连接屋顶

Step4：修改小屋顶。

切换至"标高 2"楼层平面视图，移动小屋顶至大屋顶面内部，如图 8.4-6 所示。

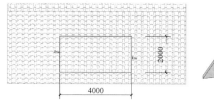

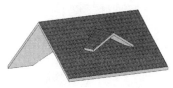

图 8.4-6 修改小屋顶位置

Step5：建立墙和窗。

以图 8.4-7 老虎窗构造图所示，建立侧墙和正立面墙。切换至"标高 2"楼层平面视图，视觉样式设置为"隐藏线"，单击【建筑】选项卡下"墙"命令，采用"常规—200mm"类型，编辑该类型并进行复制，命名为"老虎窗墙—200mm"，结构厚度"200.0mm"，材质为"砖"。

单击【绘制】面板中"拾取线"命令，在选项栏设置偏移为"200.0mm"，在绘图区域向内侧拾取侧墙和正立面墙，如图 8.4-8 所示。

图 8.4-7　老虎窗构造图

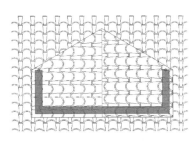

图 8.4-8　绘制老虎窗墙

Step6：墙的附着。

切换至"三维视图"，选择合适的角度，选中其中一面墙，单击【修改│墙】上下文选项卡→【修改墙】面板→"附着顶部/底部"命令，选项栏采用默认"附着墙：顶部"，然后点击小屋顶，快速实现附着效果。下部墙体可通过单击【修改墙】面板下的"附着顶部/底部"命令，选项栏改选为"附着墙：底部"，然后点击大屋顶，完成附着，如图 8.4-9 所示。

图 8.4-9　墙的附着

Step7：添加窗。

单击【建筑】选项卡→【构建】面板→"窗"命令，在"编辑类型"中载入合适的窗族，安装至正立面墙上即可。安装后发现，大屋顶并未开洞，下一步进行大屋顶开洞。

Step8：大屋顶开洞。

对于老虎窗屋顶开洞，可以使用专用的"老虎窗洞口"。切换至"三维视图"，单击【建筑】选项卡→【洞口】面板→"老虎窗"命令，按照状态栏提示，先选取要开洞的屋顶，在此选中大屋顶。然后，单击【修改│编辑草图】上下文选项卡→【拾取】面板→"拾取屋顶/墙边缘"命令，依次选择三面墙和两个屋顶交接处，采用【修改】面板中"修剪/延伸为角"命令形成闭合边界，如图 8.4-10 所示。单击【模式】中"✓"命令完成编辑，切换至三维视图，如图 8.4-11 所示。

图 8.4-10　老虎窗开洞

图 8.4-11　老虎窗效果图

8.5　屋檐工具

在 Revit 软件中，屋檐工具是用于创建和编辑建筑模型中屋檐部分的重要工具。这些工具允许用户根据设计需求，精确地绘制和调整屋檐的形状、高度和轮廓，以达到预期的视觉效果和功能性要求。

单击【建筑】选项卡→【构建】面板→"屋顶"命令，在"屋顶"命令的下拉列表中，默认有三种屋顶附件的放置工具，分别为底板、封檐板和檐槽，如图 8.5-1 所示。

底板是指在屋顶超出墙体的部分底部建立特定结构的底板，主要目的在于保护屋顶和装饰屋顶的外表。

封檐板，又称檐口板（遮檐板），是指设置在坡屋顶挑檐外边缘上瓦下的通长木板。一般用钉子固定在椽头或挑檐木端头，南方古建筑则钉在飞檐椽端头，用来遮挡挑檐的内部构件不受雨水浸蚀，增加建筑美观。其高度按建筑立面设计确定，一般为 200～300mm，厚度为 25～30mm。

图 8.5-1　屋檐的三种工具

檐槽，又称檐沟，是指屋檐边的集水沟，是一种独立安装的有组织的排水装置。它通常沿着屋顶边缘水平安装，用于收集雨水和融化的雪，并将其从建筑物的地基中排出。檐槽一般只有一侧沿着沟的长度收集雨水，溢出的雨水可以沿着沟的边缘流到室外。

以图 8.5-2 屋顶附件图例为例，分别为第 8.4 节完成的老虎窗屋顶添加屋顶附件。为了达到与墙体连接的效果，在第 8.4 节中老虎窗屋顶四面添加墙体，如图 8.5-3 所示。

图 8.5-2　屋顶附件图例

图 8.5-3　待添加屋顶附件项目

8.5.1　屋檐底板的安装

Step1：类型属性。

单击【建筑】选项卡→【构建】面板→"屋顶"下拉列表→"屋檐：底板"命令。【属性】面板中仅有"常规－300mm"一种类型。

单击【属性】面板→"编辑类型"命令，复制其名称为"练习底板－150mm"，编辑其结构厚度为"150.0mm"。

Step2：绘制底板边界。

在【绘制】面板中选择"矩形"命令，在屋顶边界内，绘制一个长度等同于屋顶长度、宽度由屋顶边缘延伸至外墙边缘的闭合边界，如图 8.5-4 所示。

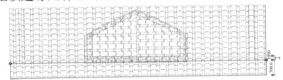

图 8.5-4　底板边界

Step3：修改标高。

在【属性】面板中修改底板的标高，与封檐板的底边缘对齐。"自标高的偏移量"输入"与封檐板同一高度"。

Step4：屋顶与底板连接。

切换至"三维视图"，旋转至合适角度。选中底板或单击【修改】选项卡→【几何图形】面板→"连接"命令，如图 8.5-5 所示。若先点击封檐板，再点击底板，或者先点击底板，再点击封檐板，连接后如图 8.5-6 所示。

图 8.5-5　连接工具

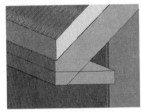

(a) 未连接前　　　　　　　(b) 底板连接屋顶

图 8.5-6　底板放置效果

8.5.2　屋顶封檐板的安装

Step1：类型属性。

单击【建筑】选项卡→【构建】面板→"屋顶"下拉列表→"屋顶：封檐板"命令，【属性】面板中仅有"封檐板"一种类型，实例属性中可以设置水平和垂直轮廓的偏移量。实际上，封檐板是由轮廓族形成的。在"类型属性"对话框中，可以编辑"轮廓"和"材质"。将构造轮廓设置为"封檐板—平板：19×235mm"。

Step2：添加封檐板。

鼠标移动至屋顶边缘，单击放置此封檐板。单击边缘时，Revit 软件会将其视作一个连续的封檐板。若封檐板的线段存在角度，软件会自动相互斜接，如图 8.5-7 所示。

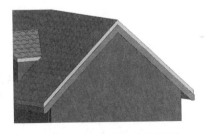

图 8.5-7　封檐板放置效果

8.5.3 屋顶檐槽的安装

Step1：类型属性。

单击【建筑】选项卡→【构建】
面板→"屋顶"命令→"屋顶：檐
槽"命令，同封檐板一样，檐沟同样
为轮廓形成，单击"编辑类型"可以
编辑"轮廓"和"材质"。在此采用
默认值，构造轮廓为"檐沟—斜角：
125×125mm"。

Step2：添加檐槽。

鼠标移动至屋顶边缘，单击以放
置此檐槽，如图 8.5-8 所示。

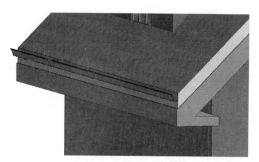

图 8.5-8 檐槽放置效果

8.6 实战——公共实训基地屋顶的创建

1. 建模思路

【建筑】选项卡→【构建】面板→"屋顶"命令→"编辑类型"
命令→选择绘制方式→完成创建和绘制。

2. 公共实训基地楼板的创建

由于屋顶在整个建筑的最上部，本节以"WD"处的屋顶为例进
行讲解。

Step1：单击【建筑】选项卡→【屋顶】面板→"迹线屋顶"命令，用"常规
—125mm"屋顶进行复制"公共实训基地保温屋顶"。

Step2：单击"编辑类型"，弹出"类
型属性"对话框，单击"复制"命令，弹
出"名称"对话框，输入新名称"公共实
训基地保温屋顶"，单击"确定"完成新
建。如图 8.6-1 所示。

Stcp3：选择结构右侧的"编辑 ..."
命令，对该屋顶进行结构编辑。按照
图 8.6-2所示编辑屋顶结构。

图 8.6-1 "名称"对话框

Step4：单击"确定"即可完成屋顶类型的创建。软件将自动返回到"绘图区
域"，找到该屋顶的具体位置，选择屋顶的绘制方式为"线"，沿着墙边进行绘制。
取消屋顶坡度，创建为平屋顶。

Step5：利用相同的方法，创建其他位置的屋顶，绘制完成后，如图 8.6-3
所示。

Step6：将项目另存为"第 8 章 屋顶"。

扫码观看
"第8章 屋顶"
实战教学视频

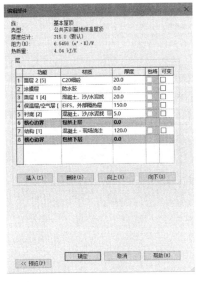

图 8.6-2　屋顶"编辑部件"对话框

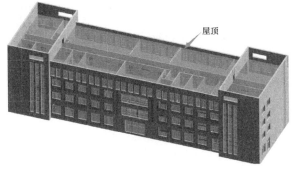

图 8.6-3　屋顶绘制完成

课后习题

1. 在 Revit 中，以下哪种方式不是创建屋顶的主要方法？（　　）

A. 面屋顶　　　　　　　　　　　B. 放样屋顶

C. 迹线屋顶　　　　　　　　　　D. 拉伸屋顶

2. 在使用 Revit 创建迹线屋顶时，屋顶的周界是通过什么方式定义的？（　　）

A. 在立面视图中绘制轮廓

B. 在三维视图中直接绘制

C. 在平面视图中选择墙或绘制闭合环

D. 通过输入坐标点来定义

3. 在 Revit 中，如何控制拉伸屋顶的高度？（　　）

A. 通过"基准高度偏移"属性

B. 通过拉伸屋顶轮廓在立面视图中的位置

C. 通过设置屋顶的材质属性

D. 通过调整屋顶的坡度定义线

4. 根据下图给定数据创建轴网与屋顶，轴网显示方式参考下图，屋顶底标高为 6.3m，厚度 150mm，坡度为 1：1.5，材质不限，创建完成后对屋顶进行保存。

［题目来源：中国图学学会（一级）—全国 BIM 技能等级考试第十一期第 1 题］

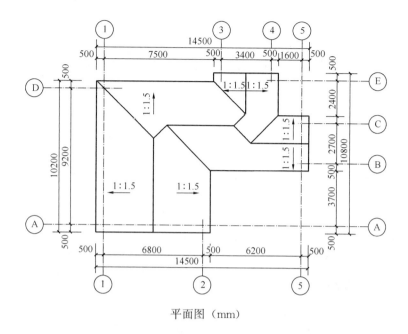

平面图（mm）

5. 以图中屋顶样例为参照，创建类似的屋顶（含老虎窗）和连接墙体，尺寸和类型不限，材质和比例与图中近似。

参考答案

1. B 2. C 3. B

第9章 楼梯、坡道与栏杆扶手

【导读】

本章主要对楼梯、坡道和栏杆扶手的创建方法进行介绍。

第1节讲解了楼梯构造、直跑楼梯、双跑楼梯、转角楼梯、三跑楼梯、先合再分式楼等创建方法。

第2节讲解了楼梯的编辑，主要包括编辑楼梯类型和编辑楼梯构件。

第3节讲解了坡道的创建方法，包括直坡道的创建和螺旋坡道的创建。

第4节讲解了坡道的编辑，包括坡道的类型属性和实例属性。

第5节讲解了栏杆扶手的创建，包括"绘制路径"创建栏杆扶手和"放置在楼梯/坡道上"创建栏杆扶手。

第6节讲解了栏杆扶手的编辑，包括编辑顶部扶栏、扶栏结构和栏杆位置。

通过实际工程案例——公共实训基地项目，讲解实际工程中楼梯、坡道、台阶和散水的创建过程。

知识目标：

1. 掌握楼梯在建筑设计中的重要性及其基本类型（如直跑楼梯、双跑楼梯、螺旋、L形、U形等）。

2. 掌握楼梯的设计规范，包括踏步高度、宽度、平台深度等关键尺寸。

3. 掌握在Revit软件中创建楼梯的基本命令和步骤，包括选择楼梯类型、设置参数、调整位置等。

4. 熟悉在Revit软件中创建坡道的工具和方法，包括绘制轮廓、设置坡度和调整材质等。

5. 掌握Revit软件中创建栏杆扶手的步骤，包括选择栏杆类型、调整高度和设置样式等。

能力目标：

1. 熟练运用Revit软件中楼梯创建工具，快速准确地完成楼梯建模。

2. 熟练掌握Revit软件中坡道创建和编辑工具，实现坡道的精准建模。

3. 熟练使用Revit软件中栏杆扶手创建工具，完成栏杆扶手的建模工作。

4. 能够根据设计需求，对栏杆扶手进行细部调整和优化。

课程思政目标：

1. 通过讲解建筑设计中楼梯、坡道与栏杆扶手的重要性，引导学生认识到建筑设计对于提升人民生活质量、促进社会和谐发展的重要作用，从而激发学生的家国情怀和社会责任感。

2. 强调在 Revit 软件中创建楼梯、坡道与栏杆扶手时需要细致入微、精益求精的工作态度，引导学生树立"工匠精神"，追求卓越的职业素养和专业技能。

3. 鼓励学生在掌握基本建模技能的基础上，勇于尝试新的设计理念和方法，不断创新和优化设计方案，提升学生的创新意识和创新能力。

9.1 创建楼梯

9.1.1 楼梯构造概述

楼梯是建筑物中楼层间垂直交通联系的构件，它允许人们在不同楼层之间便捷地移动。楼梯不仅提供了基本的通行功能，还在紧急情况下作为重要的安全通道，确保人员能够迅速撤离。在设有电梯、自动扶梯作为主要垂直交通手段的多层和高层建筑中也要设置楼梯。高层建筑尽管采用电梯作为主要垂直交通工具，但仍要保留楼梯供火灾时逃生之用。

楼梯由连续梯级的梯段（又称梯跑）、平台（休息平台）和围护构件（栏杆和扶手）等组成。楼梯的最低和最高一级踏步间的水平投影距离为梯长，梯级的总高为梯高。

在楼梯的绘制过程中，只有清楚地把握楼梯三维视图各个部位的名称，并对应到属性对话框中进行数据设置，才能完整地绘制正确的楼梯模型。在 Revit 软件中楼梯构造分为"最小踏板深度""踢面高度"和"楼梯前缘轮廓"等，如图 9.1-1 所示。

上述结构分别对应图 9.1-2"类型属性"对话框的名称，在选择楼梯踏板和楼梯结构时注意配合"Tab"键来切换选择。

在 Revit 2020 版本中，"按构件"和"按草图"功能被合并到了统一的"楼梯"命令下，在实际操作过程中，仍可以选择这两种不同的方式来创建楼梯。以下是基于"按构件"和"按草图"两种方式在 Revit 2020 中创建楼梯的详细方法。

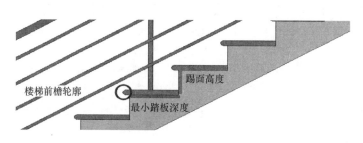

图 9.1-1　楼梯结构图

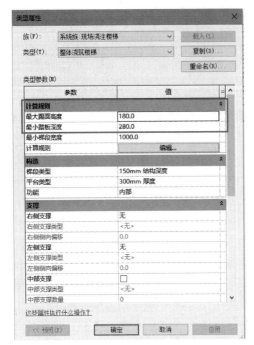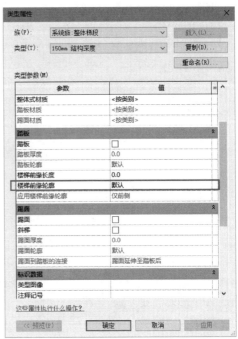

图 9.1-2 "类型属性"对话框中楼梯结构对应名称

"楼梯：按构件"是指在建立楼梯前，提前设定好楼梯的台阶数与台阶几何尺寸信息，在平面视图中沿着特定的位置放置设定好数量的楼梯。由于设定的楼梯数量有限，在绘制过程中当楼梯数量用尽后便停止绘制。这就需要在建立楼梯前精确计算楼梯的各尺寸信息。

9.1.2 创建直跑楼梯

1. 创建无休息平台直跑楼梯

按照楼梯分类讲解楼梯创建方法，Revit 软件中能够实现的楼梯分类有许多，包括直跑楼梯、双跑楼梯、转角楼梯、三跑楼梯、先合再分式、剪刀楼梯、螺旋楼梯、弧形楼梯等。

Step1：选择楼梯类型。

在"楼层平面"视图中，单击【建筑】选项卡→【楼梯坡道】面板→"楼梯"命令，在【属性】面板的"类型选择器"中有系统给出的楼梯类型可供选择（图 9.1-3）。

举例：选择建筑设计中较为常用的"整体浇筑楼梯"。

Step2：修改楼梯实例属性。

【属性】面板中"底部标高"和"顶部标高"及"底部偏移""顶部偏移"可控制楼梯的底高度和顶高度，在"尺寸标注"中可以更改"所需梯面数"，实际踢面高度无法输入，而是通过公式：实际踢面高度＝所需的楼梯高度/所需梯面数，进行自动计算，如图 9.1-4 中，实际踢面高度＝4000/25＝160mm。

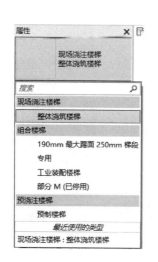

图 9.1-3 楼梯【属性】面板

图 9.1-4 楼梯数计算

Step3：选项栏设置。

选项栏中"定位线"参数有五个选项："梯段：左""梯段：中心""梯段：右""梯边梁外侧：左"和"梯边梁外侧：右"，分别代表梯段绘制路径的位置。"偏移"为绘制时的偏移值。"实际梯段宽度"为楼梯梯段宽度，"自动平台"默认处于"勾选"状态，代表将在两个梯段间自动生成休息平台。

Step4：栏杆扶手。

在【工具】面板上，单击"栏杆扶手"命令，弹出"栏杆扶手"对话框中，选择"栏杆扶手"类型，如果不想自动创建栏杆扶手，则选择"无"，如图 9.1-5 所示。之后根据需要添加栏杆扶手，选择栏杆扶手所在的位置，有"踏板"和"梯边梁"两个选项，默认值是"踏板"，如图 9.1-6 所示。

提示：在完成楼梯编辑部件模式之前，栏杆扶手并不显示。

图 9.1-5 栏杆扶手

图 9.1-6 栏杆扶手所在的位置选择

Step5：创建梯段。

单击【修改 | 创建楼梯】上下文选项卡→【构件】面板→"梯段"命令，确认绘制方式为"直梯"，此外还有"全踏步螺旋""圆心-端点螺旋""L 形转角""U 形转角"和"创建草图"绘制方式。

在"楼层平面"视图中，单击楼梯起点，鼠标移动的方向代表楼梯的上升方向。每移动一次鼠标会出现"创建多少个踢面，剩余多少个踢面"的提示。向右侧拖动鼠标，一次性完成 25 个踢面的创建，显示"剩余 0 个"提示时，单击鼠标左键。在【模式】面板上，单击"√"命令完成编辑。切换至三维视图，如图 9.1-7 所示。

图 9.1-7　直跑楼梯效果（无休息平台）

2. 创建有休息平台直跑楼梯

Step1：绘制前准备。

在"楼层平面"视图中，单击【建筑】选项卡→【楼梯坡道】面板→"楼梯"命令。

Step2：创建前准备。

在【构件】面板上，确认"梯段"命令处于选中状态，确认绘制方式为"直梯"。

在绘图区域确定楼梯起点，向右绘制 12 个踢面后，单击鼠标左键，此时完成前 12 个踢面的绘制。然后，鼠标向右挪动 2000mm，单击鼠标左键，向右继续创建 13 个梯段，剩余 0 个。将自动形成一个 2000mm 长、宽度同梯段宽度的休息平台。单击【模式】面板中"√"命令完成编辑，切换至三维视图，如图 9.1-8 所示。

图 9.1-8　直跑楼梯效果（有休息平台）

9.1.3　创建双跑楼梯

Step1：创建前准备。

在"楼层平面"视图中，单击【建筑】选项卡→【楼梯坡道】面板→"楼梯"命令。

Step2：创建梯段。

在【构件】面板上，确认"梯段"处于选中状态，确认绘制方式为"直梯"。绘图区域单击楼梯起点，向右绘制 12 个踢面后，单击鼠标左键，此时完成前 12 个踢面的绘制。然后，鼠标向下挪动，显示临时尺寸为 2000mm，单击鼠标左键，向左继续创建 13 个梯段，剩余 0 个。将自动形成一个 1000mm 长，宽度与两楼梯同宽的休息平台。单击【模式】面板中"√"命令完成编辑。

单击完成时，会弹出警告，代表栏杆扶手交界处过于尖锐，该提示通常会在双跑楼梯中出现，如图 9.1-9 所示，属于"友情提示"，暂可不必处理。点击关闭。切换至"三维视图"，如图 9.1-10 所示。

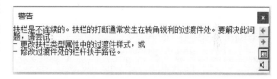

图 9.1-9　楼梯警告提示

图 9.1-10　双跑楼梯效果

9.1.4　创建转角楼梯

Step1：创建前准备。

在"楼层平面"视图中，单击【建筑】选项卡→【楼梯坡道】面板→"楼梯"命令。

Step2：创建梯段。

在【构件】面板上，确认"梯段"命令处于选中状态，确认绘制方式为"直梯"。在绘图区域点击楼梯起点，向右绘制 10 个踢面后，单击鼠标左键，此时完成前 10 个踢面的绘制。然后，鼠标向右挪动 500mm，再向下挪动 500mm，单击鼠标左键，向下继续创建 15 个梯段，剩余 0 个。单击【模式】面板中"√"命令完成编辑。切换至"三维视图"，如图 9.1-11 所示。

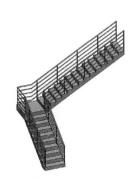

图 9.1-11　转角楼梯效果

9.1.5　创建三跑楼梯

Step1：创建前准备。

在"楼层平面"视图中，单击【建筑】选项卡→【楼梯坡道】面板→"楼梯"命令。

Step2：创建梯段。

在【构件】面板上，确认"梯段"命令处于选中状态，确认绘制方式为"直梯"。在绘图区域点击楼梯起点，向右绘制 8 个踢面后，单击鼠标左键，此时完成前 8 个踢面的绘制。然后，鼠标向右挪动 500mm，再向下挪动 500mm，单击鼠标左键，向下继续创建 8 个梯段，单击鼠标左键确定。最后鼠标向下挪动 500mm，再向左移动 500mm，单击鼠标左键确定，单击【模式】面板中"√"命令完成编辑。切换至"三维视图"，如图 9.1-12 所示。

图 9.1-12　三跑楼梯效果

9.1.6　创建先合后分式楼梯

Step1：创建前准备。

在"楼层平面"视图中，单击【建筑】选项卡→【楼梯坡道】面板→"楼梯"命令。

Step2：创建双跑楼梯。

以图 9.1-10 双跑楼梯效果图为例继续编辑。在"楼层平面"视图中，选择该楼梯，单击【修改│楼梯】上下文选项卡→【编辑】面板→"编辑楼梯"命令，此时，梯段和平台可以单独被选中，通过修改临时尺寸标注或拖拽蓝色箭头等多种方式进行编辑。为了实现先合在分式楼梯，将上部梯段先向上移动 1000mm，将其宽度改为 2000mm。

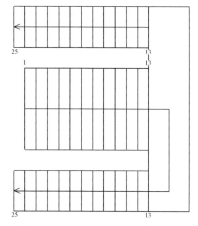

图 9.1-13　梯段和平台位置

Step3：添加　个梯段。

将下部梯段采用"镜像"或"复制"命令，对称复制到上方。或者单击"梯段"命令，新绘制一个梯段。

提示：如采用新绘制梯段后，需要将属性中的标高修改至与下部梯段相同，否则将无法自动连接平台。

Step4：修改平台边界。

选中平台，拖拽平台上部边界与上部新添加梯段边界重合，使平台与新梯段相连接，且标高一致，如图 9.1-13 所示。

提示：平台顶标高必须与梯段标高一致，否则栏杆扶手将不连续。

单击【模式】面板中"√"命令完成编辑。切换至"三维视图"，如图 9.1-14 所示。

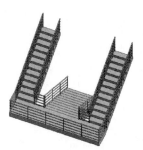

图 9.1-14　先合后分式楼梯效果

9.1.7　创建剪刀楼梯

Step1：创建前准备。

在"楼层平面"视图中，单击【建筑】选项卡→【楼梯坡道】面板→"楼梯"命令。

Step2：创建双跑楼梯。

以图 9.1-10 双跑楼梯效果图为例继续编辑。为了实现剪刀楼梯，将休息平台宽度调整为 2000mm。

Step3：镜像（绘制轴）梯段。

对双跑楼梯进行镜像，镜像（绘制轴）对称轴为休息平台中心点的连线（宽度)，镜像后如图 9.1-15 所示。

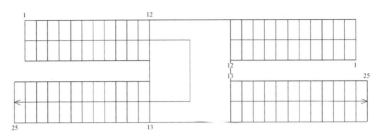

图 9.1-15　镜像后模型视图

Step4：移动梯段。

依次选中刚镜像后的梯段，使用"移动"命令对新创建的梯段进行互换位置，更改后的模型如图 9.1-16 所示。

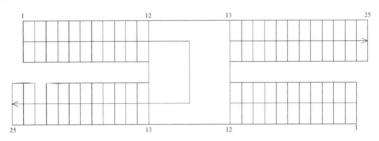

图 9.1-16　移动后模型视图

单击【模式】面板中"✓"命令完成编辑。切换至"三维视图"如图 9.1-17 所示。

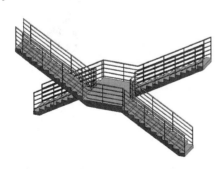

图 9.1-17　剪刀楼梯效果

9.1.8　创建螺旋楼梯

螺旋楼梯是围绕一个中心点（这个点可以是空间、柱子、现成品的木质楼梯或其他建筑构件）旋转上升的楼梯，其轨迹通常沿圆形或椭圆形逐渐上升。

在 Revit 软件中，螺旋楼梯有两种创建方法，分别为全踏步螺旋楼梯和圆心-

端点螺旋楼梯。

1. 创建全踏步螺旋楼梯

Step1：创建前准备。

在"楼层平面"视图中，单击【建筑】选项卡→【楼梯坡道】面板→"楼梯"命令。

Step2：创建梯段。

在【构件】面板上，确认"梯段"命令处于选中状态，选择绘制方式为"全踏步螺旋"。在绘图区域中，单击"全踏步螺旋"楼梯起点，通过移动鼠标更改"全踏步螺旋"楼梯中心线距起点的距离，此时距离设置为 4000.0mm，如图 9.1-18 所示。

单击鼠标左键确定，单击【模式】面板中"√"命令完成编辑。切换至"三维视图"如图 9.1-19 所示。

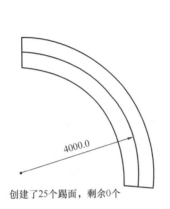

创建了25个踢面，剩余0个

图 9.1-18　全踏步螺
旋楼梯草图（mm）

图 9.1-19　全踏步螺旋楼梯效果

2. 创建圆心-端点螺旋楼梯

Step1：创建前准备。

在"楼层平面"视图中，单击【建筑】选项卡→【楼梯坡道】面板→"楼梯"命令。

Step2：创建梯段。

在【构件】面板上，确认"梯段"命令处于选中状态，选择绘制方式为"圆心-端点螺旋"。在绘图区域中，单击"圆心-端点"楼梯起点，通过移动鼠标更改"圆心-端点"楼梯中心线距起点的距离，此时距离设置为 4000.0mm，单击鼠标确定并向上创建 25 个梯面，如图 9.1-20 所示。

单击鼠标左键确定，单击【模式】面板中"√"命令完成编辑。切换至"三维视图"如图 9.1-21所示。

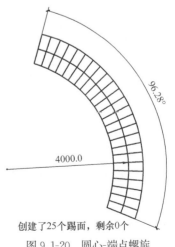

创建了25个踢面，剩余0个

图 9.1-20　圆心-端点螺旋
楼梯草图（mm）

图 9.1-21　圆心-端点螺旋楼梯效果

9.1.9　创建 L 形转角楼梯

L 形转角楼梯是指两面相邻的墙体或结构形成 90°直角的转角楼梯。这种转角楼梯类型简单实用，美观大方，是室内墙面、地面铺设的常见转角类型。

Step1：创建前准备。

在"楼层平面"视图中，单击【建筑】选项卡→【楼梯坡道】面板→"楼梯"命令。

Step2：创建 L 形转角楼梯。

在【构件】面板上，确认"梯段"命令处于选中状态，确认绘制方式为"L 形转角"。在绘图区域中，单击鼠标左键确定楼梯所在位置，即可创建 L 形转角楼梯，如图 9.1-22所示。

Step3：修改 L 形转角楼梯。

在"楼层平面"视图中，选择

图 9.1-22　L 形转角楼梯效果

该楼梯，单击【修改│楼梯】上下文选项卡→【编辑】面板→"编辑楼梯"命令，此时，梯段被选中，通过修改临时尺寸标注或拖拽蓝色箭头等多种方式进行编辑。

9.1.10　创建 U 形转角楼梯

U 形转角楼梯，顾名思义，其形状呈 U 形。这种楼梯通常由两段平行的楼梯和一个位于中间的转角平台组成，形成一个连续的、流畅的行走路径。U 形转角楼梯的特点在于其结构稳定、占用空间相对较小（尤其对于垂直空间），并且外形美观，能够提升空间视觉效果。

Step1：创建前准备。

在"楼层平面"视图中，单击【建筑】选项卡→【楼梯坡道】面板→"楼梯"命令。

Step2：创建 U 形转角楼梯。

在【构件】面板上，确认"梯段"命令处于选中状态，确认绘制方式为"U 形转角"。在绘图区域单击鼠标左键确定楼梯所在位置，即可创建 U 形转角楼梯，如图 9.1-23 所示。

Step3：修改 U 形转角楼梯

见第 9.1.9 节创建 L 形转角楼梯下 Step3 步骤。

9.1.11　创建草图楼梯

图 9.1-23　U 形转角楼梯效果

"楼梯：按草图"是指通过楼梯梯段或绘制踢面线和边界线的方式创建的楼梯。对比"楼梯：按构件"方式，"楼梯：按草图"方式创建楼梯的方式更为灵活，并且除了能够实现"楼梯：按构件"创建上述楼梯的所有形式外，还能够创建比较复杂的曲线楼梯，包括踢面同样为曲线的楼梯。

Step1：选择楼梯类型。

见第 9.1.2 节创建无休息平台直跑楼梯下 Step1 步骤。

Step2：修改楼梯实例属性。

见第 9.1.2 节创建无休息平台直跑楼梯下 Step2 步骤。将"所需踢面数"改为 25 个。

Step3：创建梯段。

在【修改│创建楼梯】上下文选项卡下【绘制】面板中，确认"梯段"命令处于选中状态，选择"创建草图"命令，弹出如图 9.1-24 所示。

图 9.1-24　"楼梯：按草图"绘制方式

进入【修改│创建楼梯＞绘制草图】上下文选项卡，选择"边界"命令，将绘制模式切换为直线。随后，在绘图区域中创建长 3080mm 的直线，将生成的绿色边界线向下复制 1000mm，形成宽度为 1000mm 的楼梯梯段，创建后如图 9.1-25 所示。

切换至"踢面"命令，确认踢面的绘制方式为"线"。接着，精确地将起点边界线与终点边界线用直线相连，以此确定踢面的起始与终止位置。这一过程应如图 9.1-26所示进行，确保踢面的布局准确无误。

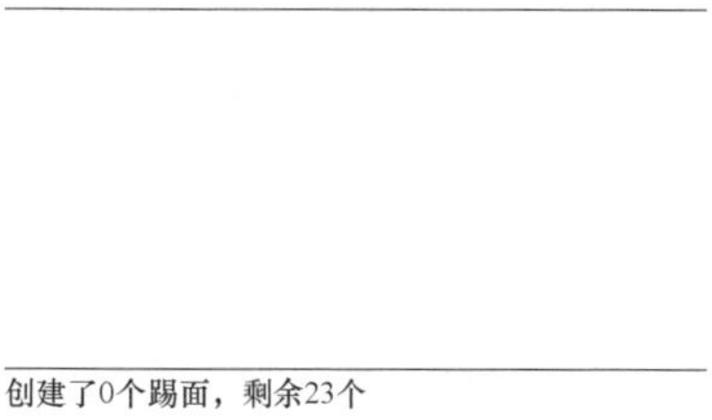

创建了0个踢面，剩余23个

图 9.1-25　边界线

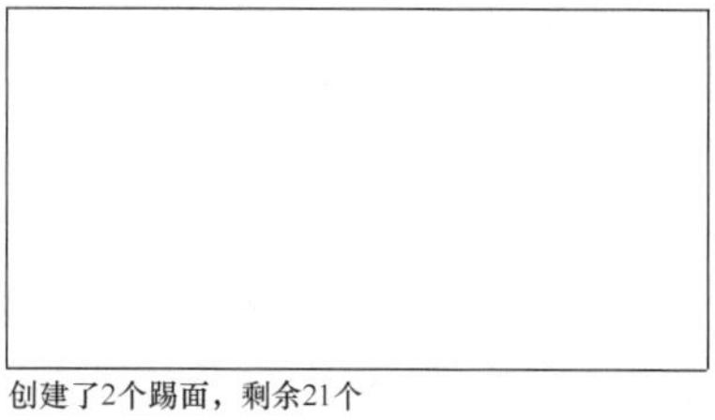

创建了2个踢面，剩余21个

图 9.1-26　起始踢面

选择起点边界线，向右依次复制 10 次，间距为 280mm，绘制后如图 9.1-27 所示。

单击【模式】面板中"√"命令完成编辑。切换至"三维视图"，如图 9.1-28 所示。

创建了12个踢面，剩余11个

图 9.1-27　踢面绘制

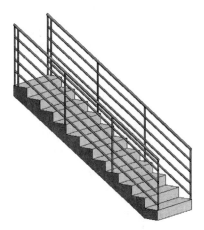

图 9.1-28　按草图生成楼梯三维视图

采用类似方法，参照"按构件"创建楼梯可以完成双跑楼梯、三跑楼梯等常规形式楼梯的创建，在此不再重复举例。

9.2　编辑楼梯

9.2.1　编辑楼梯类型

Step1：编辑前准备。

以第 9.1.3 节双跑楼梯为例。

Step2：编辑楼梯类型。

在"楼层平面"视图中，选择该楼梯，单击【修改｜楼梯】上下文选项卡→【编辑】面板→"编辑楼梯"命令，当进入楼梯的编辑界面时，左侧的【属性】面板会清晰地展示出楼梯的具体类型信息。在 Revit 软件中，楼梯族被细致地划分为"整体浇筑楼梯""组合楼梯"和"预制楼梯"这三类。每一类又包含了多种不同的子类型，这些子类型各自具有独特的属性，如图 9.2-1 所示。在构建建筑模型的过程中，应根据项目的实际需求，从这三大类楼梯族中挑选出最合适的楼梯类型进行使用。这样的设计不仅提升了模型的灵活性，还确保了楼梯部分能够精准地满足建筑设计的

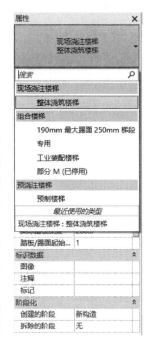

图 9.2-1　楼梯【属性】面板

要求。

各参数说明如下：

（1）底部标高：设置楼梯的基面。

（2）底部偏移：设置楼梯相对于底部标高的偏移量。

（3）顶部标高：设置楼梯的顶部。

（4）顶部偏移：设置楼梯相对于顶部标高的偏移量。

（5）所需的楼梯高度：设置底部和顶部标高之间楼梯的高度，只有当顶部标高参数为"无"时才可用。

（6）所需踢面数：踢面数是基于标高之间的高度计算得出的。

（7）实际踢面数：通常，此值与所需踢面数相同，但如果未对给定楼梯完整添加正确踢面数，则这两个也可能不同，该值为只读。

（8）实际踢面高度：此数值不可更改，按照楼梯高度差除以所需踢面数计算得出。

（9）实际踏板深度：设置此值可以修改踏板深度（按设计要求设置）。

（10）踏板/踢面起始编号：设置起始踏板/踢面的编号值。

9.2.2　编辑楼梯构件

Step1：编辑前准备。

以第 9.1.3 节双跑楼梯为例。

Step2：编辑梯段。

在"楼层平面"视图中，选择该楼梯，单击【修改｜楼梯】上下文选项卡→【编辑】面板→"编辑楼梯"命令，进入楼梯的编辑界面，鼠标左键选中任意梯段，单击"编辑类型"命令，弹出"类型属性"对话框，如图 9.2-2 所示。

Step3：修改梯段属性。

将"类型属性"对话框中下侧表面修改为"阶梯式"，结构深度修改为 200.0mm，单击"确定"命令，切换三维视图，如图 9.2-3 所示。

Step4：修改材质和装饰。

在"整体式材质"中选择"混凝土，现场浇筑"后"…"命令，弹出"材质浏览器"对话框，将梯段材质设置为"木材，C16"（为方便观察颜色变化），勾选"使用渲染外观"，单击

图 9.2-2　梯段属性修改

两次"确定"命令，切换三维视图，如图 9.2-4 所示。

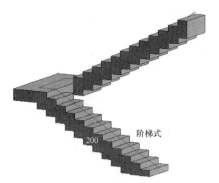
图 9.2-3　构造属性修改后

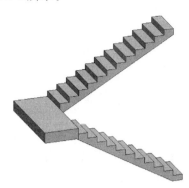
图 9.2-4　梯段材质修改

Step5：修改梯段踏板。

在"类型属性"对话框中勾选"踏板"，激活"踏板厚度""踏板轮廓"和"踏板材质"（若不勾选"踏板"，"踏板厚度""踏板轮廓"和"踏板材质"是灰色选择状态），设置踏板厚度为"50.0mm"，踏板轮廓为"默认"，设置楼梯前缘长度为"30.0mm"，楼梯前缘轮廓为"楼梯前缘—半径：30.0mm"，应用楼梯前缘轮廓为"仅前侧"，踏板材质为大理石，设置后如图 9.2-5 所示。单击"确定"命令，切换三维视图，观察模型变化，如图 9.2-6 所示。

图 9.2-5　踏板属性修改

Step6：修改梯段踢面。

在"类型属性"对话框中勾选"踢面"，激活"踢面厚度""踢面轮廓""踢面到踏板的连接"和"踢面材质"（若不勾选踢面，则"踢面厚度""踢面轮廓""踢面到踏板的连接"和"踢面材质"是灰色选择状态），设置踢面厚度为"12.5mm"，踢面轮廓为"默认"，踢面到踏板的连接为

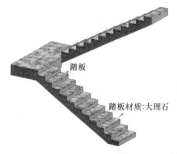

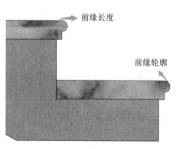

图 9.2-6　踏板三维视图

"踏板延伸至踢面下"，踏板材质为红木，设置后如图 9.2-7 所示。

　　单击"确定"命令，切换三维视图，观察模型变化，如图 9.2-8 所示。

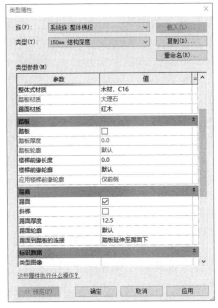

图 9.2-7　踢面属性修改

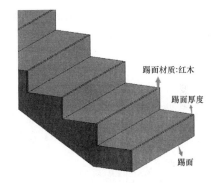

图 9.2-8　踢面三维视图

Step7：修改平台。

　　鼠标左键选择平台，单击"编辑类型"，弹出"类型属性"对话框，修改整体厚度为"400mm"，"整体式材质"修改为"瓷砖，马赛克，灰色"，如图 9.2-9 所示。

　　单击"确定"命令，切换三维视图，观察模型变化，如图 9.2-10 所示。

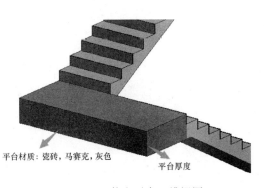

图 9.2-9　休息平台属性修改　　　　图 9.2-10　休息平台三维视图

9.3 创建坡道

在"无障碍"区域的设计中，坡道是必不可少的因素。在坡道斜面上，地面可以将一系列空间连接成一整体，不会出现中断的痕迹。随着现代建筑的不断发展，坡道已经成为必不可少的一部分。除了自身的实用性以外，美观性也逐渐成为人们追随的热点。

在 Revit 软件中提供了专门建立坡道的工具。坡道工具的使用与楼梯类似，由梯段和栏杆扶手两大部分组成，有了前面楼梯构件的建立基础可以轻松掌握坡道的建立。本小节中主要介绍常用的两种坡道：直坡道与螺旋坡道。二者虽在外观上略有不同，但其操作实质是相同的。

9.3.1 创建直坡道（梯段）

Step1：选择坡道类型。

打开"楼层平面"视图，单击【建筑】选项卡→【楼梯坡道】面板→"坡道"命令，进入草图绘制。在【属性】面板的"类型选择器"中系统仅给出一种坡道类型"坡道 1"。

Step2：修改坡道属性。

选择"坡道 1"类型。单击"编辑类型"，在"类型属性"对话框中可以更改坡道类型参数，如图 9.3-1所示。

各参数说明如下：

（1）造型：控制坡道的构造形式，有结构板和实体两个选项可供选择。

（2）厚度：设置坡道的厚度，仅当"形状"属性设置为厚度时，才启用此属性。

（3）功能：指示坡道是内部的（默认值）还是外部的。

（4）文字大小：坡道向上文字和向下文字的大小。

（5）文字字体：坡道向上文字和向下文字的字体。

（6）坡道材质：为渲染而应用于坡道表面的材质。

图 9.3-1　坡道属性修改

（7）最大斜坡长度：指定要求平台前坡道中连续踢面高度的最大数量。

（8）坡道最大坡度（1/x）：设置坡比（x）的值以定义斜坡的最大斜率。

Step3：创建坡道。

激活【修改｜创建坡道草图】上下文选项卡，在【绘制】面板中选择"梯段"命令，使用"线"绘制梯段。将光标放置在绘图区域中，并拖曳光标绘制坡道梯段，向右绘制 3000mm 长度。

图 9.3-2　直坡道三维效果

Step4：完成编辑。

在【模式】面板上，单击"√"命令完成编辑。切换至三维视图，如图 9.3-2 所示。

9.3.2　创建螺旋坡道（按边界和踢面）

Step1：选择坡道类型。

见第 9.3.1 节创建直坡道（楼段）Step1 步骤。

Step2：修改坡道类型属性。

见第 9.3.1 节创建直坡道（楼段）Step2 步骤。

Step3：创建坡道边界。

激活【修改｜创建坡道草图】上下文选项卡，在【绘制】面板中选择"边界"命令，将默认绘制方式"线"改为"起点-终点-半径弧"（起点、终点和半径值不作要求），将创建完成后的边界线向右复制 1500mm，形成坡道宽度，如图 9.3-3 所示。

Step4：创建坡道踢面。

继续选择【绘制】面板中的"踢面"命令，选择"线"命令连接边界线，绘制后如图 9.3-4 所示。

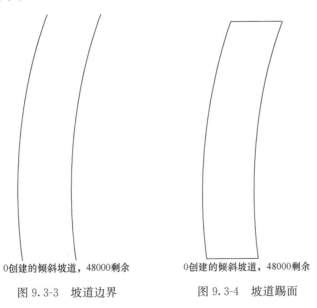

0创建的倾斜坡道，48000剩余　　　　0创建的倾斜坡道，48000剩余

图 9.3-3　坡道边界　　　　　　　图 9.3-4　坡道踢面

Step5：完成编辑。

在【模式】面板上，单击"√"命令完成编辑。切换至三维视图，如图 9.3-5 所示。

图 9.3-5　螺旋坡道三维效果

9.4　编辑坡道

9.4.1　编辑类型属性

Step1：创建前准备。

以图 9.3-2 直坡道三维效果为例，完成编辑类型属性。

Step2：编辑构造（造型）。

鼠标左键单击选择坡道，单击【属性】面板→"编辑类型"命令，弹出"类型属性"对话框，如图 9.4-1 所示。

坡道中有两种构造造型：一种是结构板，另外一种是实体。将"造型"参数修改为"实体"，坡道构造会发生变化，如图 9.4-2 所示。

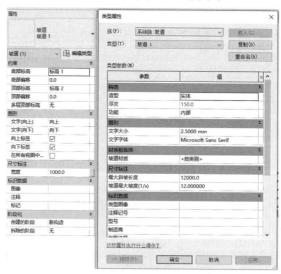

图 9.4-1　坡道类型属性编辑

图 9.4-2　结构板与实体对比

Step3：编辑材质和装饰（坡道材质）。

在"材质和装饰"中选择"〈按类别〉"，单击后面"..."命令，弹出"材质浏览器"对话框，设置梯段材质为"混凝土，C25/30"，勾选"使用渲染外观"，单击两次"确定"命令，切换三维视图，如图 9.4-3 所示。

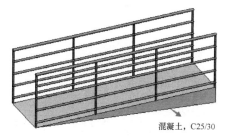

图 9.4-3　材质修改

9.4.2　编辑实例属性

Step1：创建前准备。

以图 9.3.2 直坡道三维效果为例，编辑实例属性。

Step2：编辑实例属性。

在【属性】面板中可以设置坡道的底部、顶部的标高限制条件和坡道宽度等，如图 9.4-4 所示。

各参数说明如下：

（1）底部标高：定义坡道底部的垂直位置，同样可以输入具体的标高值或拾取点来设置。

（2）底部偏移：设置距离底部标高的坡道高度。

（3）顶部标高：定义坡道顶部的垂直位置，可以输入具体的标高值，或者通过拾取图形中的点来设置。

（4）顶部偏移：设置距离顶部标高的坡道高度。

（5）多层顶部标高：设置多层建筑中的坡道高度。

（6）文字（向上）：设置水平面中"向上"符号的文字。

（7）文字（向下）：设置水平面中"向下"符号的文字。

（8）向上标签：显示或隐藏平面中的"向上"标签。

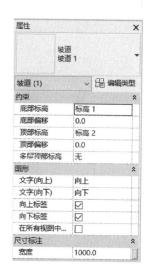

图 9.4-4　坡道实例属性编辑

（9）向下标签：显示或隐藏平面中的"向下"标签。

（10）在所有视图中显示向上箭头：在所有视图中显示向上箭头。

179

（11）宽度：坡道的宽度。

9.5 创建栏杆扶手

栏杆扶手在实际生活中很常见，其主要作用是保护人身安全，主要应用于建筑和桥梁。如楼梯两侧、残疾人坡道等。经过多年发展，栏杆扶手除可以保护人身安全外，还可以起到分隔、导向和装饰的作用。

Revit 软件中提供两种创建栏杆扶手的方法，分别为"绘制路径"和"放置在楼梯/坡道上"。使用"绘制路径"工具时，可以在平面或三维视图任意位置创建栏杆扶手。使用在"放置在楼梯/坡道上"工具时，必须先拾取主体才可以创建栏杆扶手，主体指楼梯和坡道两种构件。

9.5.1 通过"绘制路径"创建栏杆扶手

Step1：创建前准备。

在"楼层平面"视图中，单击【建筑】选项卡→【楼梯坡道】面板→"栏杆扶手"命令→"绘制路径"命令。

Step2：通过"绘制路径"创建栏杆扶手。

"绘制路径"命令激活后，【属性】面板中选择"900mm 圆管"类型，【绘制】面板中选择"线"命令，开始绘制栏杆扶手路径，如图 9.5-1 所示。

Step3：完成栏杆扶手路径绘制。

单击【模式】面板中"✓"命令完成编辑，切换至三维视图，如图 9.5-2 所示。

图 9.5-1　绘制栏杆扶手路径　　　　图 9.5-2　栏杆扶手完成效果

提示：使用"绘制路径"创建栏杆扶手时，草图线需满足不相交且可以/不可以闭合。

9.5.2 通过"放置在楼梯/坡道上"创建栏杆扶手

Step1：创建前准备。

在"楼层平面"视图中，单击【建筑】选项卡→【楼梯坡道】面板→"栏杆扶手"命令→"放置在楼梯/坡道上"命令。

Step2：通过"放置在楼梯/坡道上"命令创建栏杆扶手。

以图 9.1-8 直跑楼梯效果（有休息平台）为例，删除原有"栏杆扶手"。

"放置在楼梯/坡道上"命令激活后，在【属性】面板中选择"900mm 圆管"类型，弹出【修改｜在楼梯/坡道上放置栏杆扶手】上下文选项卡，此时"栏杆扶手"放置位置有两种选择，第一种为"踏板"，第二种为"梯边梁"，如图 9.5-3 所示。

此时选择"踏板"，鼠标左键单击选择直跑楼梯梯段，将重新添加所需栏杆扶手，如图 9.5-4 所示。

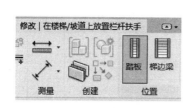

图 9.5-3　放置位置

图 9.5-4　栏杆扶手完成效果

9.6　编辑栏杆扶手

9.6.1　编辑顶部扶栏

顶部扶栏是栏杆扶手系统中位于顶部的构件，它通常与扶手和立柱一起构成完整的栏杆扶手系统。顶部扶栏可提供额外的支撑和防护，确保使用者在行走过程中的安全。同时，它还可以起到美化建筑外观的作用。

以图 9.1-8 直跑楼梯效果（有休息平台）为例。"顶部扶栏"有两种激活方式。

第一种：将鼠标移动到栏杆扶手处，使用"Tab"键进行切换，直到顶部扶栏高亮显示，单击鼠标左键确定，如图 9.6-1 所示。

第二种：选中已经创建好的栏杆扶手，单击"编辑类型"，在弹出的"类型属性"对话框中编辑"顶部扶栏"，如图 9.6-2 所示。

采用两种不同方式激活"顶部扶栏"，但各自能够调整的属性集有所区别。当通过"Tab"键进行切换选择"顶部扶栏"

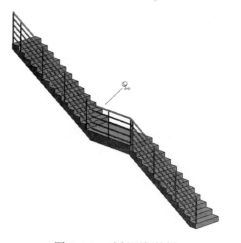

图 9.6-1　选择顶部扶栏

时，可编辑的属性范围如图 9.6-3 所示。而在"类型属性"对话框内对"顶部扶栏"进行编辑，则能够访问和修改的属性如图 9.6-4 所示。

图 9.6-2　栏杆扶手属性修改

图 9.6-3　顶部扶栏属性修改

图 9.6-4　栏杆扶手属性修改

9.6.2　编辑扶栏结构

Step1：编辑前准备。

以图 9.5-2 栏杆扶手完成效果为例，编辑扶栏结构。

Step2：编辑扶栏结构。

单击【属性】面板"编辑类型"命令，弹出"编辑类型"对话框，单击"扶栏结构（非连续）"后"编辑..."命令。在"编辑扶手（非连续）"对话框中，可为每个扶手指定的属性包含名称、高度、偏移、轮廓和材质。若要新添加扶手，单击"插入"命令，输入新扶手的名称、高度、偏移、轮廓和材质属性。单击"向上（U）"或"向下（O）"可调整扶手位置。完成后，单击"确定"命令，如图 9.6-5 所示。

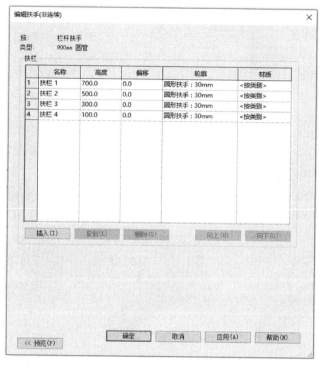

图 9.6-5　扶手结构设置

Step3：修改扶手连接。

以图 9.5-2 栏杆扶手完成效果为例，编辑扶手连接方式，在原有路径基础上，对路径做简单修改，修改后如图 9.6-6 所示。

在【修改｜栏杆扶手>绘制路径】上下文选项卡下选择【工具】面板的"编辑连接"命令，沿扶手的路径移动光标，当光标沿路径移动到连接点时，此连接的周围将出现一个框。单击以选择此连接，在

图 9.6-6　路径修改

"选项栏"激活"扶手连接"命令，选择方式包括"延伸扶手使其相交""插入垂直/水平线段""无连接件"等选项，如图 9.6-7 所示，单击【模式】面板中"√"

命令完成编辑。

Step4：修改扶手高度和坡度。

选择栏杆扶手，单击【修改 | 栏杆扶手】上下文选项卡→【模式】面板→"编辑路径"命令，选择栏杆扶手草图。在选项栏上，"高度校正"的默认值为"按类型"，这表示高度调整受扶手类型控制；也可选择"自定义"作为"高度校正"，在右侧文本框中输入数值。同时在选项栏的"坡度"选择中，有"按主体""水平""带坡度"三种方式，如图 9.6-8 所示。

 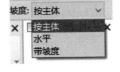

图 9.6-7　扶手连接　　　　图 9.6-8　坡度对话框

（1）"按主体"：扶手段的坡度与其主体（例如楼梯或坡道）相同。

（2）"水平"：扶手段始终呈水平状。需要进行高度校正或编辑扶手连接，从而在楼梯拐弯处连接扶手。

（3）"带坡度"：扶手段呈倾斜状，以便与相邻扶手段实现不间断的连接。

绘制完成后，各扶手样式如图 9.6-9 所示。

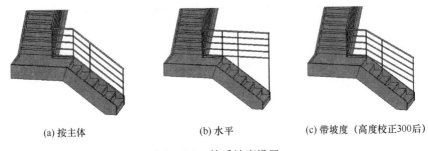

(a) 按主体　　　　　　　(b) 水平　　　　　　(c) 带坡度（高度校正300后）

图 9.6-9　扶手坡度设置

9.6.3　编辑栏杆位置

Step1：编辑前准备。

以图 9.5-2 栏杆扶手完成效果为例，编辑栏杆位置。

Step2：编辑栏杆位置。

在【属性】面板中单击"编辑类型"命令，在"类型属性"对话框中，单击"栏杆位置"后"编辑…"命令。在弹出的"编辑栏杆位置"对话框中更改栏杆的样式，如图 9.6-10 所示。

在"主样式"区域，各参数说明如下：

（1）栏杆族：选择"无"代表显示扶手和支柱，但不显示栏杆。在列表中选择一种栏杆代表使用图纸中的现有栏杆族。

图 9.6-10　编辑栏杆位置

（2）底部：指定栏杆底端的位置，如主体和扶栏。

（3）顶部：同"底部"。指定栏杆顶端的位置常为"顶部栏杆图元"。

（4）顶部偏移：栏杆的顶端与"顶部"之间的垂直距离为负值或正值。

（5）相对前一栏杆的距离：样式起点到第一个栏杆的距离，或（对于后续栏杆）相对于样式中前一栏杆的距离。

（6）偏移：栏杆相对于扶手绘制路径内侧或外侧的距离。

在"截断样式位置"区域，各参数说明如下：

（1）截断样式位置：选项扶手段上的栏杆样式中断点执行的选项。选择"每段扶手末端"栏杆沿各扶手段长度展开。

（2）角度大于：输入一个角度值，如果扶手转角等于或大于此值，则会截断样式并添加支柱。一般情况下，此值保持为 0。在扶手转位处截断，并放置支柱。

（3）从不：栏杆分布于整个扶手长度。无论扶手有多少分离或转角，始终保持不发生截断。

在"对齐"区域，各参数说明如下：

（1）起点：表示该样式始自扶手段的始端。如果样式长度不是恰为扶手长度的倍数，则最后一个样式实例和扶手段末端之间会出现多余间隙。

（2）终点：表示该样式始自扶手段的末端。如果样式长度不是恰为扶手长度的倍数，则最后一个样式实例和扶手段始端之间会出现多余间隙。

（3）中心：表示第一个栏杆样式位于扶手段中心，所有多余间隙均匀分布于扶手段的始端和末端。

提示：如果选择了"起点""终点"或"中心"，则在"超出长度填充"栏中选择栏杆类型。

（4）展开样式以匹配：表示沿扶手段长度方向均匀扩展样式。不会出现多余间隙，且样式的实际位置值不同于"样式长度"中指示的值。

（5）楼梯上每个踏板都使用栏杆：指定每个踏板的栏杆数，以及楼梯的栏杆族。

在"支柱"区域，各参数说明如下：

（1）名称：栏杆内特定主体的名称。

（2）栏杆族：指常起点支柱族、转角支柱族和终点支柱族。如果不希望在扶手起点、转角或终点处出现支柱，请选择"无"。

（3）底部：指定支柱底端的位置，如主体和扶栏。

（4）底部偏移：支柱底端与基面之间的垂直距离负值或正值。

（5）顶部：指定支柱顶端的位置（常为扶手）。各值与基面相同。

（6）顶部偏移：支柱顶端与顶之间的垂直距离为负值或正值。

（7）空间：需要相对于指定位置向左或向右移动支柱的距离。

（8）偏移：栏杆相对于扶手路径内侧或外侧的距离。

（9）转角支柱位置：（参见"截断样式位置"选项）指定扶手段上转角支柱的位置。

（10）角度：指定添加支柱的角度。如果"转角支柱位置"的选择值是"角度大于"，则使用此属性。

9.7 实战——公共实训基地楼梯、坡道、台阶和散水的创建

扫码观看"第9章楼梯、坡道与栏杆扶手"实战教学视频

9.7.1 实战——楼梯的创建

1. 建模思路

【建筑】选项卡→【楼梯坡道】面板→"楼梯"命令→"编辑类型"命令→选择绘制方式→完成创建和绘制。

2. 公共实训基地楼梯的创建

Step1：单击【建筑】选项卡→【楼梯坡道】面板→"楼梯"命令。

Step2：在左侧的【属性】面板中选择"整体浇筑楼梯"类型作为复制的类型。单击"编辑类型"，弹出"类型属性"对话框，单击"复制"命令，弹出"名称"对话框，输入新名称"公共实训基地-现场浇筑楼梯"，单击"确定"完成新建。如图 9.7-1 所示。

图 9.7-1　"名称"对话框

Step3：在"类型属性"对话框中，根据图纸中的相关参数，对楼梯进行设置，创建完成后如图 9.7-2 所示。

Step4：单击"确定"命令，返回到绘图区域，选择刚创建的"公共实训基地-现场浇筑楼梯"，在左侧【属性】面板中对该楼梯实例属性进行设置，设置完成后如图 9.7-3

所示。

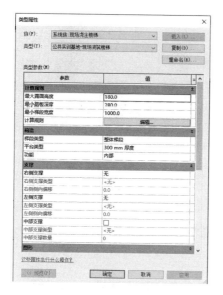

图 9.7-2　楼梯类型属性修改

图 9.7-3　"楼梯"实例属性修改

Step5：绘制参照平面。

参照平面的绘制是为了定义楼梯的起始位置。执行"参照平面"（RP）命令，根据图纸，在 D 轴位置向上 300mm 设置参照平面，如图 9.7-4 所示。

Step6：在【构件】面板上选择"梯段"命令中的"直梯"命令，选项栏设置定位线为"梯段：左"，实际梯段宽度为"1925.0mm"，勾选"自动生成平台"，如图 9.7-5 所示。

Step7：绘制楼梯。

在楼层平面中捕捉到墙体与参照平面交点作为绘制起点，向上绘制 14 个，将光标移动到对面墙体继续向下创建 14 个，如图 9.7-6 所示。

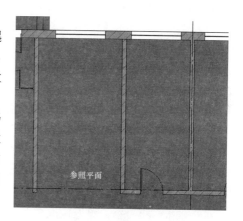

图 9.7-4　参照平面完成

图 9.7-5　楼梯选项栏

Step8：单击【模式】面板中的"√"命令，即可完成楼梯的创建。在三维中不难发现，楼梯靠墙一侧有多余的栏杆扶手，把内侧的栏杆扶手删除，如图 9.7-7 所示。

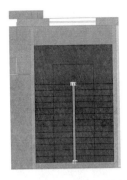 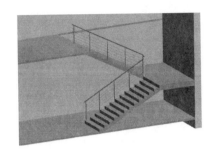

图 9.7-6　楼梯二维图　　　　图 9.7-7　楼梯三维图

Step9：补充其他位置楼梯。

建筑物内部的楼梯采用相同的方法进行创建，在这里不再赘述。

9.7.2　实战——坡道的创建

"公共实训基地"建筑图纸中室外包含一个"轮椅坡道"，本小节以"轮椅坡道"为例进行讲解。

1. 建模思路

【建筑】选项卡→【楼梯坡道】面板→"坡道"命令→"编辑类型"命令→选择绘制方式→完成创建和绘制。

2. 公共实训基地坡道的创建

Step1：单击【建筑】选项卡→【楼梯坡道】面板→"坡道"命令。

Step2：在【属性】面板中选择"坡道 1"作为复制的类型。单击"编辑类型"，弹出"类型属性"对话框，单击"复制"命令，弹出"名称"对话框，输入新名称"公共实训基地—坡道"，单击"确定"完成新建，如图 9.7-8 所示。

Step3：根据图纸中的相关参数，对该坡道的类型属性进行修改，如图 9.7-9 所示。

图 9.7-9　坡道类型属性修改

图 9.7-8　"名称"对话框

Step4：单击"确定"命令，即可完成坡道的类型参数设置。

Step5：根据图纸中的尺寸，先对坡道的位置进行定位。在 F 轴的上方 1230mm 处绘制一条参照平面，在 6 轴向右 2100mm 处绘制一条参照平面。绘制完成后如图 9.7-10 所示。

Step6：在【属性】面板中对坡道的实例属性进行修改，完成后如图 9.7-11 所示。

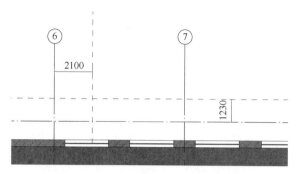

图 9.7-10 坡道参照平面（mm）

图 9.7-11 坡道实例属性修改

Step7：返回到绘图区域，对"坡道"进行创建。找到坡道的起始点单击鼠标左键，向右进行拖动，长度为 7200mm，即可完成坡道的绘制，绘制完成后如图 9.7-12 所示。

Step8：单击【模式】面板中的"√"命令，完成坡道的创建，如图 9.7-13 所示。

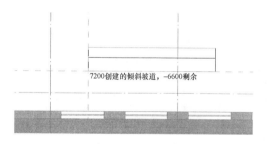

图 9.7-12 坡道草图

图 9.7-13 坡道三维图

9.7.3 实战——台阶的创建

"公共实训基地"建筑图纸中室外包含 5 个台阶，本节以入门口处台阶为例，进行台阶创建方法的讲解。

1. 建模思路

【建筑】选项卡→【构建】面板→"楼板"命令→"编辑类型"命令→选择绘制方式→完成创建和绘制。

2. 公共实训基地台阶的创建

Step1：单击【建筑】选项卡→【构建】面板→"楼板"命令，并选择"楼板：建筑"即可。

Step2：在左侧的【属性】面板中选择"楼板：常规 150mm"类型作为复制的类型。单击"编辑类型"，弹出"类型属性"对话框，单击"复制"命令，弹出"名称"对话框，输入新名称"公共实训基地-台阶"，单击"确定"完成新建，如图 9.7-14 所示。

图 9.7-14　"名称"对话框

Step3：单击"结构"后"编辑 ..."，可修改台阶材质和厚度，修改完成后如图 9.7-15 所示。

Step4：单击"确定"完成创建。在左侧的【属性】面板中更改实例属性，如图 9.7-16 所示。

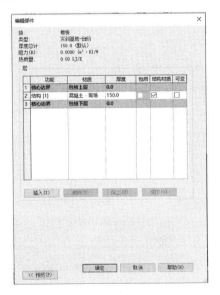

图 9.7-15　台阶"编辑部件"对话框　　图 9.7-16　台阶实例属性修改

Step5：绘制参照平面。选择"参照平面"命令或执行快捷键"RP"，沿 4 轴向右绘制 2800mm，沿着 F 轴向上绘制 5500mm，沿 6 轴向右绘制 3300mm。

Step6：选择刚定义"公共实训基地—台阶"，返回到绘图区域进行绘制。

Step7：选择【绘制】面板"边界线"中的"线"命令作为绘制方式，沿着做好的辅助线进行绘制，如图 9.7-17 所示。

Step8：采用相同的方法，继续进行创建。创建完成后，如图 9.7-18 所示。

提示：所有台阶的底标高均为"1F"标高，每块楼板"自标高的高度偏移"须增加 150mm，即楼板的厚度；每次只能创建一块，四块不能同时创建。

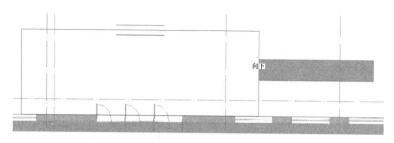

图 9.7-17　创建台阶草图

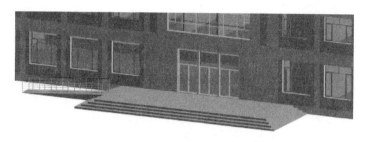

图 9.7-18　台阶三维图

9.7.4　实战——散水的创建

"公共实训基地"建筑图纸中室外包含散水，本节以此散水为例，对散水的创建方法进行讲解。

1. 建模思路

【建筑】选项卡→【楼梯坡道】面板→"楼板"命令→"编辑类型"命令→选择绘制方式→完成创建和绘制。

2. 公共实训基地散水的创建

Step1：单击【建筑】选项卡→【构建】面板→"楼板"命令，并选择"楼板：建筑"即可。

Step2：在左侧的【属性】面板中选择"楼板：常规 150mm"类型作为复制的类型。单击"编辑类型"，弹出"类型属性"对话框，单击"复制"命令，弹出"名称"对话框，输入新名称"公共实训基地—散水"，单击"确定"完成新建。如图 9.7-19 所示。

图 9.7-19　"名称"对话框

Step3：单击"结构"后"编辑..."，对散水结构进行编辑，如图 9.7-20 所示。

Step4：单击"确定"命令，完成散水的创建。

Step5：选择刚定义的"公共实训基地—散水"，且【属性】面板的实例属性中将标高调整为"1F"，"自标高的高度"调整为偏移为"600.0mm"，返回到绘图区域进行绘制。

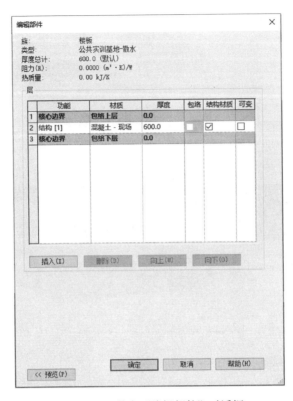

图 9.7-20 散水"编辑部件"对话框

Step6：选择【绘制】面板中"边界线"命令下"线"命令作为绘制方式，围绕外墙向外 900mm 处创建散水。

提示：用楼板绘制散水，草图线必须保证是闭合且不重合的线。

Step7：绘制完成后，如图 9.7-21 所示。

图 9.7-21 散水完成

绘制完成后的散水实例与实际的散水存在差距，这时需要对散水进行再次编辑。

Step8：单击"散水"，软件自动切换到【修改｜楼板】上下文选项卡，在【形状编辑】面板中选择"修改子图元"命令，散水外框将变成绿色，如图 9.7-22 所示。

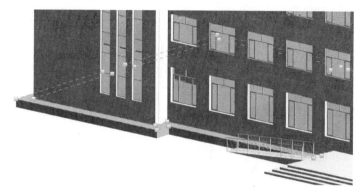

图 9.7-22　修改子图元

Step9：鼠标单击"绿色框"弹出修改高程点的数值，如图 9.7-23 所示，输入"－500mm"即可，绘制完成后，如图 9.7-24 所示。

图 9.7-23　修改子图元

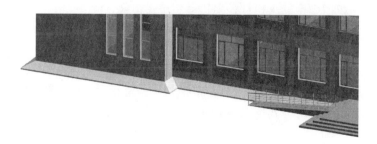

图 9.7-24　修改完成后的"散水"

Step10：将项目另存为"第 9 章　楼梯、坡道与栏杆扶手"。

课后习题

1. 在 Revit 软件中，当创建楼梯时，以下哪个步骤是首先进行的？（　　）

A. 在三维视图中手动绘制楼梯的每个部分

B. 在平面视图中使用楼梯工具并选择楼梯类型

C. 在【项目浏览器】中直接插入楼梯族

D. 使用【修改】选项卡中的命令来编辑楼梯

2. 当调整 Revit 软件中坡道的最大坡度时，应该在哪里进行设置？（　　）

A. 在坡道族"类型属性"对话框中

B. 在三维视图中直接拉伸坡道边缘

C. 在平面视图中使用"坡度"工具

D. 使用【修改】选项卡中的命令

3. 在 Revit 软件中，楼梯的哪些部分可以通过修改楼梯类型属性进行调整？（多选）（　　）

A. 楼梯的宽度　　　　　　　　B. 楼梯的材质

C. 楼梯的踏步高度　　　　　　D. 楼梯的扶手类型

4. 在 Revit 软件中创建栏杆扶手时，以下哪个选项不是必需的步骤？（　　）

A. 选择栏杆扶手类型

B. 绘制栏杆扶手的路径

C. 为栏杆扶手指定主体（如楼梯、坡道等）

D. 在三维视图中手动调整每个栏杆的位置

5. 在 Revit 软件中，如果希望一个栏杆扶手沿着楼梯的边缘自动放置，应该如何操作？（　　）

A. 在楼梯"类型属性"对话框中指定栏杆扶手类型

B. 使用"放置在主体上"命令，并选择楼梯作为主体

C. 在三维视图中手动将栏杆扶手移动到楼梯边缘

D. 在平面视图中使用"对齐"命令将栏杆扶手与楼梯对齐

6. 根据下图给定数值创建楼梯和扶手，扶手截面为 50mm×50mm，高度为 900mm，栏杆截面为 20mm×20mm，栏杆间距为 280mm，未标注尺寸不做要求，楼梯整体材质为混凝土，创建完成后对楼梯和扶手进行保存。[题目来源：中国图学学会（一级）—全国 BIM 技能等级考试第九期第 2 题]

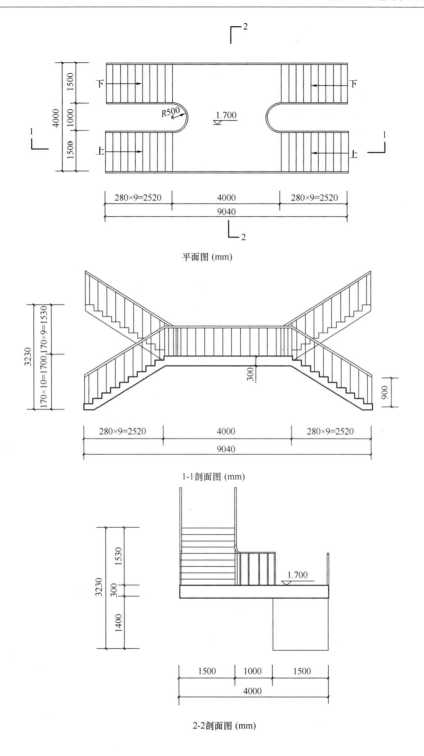

平面图 (mm)

1-1剖面图 (mm)

2-2剖面图 (mm)

7. 根据下图创建楼梯与扶手，楼梯构造与扶手样式如下图所示，顶部扶手为直径 40mm 圆管，其余扶栏为直径 30mm 圆管，栏杆扶手的标注均为中心间距，创建完成后对楼梯和扶手进行保存。〔题目来源：中国图学学会（一级）—全国 BIM 技能等级考试第七期第 2 题〕

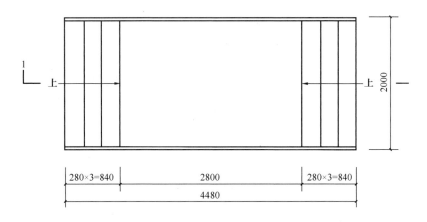

底标高平面图 (mm)

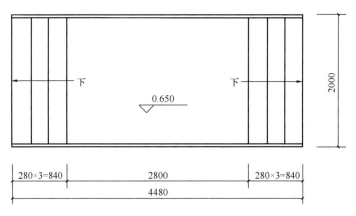

顶标高平面图 (mm)

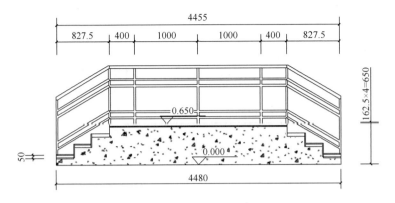

1-1剖面图 (mm)

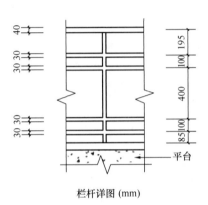

栏杆详图 (mm)

参考答案

1.B　2.A　3.A、B、C　4.D　5.B

第10章 洞　　口

【导读】
　　本章主要对洞口的创建方法进行介绍，主要包括面洞口、垂直洞口、竖井洞口、墙洞口和老虎窗洞口的创建。
　　第1节讲解了洞口的基本理论内容。
　　第2节讲解了面洞口的创建方法。
　　第3节讲解了垂直洞口的创建方法。
　　第4节讲解了竖井洞口的创建方法。
　　第5节讲解了墙体洞口的创建方法。
　　第6节讲解了老虎窗洞口的创建方法。
　　通过实际工程案例——公共实训基地项目，讲解实际工程中洞口的创建。

知识目标：

1. 了解在 Revit 软件中创建洞口的必要性，包括在墙、楼板、天花板、屋顶等不同建筑元素上创建洞口的原理和方法。

2. 了解不同类型的洞口，如垂直洞口、老虎窗洞口等，以及它们在不同建筑设计场景中的应用。

能力目标：

1. 能够熟练使用 Revit 软件中的"洞口"命令，在不同建筑元素上准确创建所需类型的洞口。

2. 掌握调整洞口尺寸、形状和材质的方法，确保洞口与整体建筑设计风格相协调。

3. 在面对复杂建筑设计时，能够灵活应用所学知识，创造性地解决洞口创建和编辑中的难题。

课程思政目标：

1. 通过学习 Revit 软件中洞口的创建和编辑，鼓励学生勇于尝试和创新，培养对新技术的敏感性和接受度。

2. 通过课程学习，引导学生认识到 BIM 技术在建筑设计中的重要性，培养学生的专业素养和职业道德。

3. 在课程中设置团队合作项目，让学生在共同完成任务的过程中学会协作和沟通，培养团队协作精神。

10.1　洞口概述

　　建筑中存在多种多样的洞口，包括门窗洞口、楼板洞口、天花板洞口和结构梁洞口等。Revit 软件可以实现不同类型洞口的创建，并且根据不同情况、不同构件提供了多种洞口工具和开洞的方式。Revit 软件中提供五种洞口工具，分别是"按面""竖井""墙""垂直"和"老虎窗"，如图 10.1-1所示。

图 10.1-1　洞口

10.2　面洞口

面洞口通过指定一个面（如楼板、屋顶或天花板的表面）来创建的垂直洞口。这种洞口通常用于表示建筑物中的开口，如通风口、管道口或特定设备的安装口等。

Step1：创建楼板（以楼板创建面洞口为例）

单击【建筑】选项卡→【构建】面板→"楼板"命令，创建 3000mm×2000mm 轮廓草图，如图 10.2-1 所示。

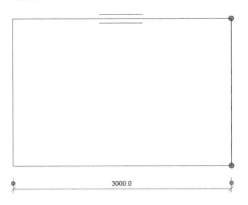

图 10.2-1　矩形轮廓图（mm）

Step2：添加坡度箭头。

单击【绘制】面板中"坡度箭头"命令，在楼板边界轮廓上"单击可输入线的起点"，再"输入线终点"，即可绘制出坡度箭头（以图 10.2-2 中箭头位置和方向为例）。

选中该箭头，在【属性】面板中"指定"设置为"尾部"，"尾高度偏移"设置为"1000.0mm"。

Step3：完成编辑。

单击【模式】面板中"√"命令完成编辑。切换至三维视图，如图 10.2-3 所示。

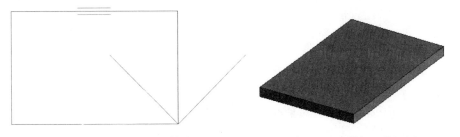

图 10.2-2　添加坡度箭头　　　　　图 10.2-3　楼板三维视图

Step4：（按面）开洞。

单击【洞口】面板下"按面"命令，创建 800mm × 800mm 洞口草图，如图 10.2-4所示。单击【模式】面板中"√"命令完成编辑，如图 10.2-5 所示。

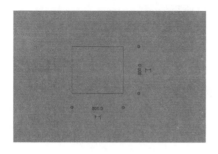

图 10.2-4　矩形洞口　　　　　　　　　图 10.2-5　矩形洞口

10.3　垂直洞口

垂直洞口是相对于水平洞口而言的，它指的是在楼板、屋顶或天花板等水平构件上创建的，且洞口方向垂直于这些构件的洞口。

Step1：创建楼板（以楼板创建垂直洞口为例）。

以图 10.2-3 楼板三维图为例，创建矩形楼板。

Step2：（垂直）开洞。

单击【洞口】面板下"垂直"命令，见第 10.2 节 Step 4。如图 10.3-1 所示。

提示：双击"东立面"，点击洞口，即可发现两种开洞方式的区别。通过观察楼板的两个洞口可直观地发现，"按面"（左侧）洞口，是与楼板面平行，而右侧则是利用"垂直"方法建立的洞口，不难发现其洞口整体是与楼板垂直的，如图 **10.3-2** 所示。

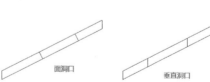

图 10.3-1　矩形洞口　　　　　　　　　图 10.3-2　开洞方式区别

10.4　竖井洞口

在 Revit 软件中，"竖井洞口"（又称"垂直竖井"或"竖井"）通常指的是在建筑模型中为了容纳如电梯、楼梯、管道、通风系统等垂直交通或设施而预留的贯穿多个楼层的空间。这些竖井洞口在建筑设计中扮演着至关重要的角色，因为它们不仅满足了建筑的功能需求，还影响了建筑的结构设计和空间布局。

Step1：创建楼板（以楼板创建竖井洞口为例）。

以图 10.2.3 楼板三维图为例，创建矩形楼板。

Step2：（竖井）开洞。

为说明竖井开洞的方法，需要建立两层及两层以上的楼板，首先通过复制粘贴的方式建立多层楼板。

选中该楼板，单击【剪贴板】面板中"复制到剪贴板"命令，如图 10.4-1 所示，发现"粘贴"命令由灰色变为可使用状态，然后单击"粘贴"下方的向下箭头，选择"与选定的标高对齐"方式，如

图 10.4-1　剪贴板

图 10.4-2所示。采用"Ctrl＋鼠标左键点选"或"鼠标左键拖拽"等方法选中对话框中的所有标高，单击"确定"命令，复制该楼板后三维效果如图 10.4-3 所示。

图 10.4-2　与选定的标高对齐

图 10.4-3　复制楼板

切换至"标高 1"平面视图，单击【建筑】选项卡→【洞口】面板→"竖井"命令，在楼板内部绘制一个半径为 800mm 的圆形。

【属性】面板中各约束条件代表竖井的高度位置，如图 10.4-4 所示，可以进行更改。

单击【模式】面板中"√"命令完成编辑。切换至三维视图，如图 10.4-5 所示。按"Esc"键退出，形成跨多层竖井开洞的效果。因此，竖井命令可以用来跨多层建立楼梯间、电梯井和管道井等。

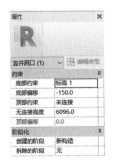

图 10.4-4　竖井属性

图 10.4-5　竖井跨多层开洞

10.5 墙洞口

墙洞口是指在墙体上开设的开口或通道,用于满足采光、通风、装饰或其他特定需求。这些洞口可以根据大小、形状和位置进行分类,以满足不同的建筑和家居设计需求。

Step1:新建墙类型。

单击【建筑】选项卡→【构建】面板→"墙"命令,在【属性】面板的"类型选择器"下选择默认"常规-200mm"类型。

Step2:绘制墙。

切换至"楼层平面",在"标高 1"处创建长 10000mm 的墙体,创建后如图 10.5-1 所示,切换三维进行查看,如图 10.5-2 所示。

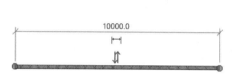

图 10.5-1 墙体二维图   图 10.5-2 墙体三维图

Step3:(墙)开洞。

切换至"南立面"视图或三维视图,单击【建筑】选项卡→【洞口】面板→"墙"命令,进入墙体开洞。首先点击墙的边界,选中开洞的墙体,框选一个矩形,所框选的矩形即为开洞的洞口,开洞效果如图 10.5-3 所示。

图 10.5-3 墙体开洞效果

10.6 老虎窗洞口

老虎窗洞口是指老虎窗在屋顶上开设的用于采光和通风的开口。这个开口通常位于屋顶的斜面上,形状和大小根据建筑设计的需求而定。

具体创建方法参照第 8.4.2 节屋顶坡面老虎窗。

10.7 实战——公共实训基地洞口的创建

扫码观看"第10章洞口"实战教学视频

1. 建模思路

【建筑】选项卡→【洞口】面板→"墙"命令→选择绘制方式→完成创建和绘制。

2. 公共实训基地洞口的创建

Step1：单击【建筑】选项卡→【洞口】面板→"墙"命令。

Step2：观察图纸。

切换到"公共实训基地—建筑图"，找到"9-1 立面图和 1-9 立面图"，在图纸中不难发现左右两侧墙体上存在 3900mm×1200mm 的矩形洞口，因此可以借助于"墙洞口"进行开洞。

Step3：墙体开洞。

切换至"北立面"视图，单击【建筑】选项卡→【洞口】面板→"墙"命令，进入墙体开洞。首先点击墙的边界，选中开洞的墙体，框选一个矩形，尺寸为 3900mm×1200mm（各边距离可参考 CAD 图纸），如图 10.7-1 所示。

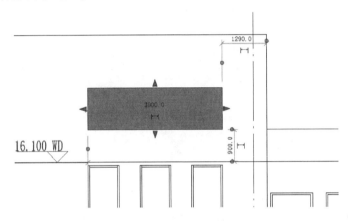

图 10.7-1　9-1 立面图开洞效果（mm）

其他位置处墙体洞口按照相同方法进行创建，如图 10.7-2 所示。

图 10.7-2　墙体开洞效果

Step4：将项目另存为"第 10 章　洞口"。

课后习题

1. 在 Revit 软件中，以下哪项不是创建墙洞的主要方法？（　　）

A. 使用 Revit 的洞口功能

B. 直接编辑构筑物的轮廓

C. 通过"管综易"插件生成

D. 删除墙并重新创建

2. 关于 Revit 软件中洞口工具的描述，以下哪项是不正确的？（　　）

A. 洞口工具可以按面或垂直创建

B. 洞口工具创建的竖井能跨层

C. 洞口工具能创建任意形状的板洞

D. 洞口工具创建的墙洞支持圆形

3. 在 Revit 软件中，如果想要在一个墙体上创建一个自定义形状的洞口，应该如何做？（　　）

A. 使用"按面"方式创建洞口，并编辑其形状

B. 直接编辑墙体的外轮廓

C. 使用"管综易"插件生成自定义洞口

D. A 和 B 都可以

4. 下列关于 Revit 软件中洞口工具的选项，哪些是正确的？（多选）（　　）

A. 洞口工具可以按面、垂直、竖井创建

B. 洞口工具创建的洞口可以自定义形状

C. 洞口工具创建的洞口在调整管道或构筑物时不会自动联动

D. 使用"管综易"插件生成的洞口可以随管道或构筑物的调整而自动联动

参考答案

1. D　2. D　3. D　4. A、B、D

第 11 章　场　　地

【导读】
　　本章主要对场地的相关设置、地形表面、场地构件创建与编辑、建筑地坪和建筑红线等内容进行介绍。
　　第 1 节讲解了场地的基本知识。
　　第 2 节讲解了场地建模，主要包括地形表面、场地构件、停车场构件和建筑地坪等。
　　第 3 节讲解了修改场地，主要包括拆分表面、合并表面、子面域和建筑红线等。
　　通过实际工程案例——公共实训基地项目，讲解实际工程中场地的创建、构件的放置和建筑地坪。

知识目标：

1. 理解场地在建筑项目中的作用和重要性。

2. 掌握使用"地形表面"命令创建地形表面的方法。

3. 学会使用"放置点"工具设置高程点、生成等高线。

4. 理解并应用地形表面的修改工具，如"平整区域""子面域""拆分/合并表面"等。

能力目标：

1. 能够根据给定的地形数据或等高线数据，在 Revit 软件中创建准确的地形表面。

2. 能够根据场地设计需求，选择合适的场地构件并放置在场地中。

3. 能够将所学知识综合运用，解决场地建模中的实际问题。

课程思政目标：

1. 通讨场地建模，引导学生关注社会热点问题，如城市规划、环境保护等，培养学生的社会责任感。

2. 在场地建模过程中，要求学生严格按照实际数据进行建模，培养学生的科学精神和严谨态度。

3. 鼓励学生勇于探索和创新，提高解决问题的能力。

11.1　场地概述

　　场地是建筑项目的重要组成部分，它代表了建筑所在的地形和地块，场地不仅

205

是建筑项目的背景，更是影响建筑设计和施工的重要因素。正确的场地设置和建模可以确保建筑设计与实际地形相符，提高设计的准确性和可行性。

使用 Revit 软件提供的场地构件，可以为项目创建场地红线、场地三维模型、建筑地坪等场地构件，完成现场场地设计。还可以在场地中添加人物、植物以及停车场、篮球场等场地构件，丰富整个场地的表现。在 Revit 软件中创建场地所使用的是地形表面命令，地形表面在三维视图中显示仅是地形，需要勾选剖面框之后进行剖切才显示地形厚度。

11.2 场地设置

11.2.1 场地设置

单击【体量和场地】选项卡→【场地建模】面板→ ■ 命令，弹出"场地设置"对话框，可设置等高线间隔值、经过高程、添加自定义等高线、剖面填充样式、基础土层高程和角度显示等参数，如图 11.2-1 所示。

图 11.2-1　场地设置

11.2.2 创建地形表面

Revit 软件中提供"地形表面"的创建方法有以下几种：

第一种是放置点：放置点是在绘图区域中放置不同高程的点，以便定义地形表面。

第二种是通过导入创建：通过导入创建分为两种方法，分别为"选择导入实例"和"指定点文件"。

（1）选择导入实例：根据导入等高线数据来创建地形，支持的格式有 Dwg、Dxf 或 Dgn 文件，其中文件需要包含三维数据并且等高线 z 方向值正确。

（2）指定点文件：根据土木工程应用程序中的点文件，包含 x、y、z 坐标值的 csv 或者 txt 文件。

单击【项目浏览器】，在"楼层平面"找到"场地"视图，双击"场地"切换到该视图，如图 11.2-2 所示。

图 11.2-2　场地楼层平面

Step1：绘制前准备。

单击【体量和场地】选项卡→【场地建模】面板→"地形表面"命令，进入地形表面的绘制模式。

Step2：创建地形表面（以"放置点"工具创建地形表面）。

单击【工具】面板下"放置点"命令，选项栏中输入高程为"0"，通过鼠标左键进行添加，放置过程中形成长方形的地形，如图 11.2-3 所示。

单击【模式】面板中"√"命令完成编辑。切换至"三维视图"，如图 11.2-4

所示。

图 11.2-3　场地楼层平面

图 11.2-4　地形表面三维

11.2.3　编辑地形表面

Step1：修改材质。

选择绘制后的"地形表面"，单击【属性】面板中材质右侧"〈按类别〉"后"..."命令，打开"材质浏览器"对话框，设置地形表面材质为"草"（为方便观察颜色变化），勾选"使用渲染外观"，单击两次"确定"命令，如图 11.2-5 所示。

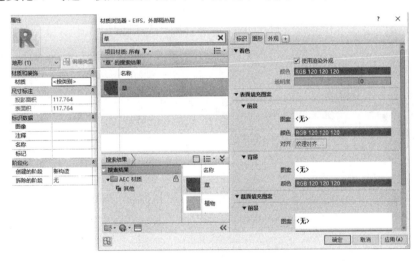

图 11.2-5　地形表面材质设置

Step2：修改高程。

再次选择地形表面，单击【修改｜地形】上下文选项卡→【表面】面板→"编辑表面"命令，绘图区域中的四个高程点被激活，鼠标左键选中任意一点，在选项栏中可观察到高程点为"0"，此时依次选中 4 个高程点，修改点的高程值为"500.0mm"，如图 11.2-6 所示。

单击【模式】面板中"√"命令完成编辑。切换至三维视图，观察修改后变化。

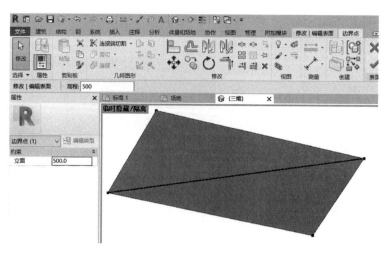

图 11.2-6　地形表面高程点修改

11.2.4　场地构件

场地构件是指将预先定义好的建筑元素（即构件）添加到建筑模型中的过程。这些构件可以是墙、门、窗、楼梯、家具、设备等，它们构成了建筑模型的基本组成部分。

Step1：添加前准备。

进入"场地"楼层平面视图，单击【体量和场地】选项卡→【场地建模】面板→"场地构件"命令，在【属性】面板的"类型选择器"中有系统给出的构件类型可供选择。

Step2：场地构件载入。

在【属性】面板的"类型选择器"下选择"编辑类型"，单击"载入"命令，如图 11.2-7 所示。

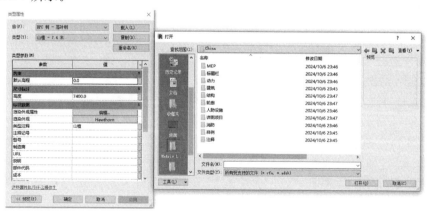

图 11.2-7　载入族

在"China"文件夹下打开"建筑"文件夹，再次打开"场地"文件夹，此文件夹下提供了场地中所有所需构件。

以"篮球场"为例进行载入。单击"体育设施"→"体育场"→"篮球场"，单击鼠标左键在绘图区域中进行添加，添加后如图 11.2-8 所示。

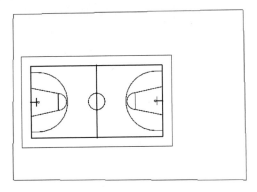

图 11.2-8　添加篮球场

切换至"三维视图"，如图 11.2-9 所示。

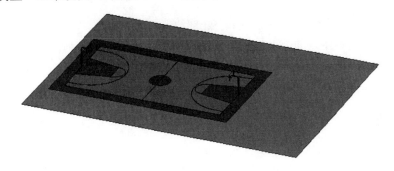

图 11.2-9　添加篮球场三维视图

11.2.5　停车场构件

Step1：添加前准备。

进入"场地"楼层平面视图，单击【体量和场地】选项卡→【场地建模】面板→"停车场构件"命令，在【属性】面板的"类型选择器"中有系统给出的构件类型可供选择。

Step2：场地构件载入。

在【属性】面板的"类型选择器"中选择"停车位 4800×2700mm—90 度"，如图 11.2-10 所示。

通过鼠标左键在绘图区域中进行添加，切换至三维视图，如图 11.2-11 所示。

图 11.2-10　停车场构件
属性

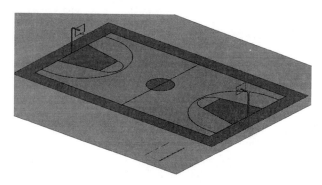

图 11.2-11　停车场构件三维视图

提示：其他位置处停车场构件可使用"复制"或"阵列"完成。

11.2.6　创建建筑地坪

建筑地坪是指使用 Revit 软件在建筑设计过程中，通过特定工具和步骤在地形表面上创建的具有特定结构和深度的地面图元。根据设计需求进行定制，包括地坪的材料、厚度、坡度等属性。

建筑地坪在 Revit 软件中主要用于处理地形与建筑本体之间的关系，特别是当地形影响到建筑本体，如坡度切至建筑内部时，可以使用建筑地坪将室内的地形降至建筑底部。此外，建筑地坪还可以用于定义建筑内部的地面标高、洞口位置等。

Step1： 绘制前准备。

打开"场地"楼层平面视图，单击【体量和场地】选项卡→【场地建模】面板→"建筑地坪"命令，进入建筑地坪的绘制模式。

Step2： 创建建筑地坪边界线。

建筑地坪的创建与"楼板"创建有相似之处。单击【绘制】面板→"矩形"命令，绘制长 5000mm、宽 5000mm 的闭合矩形边界，如图 11.2-12 所示。

提示：创建建筑地坪边界线必须满足"闭合"和"不相交"两个基本条件。

单击【模式】面板中"√"命令完成编辑。切换至三维视图，如图 11.2-13 所示。

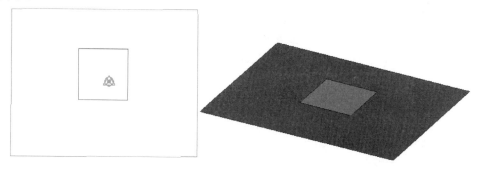

图 11.2-12　建筑地坪草图　　　　　图 11.2-13　建筑地坪三维

提示：退出"建筑地坪"的编辑模式后，要选中建筑地坪才能再次进入编辑边界，常常会选中地形表面而认为选中了建筑地坪。

11.2.7 修改建筑地坪

在建筑地坪【属性】面板中，设置该地坪的标高以及偏移值，在"类型属性"对话框中设置建筑地坪的材质。"建筑地坪"的修改工作主要涵盖对其构造结构、材质选用以及坡度箭头等关键参数的调整，这些调整均可参照第 7 章"楼板"部分的详细说明。

11.2.8 建筑地坪与子面域的区别

"建筑地坪"和"子面域"工具不同，"建筑地坪"工具会创建出单独的水平表面，可以剪切地形，而创建子面域不会生成单独的平面，而是在地形表面上圈定了某块可以定义不同属性（例如材质）的表面区域。

11.3 修改场地

11.3.1 拆分表面

"拆分表面"是一个重要的地形编辑工具，主要功能是将一个整体的地形表面切割成两个部分。通过拆分，可以更灵活地调整每个部分的属性，如高度、材质等。这在地形设计、景观设计以及场地规划等领域中非常有用。

Step1：拆分前准备。

打开"场地"楼层平面视图，单击【体量和场地】选项卡→【修改场地】面板→"拆分表面"命令，绘图区单击选择"地形表面"，进入【修改 | 拆分表面】上下文选项卡的绘制模式。

Step2：拆分地形表面。

以图 11.2-4 地形表面三维视图为例，对地形表面进行拆分。

在【绘制】面板中选择"矩形"命令，在地形表面内部创建任意大小的矩形（比原有地形表面要小），绘制后如图 11.3-1 所示。

单击【模式】面板中"√"命令完成编辑。切换至三维视图，如图 11.3-2 所示。

Step3：修改高度。

在"场地"楼层平面视图中，选择地形表面（小矩形），单击【修改 | 地形】上下文选项卡→【表面】面板→"编辑表面"命令，进入编辑表面时，绘图区域中小矩形部位高程点被激活，鼠标左

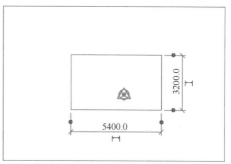

图 11.3-1 拆分图形轮廓（mm）

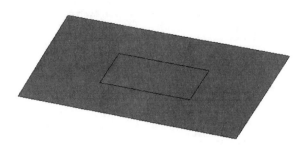

图 11.3-2　拆分后图形

键选中小矩形角点，依次将四点高程修改为"1000.0mm"，如图 11.3-3 所示。

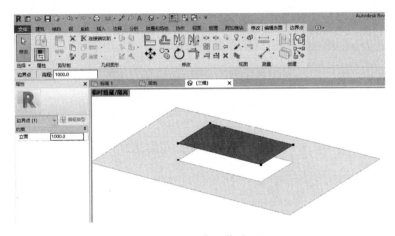

图 11.3-3　高程修改后

单击【模式】面板中"✓"命令，完成编辑。切换至三维视图，完成拆分表面中地形高度的修改。

Step4：修改材质。

见第 11.2.3 节编辑地形表面修改材质，本小节材质设置为"场地—碎石"，设置后如图 11.3-4 所示。

11.3.2　合并表面

"合并表面"是一个针对地形表面的操作功能，它允许将两个或多个地形表面合并为一个单一的地形表面。

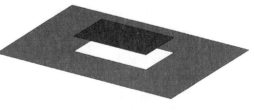

图 11.3-4　材质修改完成

Step1：合并前准备。

以图 11.3-2 拆分后图形为例进行合并表面。

Step2：修改材质。

将小矩形材质修改为"场地—碎石"。

Step3：合并表面。

单击【体量和场地】选项卡→【修改场地】面板→"合并表面"命令，绘图区先选择大场地，再选择小场地，即可发现后选择的场地会合并到先选择的场地中，如图 11.3-5 所示。

图 11.3-5　合并后场地

提示：在合并表面中，先选择场地为主，后选择场地会合并到先选择场地中。

11.3.3　子面域

"子面域"是地形表面内部的一个特定划分区域，它并不独立生成新的表面，而是紧密贴合在原有地形表面上。通过为这一"子面域"分配不同的属性集合，可以在不改变原有地形表面结构的前提下，赋予其独特的特性。值得注意的是，"子面域"的创建并不会对现有地形表面进行切割或分割。

举例来说，利用"子面域"，可以在地形表面上勾勒出道路的轮廓或标记出停车场的区域，从而为设计增添更多的细节与实用性。

Step1：绘制前准备。

打开"场地"楼层平面视图，单击【体量和场地】选项卡→【修改场地】面板→"子面域"命令，进入【修改｜创建子面域边界】上下文选项卡。

Step2：绘制子面域。

以图 11.3-5 合并后场地为例创建子面域。

在【绘制】面板中选择"矩形"命令，在地形表面内部创建任意大小的矩形（比原有地形表面要小），绘制后如图 11.3-6 所示。

单击【模式】面板 "√" 命令完成编辑。切换至三维视图，如图 11.3-7 所示。

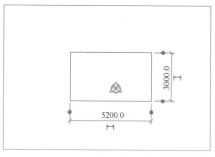

图 11.3-6　绘制子面域边界线（mm）

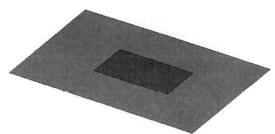

图 11.3-7　子面域三维视图

Step3：修改材质。

见第 11.2.3 节编辑地形表面 Step1 修改材质，本小节材质设置为"场地—碎石"，设置后如图 11.3-8 所示。

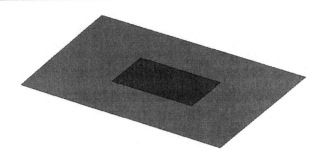

图 11.3-8　材质修改完成

11.3.4　通过绘制来创建建筑红线

建筑红线，也称为边界线或建筑控制线，是规划区域内用于界定建筑物可建设范围的一条边界线。它通常与道路红线相关联，但也可能退于道路红线之后，但绝不许超越道路红线。

建筑红线的主要功能是限制建筑物的建设范围，确保建筑物不会超出规划区域，从而维护城市规划的秩序和安全性。同时，它也为建筑师和工程师提供了明确的建筑边界，有助于他们在设计和施工过程中做出准确的决策。

图 11.3-9　创建建筑红线方法

在 Revit 软件中，创建建筑红线的方法有两种方式，分别为"通过绘制来创建"和"通过输入距离和方向角来创建，如图 11.3-9 所示。

Step1：绘制前准备。

打开"场地"楼层平面视图，单击【体量和场地】选项卡→【修改场地】面板→"建筑红线"命令，选择"通过绘制来创建"，进入建筑红线的绘制模式。

Step2：创建建筑红线。

以图 11.2-4 地形表面三维视图为例，单击【绘制】面板中"线"命令，生成一个闭合轮廓，如图 11.3-10 所示。

单击【模式】面板中"√"命令完成编辑，如图 11.3-11 所示。

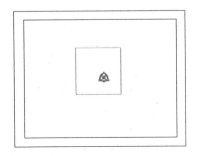

图 11.3-10　建筑红线草图

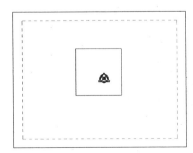

图 11.3-11　建筑红线效果

11.3.5　通过输入距离和角度来创建建筑红线

Step1：绘制前准备。

打开"场地"楼层平面视图，单击【体量和场地】选项卡→【修改场地】面板→"建筑红线"命令，选择"通过输入距离和方向角来创建"，进入建筑红线的绘制模式。

Step2：创建建筑红线。

以图 11.2-4 地形表面三维视图为例，在弹出"建筑红线"对话框中，单击"插入"命令，开始添加测量数据。同时，需输入距离和方向角的数值。这些数值代表建筑红线各点之间的相对位置和角度。

提示：若建筑红线为弧时，需分别输入弧上两点之间的"距离"和"方向"值，选择"弧"作为"类型"，并输入一个大于线段长度二分之一的"半径"值，同时要选择弧出现在线段的左侧或右侧。

根据需要继续插入其余的线，直到完成整个建筑红线的绘制，如图 11.3-12所示。

单击"确定"命令，即可观察创建后的建筑红线，如图 11.3-13 所示。

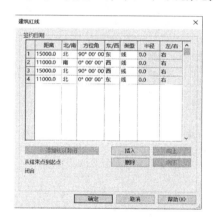

图 11.3-12　建筑红线数据输入

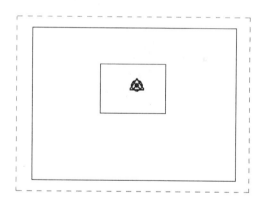

图 11.3-13　建筑红线效果

11.4　实战——公共实训基地场地的创建

扫码观看"第11章场地"实战教学视频

1. 建模思路

【体量和场地】选项卡→【场地建模】面板→"地形表面"命令→选择绘制方式→完成创建和绘制。

2. 公共实训基地场地的创建

Step1：单击【体量和场地】选项卡→【场地建模】面板→"地形表面"命令，切换至"室外地坪"楼层平面视图，用"放置点"命令在建筑模型外侧放置 4 个点，点的高程值为"－600mm"，如图 11.4-1 所示。

图 11.4-1　地形表面草图

Step2：见第 11.2.3 节编辑地形表面 Step1 修改材质，材质设置为"草地"，设置后如图 11.4-2 所示。

Step3：道路添加。

打开"室外地坪"楼层平面视图，单击【体量和场地】选项卡→【修改场地】面板→"子面域"命令，弹出【修改|创建子面域边界】上下文选项卡。

在"地形表面"上创建一个闭合区域，尺寸和大小不作要求，如图 11.4-3 所示。

图 11.4-2　草地材质

图 11.4-3　子面域的添加

见第 11.2.3 节编辑地形表面 Step1 修改材质，材质设置为"沥青道路"，设置后如图 11.4-4 所示。

Step4：放置构件（场地构件）

以羽毛球场、电线杆、人物和汽车为例进行讲解。打开"室外地坪"楼层平面视图，单击【体量和场地】选项卡→【场地建模】面板→"场地构件"命令，在【属性】面板的"类型选择器"中未发现羽毛球场、电线杆、人物和汽车，需要分别对构件进行载入，

图 11.4-4　添加子面域

单击"编辑类型"→"载入"命令，在"China"文件夹下打开"建筑"文件夹，再次打开"场地"文件夹，如图 11.4-5 所示。

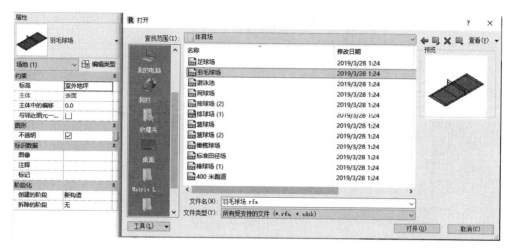

图 11.4-5　载入族

将载入完成后"族"分别添加到项目场地中，如图 11.4-6 所示。

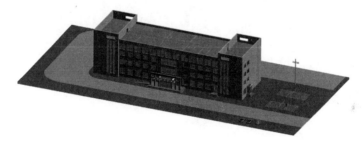

图 11.4-6　放置构件

Step5：将项目另存为"第 11 章　场地"。

课后习题

1. 在 Revit 软件中，如何开始绘制地形表面？（　　）

A. 在【建筑】选项卡中选择"墙"命令

B. 在【体量与场地】选项卡中选择"地形表面"命令

C. 在【视图】选项卡中选择"三维视图"命令

D. 在【管理】选项卡中选择"项目参数"命令

2. 在 Revit 软件中，为场地添加材质时，应在哪里进行设置？（　　）

A. 在【修改】选项卡中

B. 在【属性】面板中的"实例属性"或"类型属性"里

C. 在【插入】选项卡中

D. 在【分析】选项卡中

3. 在 Revit 软件中，如何平整已经绘制好的地形表面？（　　）

A. 使用【修改】面板中的"移动"命令

B. 使用【体量与场地】选项卡中的"建筑地坪"命令

C. 使用【修改】面板中的"旋转"命令

D. 无法直接平整，需要重新绘制

4. 在 Revit 软件中，如何查看场地和建筑的三维效果？（　　）

A. 在【视图】选项卡中选择"平面视图"

B. 在【视图】选项卡中选择"立面视图"

C. 在【项目浏览器】中打开"三维视图"

D. 在【修改】选项卡中选择"三维移动"

5. 在 Revit 软件中，以下哪个命令用于在场地上绘制道路？（　　）

A. "建筑地坪"　　　　　　　　　B. "子面域"

C. "放置点"　　　　　　　　　　D. "修改地形"

参考答案

1. B　2. B　3. B　4. C　5. B

第12章 BIM 模型深化

【导读】

本章主要介绍创建视图、视图控制、尺寸标注、文字添加、创建标记和创建房间与标记。

第1节讲解了创建视图，包括创建平面图、立面图、剖面图、详图索引、绘图视图和图例等。

第2节讲解了视图控制，包括设置视图可见性、设置过滤器和切换粗线/细线。

第3节讲解了尺寸标注，包括对齐、线性、角度、半径和直径等标注样式。

第4节讲解了添加文字和模型文字的方法，包括设置文字和添加文字。

第5节讲解了创建标记的方法，包括按类别标记、全部标记、梁注释和材质标记。

第6节讲解了创建房间与标记的方法，包括创建与编辑房间、添加房间分隔、添加标记房间、创建颜色方案和应用颜色方案。

通过实际工程案例——公共实训基地项目，讲解实际工程中添加模型文字和标记房间的创建过程。

知识目标：

1. 学生能够熟悉并掌握创建平面图、立面图、剖面图、详图索引、绘图视图和图例等不同类型视图的方法。

2. 学生能够掌握对齐标注、线性标注、角度标注、半径标注和直径标注等常用尺寸标注样式，确保图纸尺寸信息的准确性和规范性。

3. 学生能够掌握添加文字的方法，包括字体、字号、颜色等属性的设置，以及文字在图纸中的合理布局。

4. 学生能够熟悉创建与编辑房间、添加房间分隔、添加房间标记、创建颜色方案和应用颜色方案等房间与标记创建流程，为建筑设计图纸的完善提供有力支持。

能力目标：

1. 学生能够根据建筑设计需求，独立创建并编辑各种类型的视图，确保图纸的完整性和准确性。

2. 学生能够准确标注图纸尺寸并添加必要的文字说明，确保图纸信息的完整性和准确性。

3. 学生能够将所学知识综合运用，解决实际工程中的图纸创建与标注问题，提高工程图纸的质量和效率。

课程思政目标：

1. 通过严格的图纸创建与标注要求，培养学生严谨、细致的工作态度，为未来的职业生涯打下坚实基础。

2. 在团队项目中，鼓励学生相互协作、共同解决问题，培养学生的团队协作精神和沟通能力。

3. 通过精细的图纸创建与标注过程，弘扬精益求精的工匠精神，激发学生对建筑行业的热爱和敬业精神。

12.1 创建视图

12.1.1 创建平面图

创建平面图是用于创建二维平面视图，如"结构平面""楼层平面""天花板投影平面""平面区域"和"面积平面"。平面视图在创建新标高时可自动创建，也可在完成标高创建后手动进行添加相关平面视图。

Step1：绘制前准备。

单击【视图】选项卡→【创建】面板→"平面视图"命令，如图 12.1-1 所示。

Step2：创建平面视图。

以创建"楼层平面"视图为例。单击后弹出"新建楼层平面"对话框，取消勾选"不复制现有视图"，如图 12.1-2 所示。

选择"标高 1"，单击"确定"命令。切换到【项目浏览器】面板，观察楼层平面视图变化，如图 12.1-3 所示。

图 12.1-1　平面视图类型

图 12.1-2　新建楼层平面

图 12.1-3　新建楼层
平面-标高 1

12.1.2　创建立面图

立面图的创建功能用于创建面向模型几何图形的其他立面视图。默认情况下，项目文件中的 4 个指南针点提供外部立面视图。Revit 软件中提供的立面视图包括立面和框架立面两种类型，而框架立面主要用于显示支撑等结构对象。

Step1：绘制前准备。

单击【视图】选项卡→【创建】面板→"立面"命令，如图 12.1-4 所示。

Step2：创建立面视图。

以创建"东南立面"视图为例。在"立面"命令下拉列表中选择"立面"视图类型，将弹出立面指南针点，将此点放置在"东南"方向并进行旋转，创建后如图 12.1-5 所示。

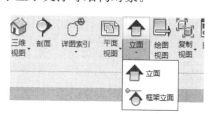

图 12.1-4　立面视图类型

图 12.1-5　东南立面

12.1.3　创建剖面图

剖面图是一种通过剖切建筑物并展示其内部结构的视图。它通常用于展示建筑物的楼层高度、墙体厚度、楼板结构、楼梯位置和门窗洞口等关键信息。

Step1：绘制前准备。

单击【视图】选项卡→【创建】面板→"剖面"命令，如图 12.1-6 所示。

Step2：绘制墙体。

以创建"墙体"剖面视图为例。在"标高1"中创建长度为 8000mm 墙体，"类型属性"和"实例属性"不作要求。

图 12.1-6　剖面

Step3：创建剖面视图。

选择剖面类型为"建筑剖面"，单击鼠标左键可输入线段起点，再次单击可输入线段端点，如图 12.1-7 所示。

在绘图区域空白处单击鼠标右键，选择"转到视图"，即可查看墙体的剖面视图，如图 12.1-8 所示。

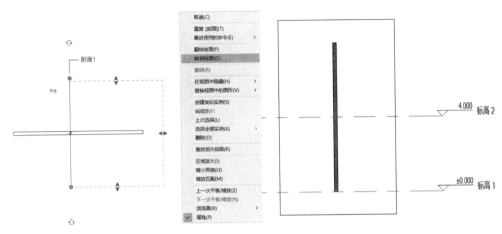

图 12.1-7　剖面创建　　　　　　　　图 12.1-8　转到视图

12.1.4　创建详图索引

创建详图索引能够针对某些特别复杂或需要细致说明的节点及细节部分提供专门的阐释。借助详图索引，可以轻松地在庞大的图纸体系中迅速定位并获取所需的详细图纸或节点信息，从而显著提升工作效率，确保设计与施工过程的流畅与精确。

Step1：绘制前准备。

单击【视图】选项卡→【创建】面板→"详图索引"命令，如图 12.1-9 所示。

Step2：绘制墙体。

以图 12.1-7 剖面创建为例，创建墙体的详图索引。

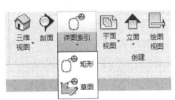

图 12.1-9　详图索引

Step3：创建详图索引。

单击"详图索引"命令，选择"矩形"详图索引绘制方式。

提示："详图索引"绘制方式包括"矩形"和"草图"两种。其中，"矩形"详图索引只能用于绘制矩形详图索引，而"草图"方式可绘制复杂形状的详图索引，根据实际情况选择相应的方式进行绘制。

鼠标左键单击可放置详图索引的第一个角，再次单击可放置详图索引的第二个角，完成详图索引的绘制，如图 12.1-10 所示。

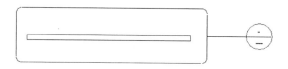

图 12.1-10 矩形详图索引

12.1.5 创建绘图视图

在 Revit 软件中，绘图视图被界定为一种独具特性的视图类别，其核心功能在于构建与既有模型无直接关联的、自成一派的视图详图。它专门用于生成那些不属于已构建设计范畴的、独立且专属于该视图的详图内容。简而言之，绘图视图是游离于模型主体之外的独立视图空间，可以在此自由绘制那些与模型本身没有直接联系的详图元素。

Step1：绘制前准备。

单击【视图】选项卡→【创建】面板→"绘图视图"命令，如图 12.1-11 所示。

Step2：创建绘图视图。

切换到"标高 1"楼层平面视图，单击"绘图详图"工具，弹出"新绘制视图"对话框。在对话框中设置新绘图视图的名称及比例，如图 12.1-12 所示。

设置完成后，单击"确定"命令，这时软件会切换到一个空白的视图界面。可以在该视图下绘制二维图元，如节点大样和设计说明等。

图 12.1-11 绘图详图

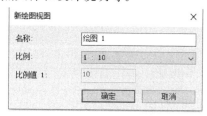

图 12.1-12 新绘图视图

12.1.6 创建复制视图

在 Revit 软件中，创建复制视图是一个常用的功能，它允许基于现有的视图快速生成新的视图，同时保留或复制原始视图中的元素和设置。

使用该工具可复制创建当前视图的副本，其中仅包含模型和视图专有图元，或视图的相关副本。新视图中将不会显示隐藏的模型图元。隐藏的模型图元和基准将被创建到新视图中并保持隐藏状态。复制视图包括"复制""带细节复制"和"复制作为相关"三种方式。

（1）复制：只能复制视图中的三维构件，如墙体、门窗等，但不复制二维信息，如房间标记、注释等。生成的视图是原始视图的副本，但缺少原始视图中的二维信息。

（2）带细节复制：不仅能复制视图中的三维构件，还能复制二维信息，如房间标记、注释等。生成的视图与原始视图在内容上几乎完全一致，包括三维构件和二维信息。

（3）复制作为相关：同样能复制视图中的三维构件和二维信息，但生成的视图是原始视图的子视图，与原始视图保持联动关系。在子视图中对三维构件或二维信息的任何修改，都会反映到原始视图中；同样，原始视图中的修改也会同步到子视图中。这种复制方式适用于需要保持视图间一致性和同步性的场景。

Step1：绘制前准备。

单击【视图】选项卡→【创建】面板→"复制视图"命令，如图 12.1-13 所示。

Step2：创建复制视图。

选择"标高1"楼层平面视图，单击"复制视图"命令，复制完成后观察【项目浏览器】中"标高1"楼层平面视图，会生成同名的副本视图。也可以在【项目浏览器】中找到需要复制的视图右击，在弹出的快捷菜单中选择"复制视图"命令，然后选择需要复制的方式，如图 12.1-14 所示。

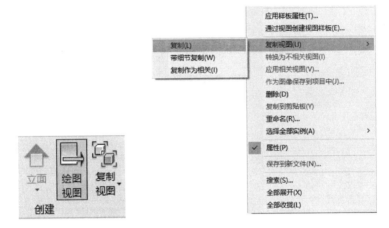

图 12.1-13　复制视图　　　　　图 12.1-14　复制视图

12.1.7　创建图例

创建图例工具可为材质、符号、线样式、工程阶段、项目阶段和注释符号创建图例，用于显示项目中使用的各种建筑构件和注释的列表，Revit 软件中图例包括图例和注释符号两种类型。

提示：图例可用于建筑构件和注释的图例创建，注释记号图例可用于注释符号的图例创建。

Step1：绘制前准备。

单击【视图】选项卡→【创建】面板→"图例"命令，如图 12.1-15 所示。

Step2：创建图例。

单击"图例"命令，弹出"新图例视图"对话框，需设置视图名称、比例等参数，如图 12.1-16 所示。

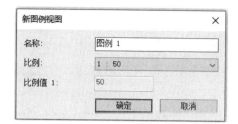

图 12.1-15　图例　　　　　　　　图 12.1-16　新图例视图

单击"确定"命令,此时可以在【项目浏览器】中,将需要创建图例的构件族直接拖拽到视图中。此时在图例视图中将显示当前族样式,也可以在选项栏中设置需要显示的视图,如图 12.1-17 所示。

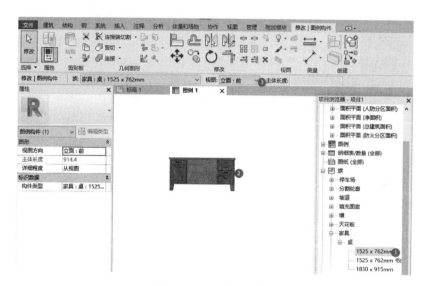

图 12.1-17　放置图例

12.1.8　创建相机视图

见第 13.6.1 节 相机视图。

12.2　视图控制

12.2.1　设定视图可见性

见第 13.1.2 节可见性/图形。

12.2.2　设置过滤器

在 Revit 软件中,设置过滤器是一种强大的工具,它允许用户根据特定的属性

或规则筛选和选择模型中的元素。通过设置不同的过滤条
件，可以轻松地找到并操作符合这些条件的元素。

Step1：绘制前准备。

单击【视图】选项卡→【图形】面板→"过滤器"命令，如
图 12.2-1 所示。

Step2：设置过滤器。

命令激活后，弹出"过滤器"对话框如图 12.2-2 所示。

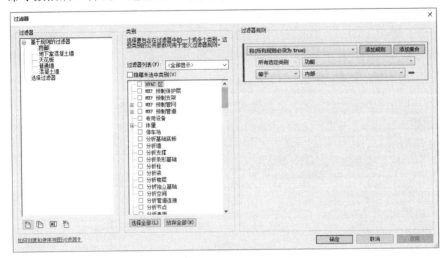

图 12.2-2 "过滤器"对话框

在对话框左侧"过滤器"栏中，只有"新建"命令是可单击状态，当在左侧列
表框中选择某一项类别图元时，功能区的"复制""重命名""删除"三项都成为可
选择状态，此时可对选择的图元类别进行过滤器条件设置更改、重命名或从列表中
删除此图元类别。

若要创建新的图元类别过滤器，单击"新
建"命令，弹出"过滤器名称"对话框，如
图 12.2-3所示。

在"名称"一栏修改过滤器的类别名称，
下面有"定义规则""选择"和"使用当前选
择"三个选项，软件默认为"定义规则"。其
中，"定义规则"通过设置相关过滤条件来控制
模型几何图形中的图元类别构件。

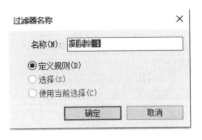

图 12.2-3 "过滤器名称"对话框

单击"确定"命令，打开"过滤器"对话
框，从左到右依次为"过滤器""类别"和"过滤器规则"栏，如图 12.2-4 所示。

完成该对话框所有设置后，单击"确定"命令，这时可在"楼层平面：标高 1
的可见性/图形替换"对话框中"过滤器"选项卡下进行各项类别的添加，以及更
改其投影/表面或截面的线型、填充图案和透明度等。

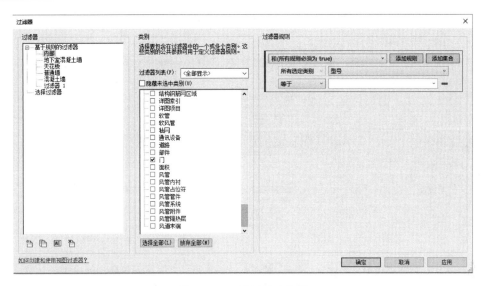

图 12.2-4　设置过滤条件

12.2.3　切换细线/粗线

细线/粗线的切换用于按照单一宽度在屏幕上显示的所有线，无论缩放级别如何，"细线"命令可用于保持相对与视图缩放的真实线宽。通常在小比例视图中放大模型时，图元线的显示宽度会大于实际宽度。激活"细线"命令后，此工具会影响所有视图，但不影响打印或者打印预览。如果禁用该工具，则打印所有线时，所有线都会显示在屏幕上。

Step1：绘制前准备。

单击【视图】选项卡→【图形】面板→"细线"命令，如图 12.2-5 所示。

Step2：修改细线/粗线。

切换到楼层平面视图，以图 12.1-7 剖面创建为例，分别在"细线""粗线"命令下绘制两段墙体、查看细线、粗线的变化，如图 12.2-6 所示。

图 12.2-5　细线

图 12.2-6　细粗线对比（左侧：细线；右侧：粗线）

12.3　尺寸标注

12.3.1　对齐尺寸标注

对齐尺寸标注是 Revit 软件中的视图中专有图元，它仅在其放置的视图中显示，如平面视图或剖面视图。其主要功能是注释平行参照之间或多点参照之间的距离，可以清晰地表达建筑元素的尺寸和位置关系。

Step1：绘制前准备。

单击【注释】选项卡→【尺寸标记】面板→"对齐"，命令，如图 12.3-1 所示。

Step2：对齐尺寸标注。

以图 12.1-7 剖面创建为例，执行"对齐"命令，将指针移动到绘图区域，放置在墙体左侧边缘，则参照点会高亮显示，指针向右侧移动，标注墙体右侧边缘，此时会弹出尺寸，再次单击鼠标左键确定标注所在位置，创建后如图 12.3-2 所示。

图 12.3-1　对齐

图 12.3-2　对齐尺寸标注

提示：在标注过程中，可通过"Tab"键在不同的参照点之间循环切换，依次指定参数，按"Esc"退出放置状态，完成对齐尺寸标注。同时，标注完成后，拖动文字下方的移动控制柄可将标注文字移动到其他位置。

Step3：修改对齐尺寸标注。

修改对齐尺寸标注主要考虑"类型属性"的修改，选中"对齐尺寸标注"，激活"类型选择器"，如图 12.3-3 所示，可在系统中给定的"线性尺寸标注样式"中进行替换。以"对角线—3mm RomanD"为例，对类型属性参数进行说明。

各参数说明如下：

1）标记字符串类型。此属性决定两个以上连续标注的样式，主要包括以下三个选项：

（1）连续：连续标注样式允许在多个参照之间连续显示尺寸标注，通常用于表示一系列相关的尺寸。

（2）基线：基线标注样式使用一条共同的基线来显示多个尺寸标注，通常用于在密集排列的参照之间标注尺寸。

（3）纵坐标：纵坐标标注样式用于标注在垂直方向上的尺寸，通常用于表示高度或垂直距离。

2）记号标记。此属性决定尺寸界限处标记的类型，如箭头、点或对角线等。不同的记号标记类型会影响尺寸标注的外观和可读性。

3）线宽。此属性用于设置尺寸标注线的宽度值。通过调整线宽，可以强调尺寸标注的重要性或符合特定的绘图标准。

4）记号线宽。此属性用于设置记号标记

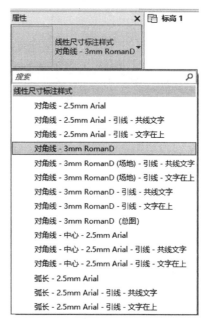

图 12.3-3　对齐尺寸标注类型

的宽度。不同的记号标记类型将产生不同的显示效果，记号线宽的设置可以进一步影响这种效果。

5）尺寸标注线延长。此属性用于确定尺寸标注超出记号标记的长度，默认为0。通过调整尺寸标注延长线的长度，可以更好地控制尺寸标注的外观和可读性。

6）尺寸界限控制点。此属性控制尺寸界限的形式，主要包括以下两个选项：

（1）图元间隙：当选择此选项时，尺寸界限与图元之间将保持一定的间隙距离。

（2）固定尺寸标注线：当选择此选项时，尺寸界限的长度将固定为预设值。

7）尺寸界限长度。此属性仅在尺寸界限控制点设置为固定尺寸标注时可用。通过调整尺寸界限长度，可以确保尺寸标注在不同视图或比例尺下保持一致。

8）尺寸界限与图元的间隙。此属性仅在尺寸界限控制点设置为图元间隙时可用。通过调整间隙距离，可以避免尺寸标注与图元之间的重叠或干扰。

9）其他参数：除了上述主要参数外，对齐尺寸标注可能包括以下一些参数：

（1）尺寸界限延伸：用于设置尺寸界限超出文字标注线的长度。

（2）颜色：用于控制标记尺寸线及标记文字的颜色。

（3）宽度系数：指定文字字符串的缩放比率。

（4）文字外观：包括文字字体、文字大小、粗体、斜体等设置，用于控制标注文字的外观。

（5）文字偏移：控制标注文字与尺寸标注线的距离。

（6）读取规则：指定尺寸标注文字的读取规则，实际为控制标记文字与尺寸标注线的位置关系。

（7）单位格式：用于设置数值单位、小数点个数、单位符号前缀等。

12.3.2　线性尺寸标注

线性尺寸标注放置于选定的点之间。尺寸标注与水平的水平轴或垂直轴对齐。选定点是图元的端点或参数的交点。只有在项目环境中才可使用线性尺寸标记。线性尺寸标记无法在族编辑器中创建。

Step1：绘制前准备。

单击【注释】选项卡→【尺寸标注】面板→"线性"命令，如图 12.3-4 所示。

Step2：线性尺寸标注。

以"墙：建筑"为例。切换到任意楼层平面视图，在绘图区域中创建斜向上2000mm 长度的墙体，水平夹角 40°（类型和属性不作要求），执行"线性"命令，依次单击图元的参照点或参照的交点，按空格键可使尺寸标注在垂直轴或水平轴标注间切换。当选择完参照后，按两次"Esc"键退出放置状态，完成线性尺寸标注的绘制，如图 12.3-5 所示。

图 12.3-4　线性

图 12.3-5　线性尺寸标注

12.3.3 角度尺寸标注

角度尺寸标注须放置在共享统一公共交点的多个参照点上,每个图元都必须穿越一个公共交点。

Step1: 绘制前准备。

单击【注释】选项→【尺寸标注】面板→"角度"命令,如图 12.3-6 所示。

Step2: 角度尺寸标注。

单击【建筑】选项卡→【构建】面板→"墙"命令→"墙:建筑"命令→【修改│放置 墙】上下文选项卡→"线"命令创建带有角度的墙体,依次单击构成角度的两条边,拖拽指针已调整角度尺寸标注的大小。当尺寸标注大小合适时,单击放置标注。完成后按"Esc"键退出放置状态,如图 12.3-7 所示。

图 12.3-6　角度　　　　　　　　　图 12.3-7　角度尺寸标注

12.3.4 半径尺寸标注

半径尺寸标记是用于测量和标注圆形或弧形元素内部曲线半径的一种尺寸标注方式。

Step1: 绘制前准备

单击【注释】选项卡→【尺寸标注】面板→"半径"命令,如图 12.3-8 所示。

Step2: 半径尺寸标注

单击【建筑】选项卡→【构件】面板→"墙"命令→"墙:建筑"命令→【修改│放置 墙】上下文选项卡→"圆形"命令创建任意半径圆形墙体,将指针移动到要放置标注的弧上,通过"Tab"键在墙面和墙中心线之间切换尺寸标注的参照点,确定后单击,尺寸标注将显示出来。拖动指针,选择合适位置,再次单击以放置永久性尺寸标注。按"Esc"键退出放置状态,如图 12.3-9 所示。

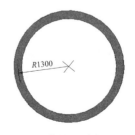

图 12.3-8　半径　　　　　　　　图 12.3-9　半径尺寸标注（mm）

12.3.5 直径尺寸标注

直径尺寸标注是一种特定的尺寸标注类型，用于标记圆形或圆弧的直径长度。

Step1：绘制前准备。

单击【注释】选项卡→【尺寸标注】面板→"直径"命令，如图 12.3-10 所示。

Step2：直径尺寸标注

以图 12.3-9 圆形墙为例，执行"直径"标注，如图 12.3-11 所示。

图 12.3-10　直径

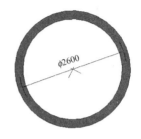

图 12.3-11　直径尺寸标注（mm）

12.3.6 弧长尺寸标注

弧长尺寸标注是一种特定的标注类型，专门用于测量和显示弯曲图元（如圆弧）的长度。

Step1：绘制前准备。

点击【注释】选项卡→【尺寸标注】面板→"弧长"命令，如图 12.3-12 所示。

Step2：弧长尺寸标注。

单击【修改 | 放置　墙】上下文选项卡→【绘制】面板→"起点-终点-半径弧"命令创建任意弧度墙体。在标注弧长时，若与弧相交的是墙体，这时需要在相交的两端墙面（墙面或墙中中心线）上各单击一次。若与弧为有相交图元，这时需要分别单击弧的起点和终点，完成后会出现临时尺寸，移动指针至弧的外部或内部，单击以放置永久性尺寸标注，按"Esc"键退出放置状态，如图 12.3-13 所示。

图 12.3-12　弧长

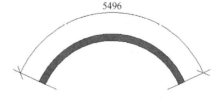

图 12.3-13　弧长尺寸标注（mm）

12.3.7 高程点标注

高程点标注是一种用于记录立面、坐标或选定点的坡度或绘图中的图元高程的注释方式。高程点标注主要用于显示图元（如坡道、道路、地形表面或楼梯平台）的高程信息。

Step1：绘制前准备。

单击【注释】选项卡→【尺寸标注】面板→"高程点"命令，如图 12.3-14 所示。

图 12.3-14　高程点

Step2：高程点标注。

以"屋顶"为例。单击【建筑】选项卡→【构建】面板→"屋顶"命令下拉列表→"迹线屋顶"命令。单击"矩形"命令，在绘图区域绘制长 10000mm、宽 8000mm 的闭合边界，坡度保持默认度数，如图 12.3-15 所示。

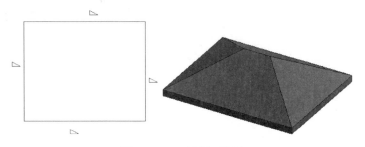

图 12.3-15　屋顶三维图

选择"高程点"命令，将鼠标放置于需要标记的屋顶上，单击鼠标左键确定标注起始位置，再次单击确定水平段开始位置，最后单击确定高程点放置方向，如图 12.3-16所示。

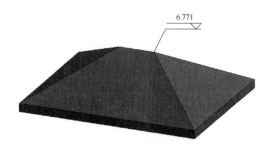

图 12.3-16　屋顶高程点标注

12.3.8　高程点坐标标注

高程点坐标标注可在楼板、墙、地形表面和边界上，或在非水平表面和非水平边缘上放置标注，以此显示项目中选定点的"北/南"和"东/西"坐标。

Step1：绘制前准备。

单击【注释】选项卡→【尺寸标注】面板→"高程点坐标"命令，如图 12.3-17 所示。

图 12.3-17　高程点坐标

Step2：高程点坐标标注。

以图 12.3-16 高程点标注为例，将视图切换到楼层平面，选择高程点坐标标注类型并设置相关参数。将鼠标移动到绘图区域，选择图元的边缘或者选择地形表面上的某个点，然后移动指针单击确定引线为位置，最后再次单击确定坐标标注放置方向，如图 12.3-18所示。

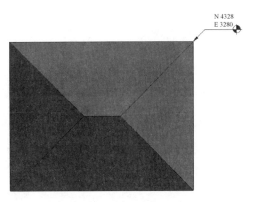

图 12.3-18　屋顶高程点坐标标注

12.3.9　高程点坡度标注

高程点坡度标注可在模型图元的面或边上的特定点处显示坡度值，使用高程点坡度的对象一般通常包括屋顶、梁和管道，标注在平面视图、立面视图和剖面视图中放置高程点。

Step1：绘制前准备。

单击【注释】选项卡→【尺寸标注】面板→"高程点坡度"命令，如图 12.3-19 所示。

Step2：高程点坡度标注。

以图 12.3-16 高程点标注为例。将视图切换到楼层平面，选择高程点坡度标注类型并设置相关参数。将鼠标移动到绘图区域，指针移动到可放置高程点坡度的图元上，绘图区域中会显示高程点坡度的值，单击以放置高程点坡度，如图 12.3-20 所示。

图 12.3-20　屋顶高程点坡度标注

图 12.3-19　高程点坡度

12.4　文字

使用"文字"命令可将文字注释添加到视图中，使用"模型文字"命令可将文字添加在建筑或墙上的标志，字母或标注，它作为三维图元存在，与工作平面相关联。

12.4.1 设置文字

图 12.4-1 文字

Step1：绘制前准备。

单击【注释】选项卡下【文字】面板→"文字"命令，如图 12.4-1所示。

Step2：文字类型属性。

在【属性】面板中选择任意文字类型，单击"编辑类型"命令，在弹出的"类型属性"对话框中，设置文字的字体、大小等参数，如图 12.4-2所示。

各参数说明如下：

（1）颜色：设置整个文字注释的颜色，包括文字、引线和边框。颜色可以用于区分不同的文字注释或强调某些信息。

（2）线宽：设置边框和引线的宽度。线宽的调整可以影响文字注释的视觉效果和清晰度。

（3）背景：设置文字注释的背景。用户可以选择透明背景或不透明背景，以根据需要遮挡或显示其后的材质。

（4）显示边框：设置是否在文字周围显示边框。边框可以用于增强文字注释的结构感和可读性。

（5）引线/边界偏移量：设置引线或边界与文字之间的距离。调整此属性可以优化文字注释的布局和视觉效果。

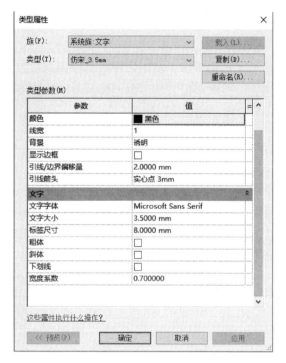

图 12.4-2 文字类型属性

（6）文字字体：设置模型文字的字体类型。可以在此选择不同的字体样式，以满足项目的视觉需求。

（7）文字大小：设置模型文字的大小。通过调整文字大小，可以确保文字在不同比例下的可读性和清晰度。

（8）粗体：将字体设置为粗体样式。此属性可以增强文字的视觉效果，使其更加醒目。

（9）斜体：将字体设置为斜体样式。斜体通常用于强调某些文字或表示不同的语义内容。

（10）下划线：为文字添加下划线。下划线可以用于突出显示某些关键信息或遵循特定的格式要求。

12.4.2　添加文字

在视图中单击鼠标左键，绘图区会显示矩形框，在矩形框内输入文字"建筑信息模型 BIM"，如图 12.4-3 所示。

12.4.3　添加模型文字

模型文字是基于工作平面的三维图元，是可以调节厚度的三维文字模型。

Step1：绘制前准备。

单击【建筑】选项卡→【模型】面板→"模型文字"命令，如图 12.4-4 所示。弹出如图 12.4-5 所示的"编辑文字"对话框，输入"建筑信息模型 BIM"，单击"确定"命令。

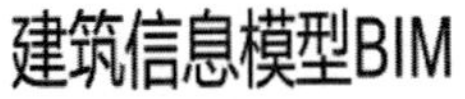

建筑信息模型BIM

图 12.4-3　文字效果 　　　图12.4-4　模型文字　　　图 12.4-5　编辑文字

Step2：添加文字。

单击鼠标左键即可将"建筑信息模型 BIM"添加在绘图区，如图 12.4-6 所示。

Step3：模型文字类型属性。

鼠标左键单击添加后的文字，在【属性】面板选择"编辑类型"命令，可在"类型属性"对话框下对类型参数进行修改，将文字字体修改为"宋体"，单击"确定"，观察绘图区域变化，如图 12.4-7 所示。

BIM　　建筑信息模型BIM

图 12.4-6　添加文字 　　　　　　图 12.4-7　添加文字效果

12.5　标记

标记是一种用于在图纸中识别图元的注释，它能够显示与图元相关联的属性信息，并将标记附着在选定的图元上。

12.5.1　按类别标记

见第 6.2.2 节按类别标记。

12.5.2 全部标记

见第 6.2.2 节 按类别标记。

12.5.3 梁注释

利用"梁注释"工具，可将多个梁标记、注释和高程点放置在当前视图和链接模型中的选定梁或所有梁上。

Step1：绘制前准备。

单击【注释】选项卡→【标记】面板→"梁注释"命令，如图 12.5-1 所示。

图 12.5-1 梁注释

Step2：梁注释。

在"楼层平面"视图中绘制任意长度和尺寸的"矩形梁"。单击"梁注释"命令，弹出"梁注释"对话框，设置相关参数，如图 12.5-2所示。

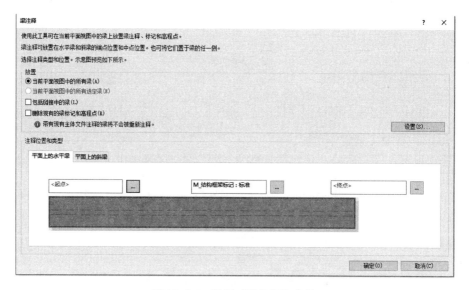

图 12.5-2 设置"梁注释"参数

单击"确定"命令，系统将自动标记当前视图的所有梁，如图 12.5-3 所示。

400 x
800mm

3000

图 12.5-3 "梁注释"效果

12.5.4　材质标记

材质标记是用于标识图元或图元层所使用的材质类型的工具。

Step1：绘制前准备。

单击【注释】选项卡→【标记】面板→"材质标记"命令，如图 12.5-4 所示。

Step2：材质注释。

在"楼层平面"视图中绘制长 2000mm 墙，墙类型为"常规—200mm"，材质为"现场浇筑混凝土"。

单击"材质标记"命令，将鼠标放置于需要标记材质的对象上，然后移动到合适的位置，再次单击确定材质标记放置的位置，如图 12.5-5 所示。

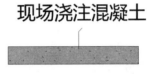

图 12.5-4　材质标记　　　　图 12.5-5　"材质标记"效果

12.6　房间与标记

建筑物中，空间的划分非常重要。不同类型的空间存在于不同的位置，也就决定了每个房间的用途各不相同。建筑师在平面中对空间进行分隔，Revit 软件中可以自动统计各个房间的面积，以及最终各类型房间的总数。当空间布局或房间数量改变后，相应的统计会自动进行更新。同时，也可以采用图例的方式来表达各个房间的用途。

12.6.1　创建与编辑房间

Step1：绘制前准备。

单击【建筑】选项卡→【房间和面积】面板→"房间"命令，如图 12.6-1 所示。

Step2：创建房间。

在"楼层平面"视图中创建长 13000mm、宽 8000mm 的封闭墙体，并在这道墙体的长度方向和宽度方向的中心点上，各自增设一道中心墙体。单击"房间"命令，在平面视图的封闭区域内，单击即可放置房间，如图 12.6-2所示。

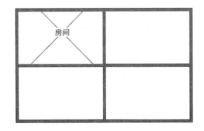

图 12.6-1　房间　　　　　　图 12.6-2　房间

双击"房间"可以修改文字，输入新房间名称为"办公室 1"，单击空白处或按回车键确认，如图 12.6-3 所示。

如需要批量创建房间，可单击【房间】面板下"自动放置房间"命令，此时所有的封闭空间将自动创建房间，如图 12.6-4 所示。

图 12.6-3　修改房间名称

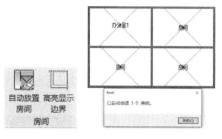

图 12.6-4　自动创建房间

12.6.2　添加房间分隔

通常情况下，添加房间分隔只能在封闭的区域创建房间。但有些情况下根据不同的功能，不同区域间并没有采用实体的分隔，而是通过其他方式进行房间的分隔。在这种情况下，就需要手动添加房间分隔线。

Step1：绘制前准备。

单击【建筑】选项卡→【房间和面积】面板→"房间分隔"命令，如图 12.6-5 所示。

Step2：添加房间分隔。

以图 12.6-2 房间为例，继续添加房间分隔。

单击"房间分隔"命令，在【绘制】面板

图 12.6-5　房间

选择"线"命令，在房间内绘制分隔线，如图 12.6-6 所示。

分隔线添加完后，再次创建房间，能够发现通过分隔线，已经将一个房间分隔成两个独立的区域，如图 12.6-7 所示。

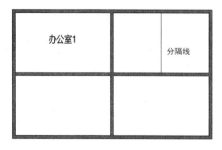

图 12.6-6　绘制分隔线

图 12.6-7　分隔效果

12.6.3　添加标记房间

默认情况下，创建房间时会自动创建标记房间。但因为反复修改，标记可能被误删。在绘制剖面时，所剖到的房间也需要进行标记，但房间都是在平面视图中创建，所以剖面图中并没有标记，这时就需要使用"标记房间"命令来添加。

Step1：绘制前准备。

单击【建筑】选项卡→【房间和面积】面板→"标记房间"命令，如图 12.6-8 所示。

Step2：添加房间分隔。

以图 12.6-2 房间为例，添加标记房间。

单击"标记房间"命令，在【属性】面板的"类型选择器"中选择标记类型，依次单击放置房间标记，如图 12.6-9 所示。

图 12.6-8　标记房间

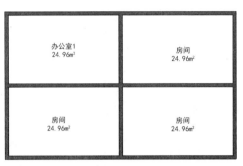

图 12.6-9　标记房间效果

12.6.4　创建颜色方案

创建颜色方案是一个灵活且强大的功能，它允许根据特定的参数或条件为建筑模型中的元素（如房间、面积等）分配颜色，并且以不同的颜色来表示不同的房间或面积区域。

Step1：绘制前准备。

单击【建筑】选项卡→【房间和面积】面板→"颜色方案"命令，如图 12.6-10 所示。

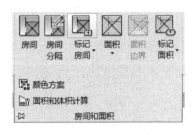

图 12.6-10　颜色方案

Step2：创建颜色方案。

以图 12.6-9 标记房间效果为例，创建颜色方案。单击"颜色方案"命令，弹出"编辑颜色方案"对话框，在"方案"栏中设置"类别"为"房间"，"方案定义"栏中设置"颜色"为"名称"，如图 12.6-11 所示。

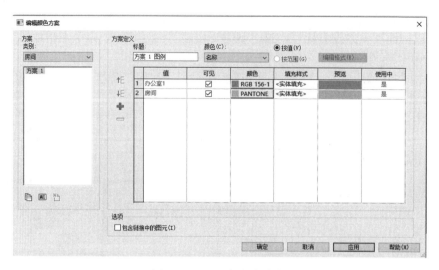

图 12.6-11 添加颜色方案

设置后，单击"确定"命令，完成添加颜色方案。

12.6.5 应用颜色方案

创建颜色方案后，所设置的颜色不会直接显示在视图中，需要借助于"颜色填充图例"工具，才能让这些颜色方案在视图中显示。

Step1：绘制前准备。

单击【注释】选项卡→【颜色填充】面板→"颜色填充图例"命令，如图 12.6-12 所示。

Step2：添加颜色填充图例。

以图 12.6-9 标记房间效果为例，创建颜色填充图例。单击"颜色填充图例"命令，在"楼层平面"视图中任意位置单击，在弹出的"选择空间类型和颜色方案"对话框中，设置"空间类型"为"房间"，"颜色方案"为"方案 1"，如图 12.6-13 所示。

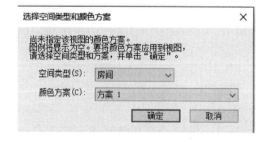

图 12.6-12 颜色填充图例   图 12.6-13 应用颜色方案

单击"确定"命令后，图例及颜色填充将应用到当前平面视图，如图 12.6-14 所示。

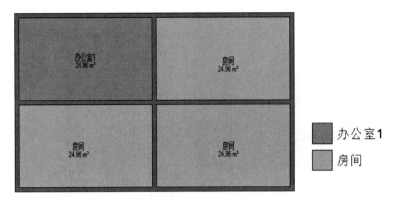

图 12.6-14　颜色方案效果

12.7　实战——公共实训基地文字添加和标记房间的应用

12.7.1　实战——文字添加

1. 建模思路

【建筑】选项卡→【模型】面板→"模型文字"命令→编辑类型→选择放置方式→完成创建。

2. 公共实训基地文字的创建

Step1：单击【建筑】选项卡→【模型】面板→"模型文字"命令。

Step2：切换到"WD"楼层平面，单击【建筑】选项卡→【工作平面】面板→"设置"命令，弹出"工作平面"对话框，如图 12.7-1 所示。单击"拾取一个平面"，选择拾取外墙边界线，如图 12.7-2 所示。

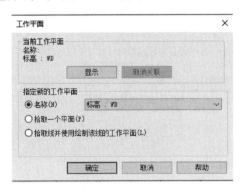

图 12.7-1　工作平面

Step3：拾取边界线后，弹出"转到视图"对话框，选择"北立面"视图，如图 12.7-3所示。单击"打开视图"，转到"立面：北"视图。再次单击"模型文字"命令，输入"公共实训基地"，放置在屋顶边界线上，如图 12.7-4 所示。

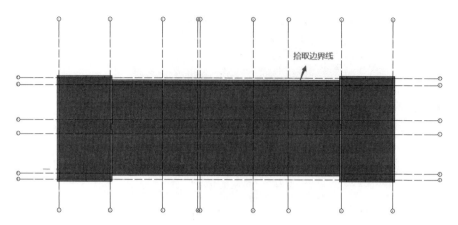

图 12.7-2　拾取边界线

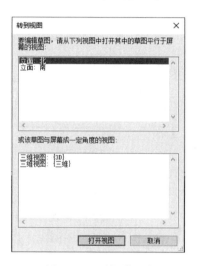

图 12.7-3　转到视图

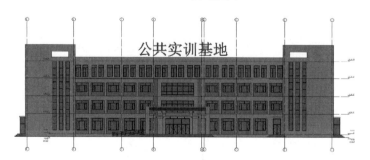

图 12.7-4　放置模型文字

Step4：调整模型文字间距。

　　双击"公共实训基地"模型文字，在弹出的"编辑文字"对话框中，将每个文字中间使用"空格"断开，如图 12.7-5 所示。单击"确定"命令，完成模型文字的调整。

Step5：调整模型文字材质和大小。

在立面视图中，选择模型文字，在"实例属性"中，单击"材质"后面"〈按类别〉"命令，弹出"材质浏览器"对话框，设置模型文字材质为"涂料-红色"，勾选"使用渲染外观"，单击两次"确定"命令，切换至三维视图，如图 12.7-6 所示。

再次单击"编辑类型"命令，弹出"类型属性"对话框，将"文字大小"后数值调整为"2300"，单击"确定"命令，切换至三维视图，如图 12.7-7 所示。

图 12.7-5　编辑文字

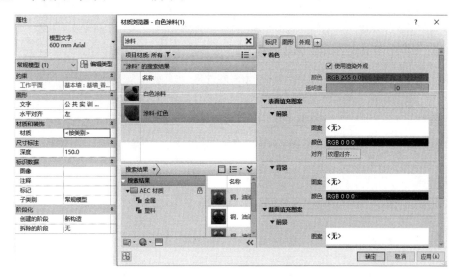

图 12.7-6　材质浏览器

图 12.7-7　模型文字效果图

12.7.2 实战——标记房间

1. 建模思路

【建筑】选项卡→【房间和面积】面板→"房间"命令。

2. 公共实训基地首层房间标记

Step1：单击【建筑】选项卡→【房间和面积】面板→"房间"命令。

Step2：切换到"1F"楼层平面，"房间"命令激活后，在"楼层平面"视图的封闭区域内，单击放置房间（房间名称可参考"公共实训基地"建筑图）。

Step3：单击【建筑】选项卡→【房间和面积】面板→"标记房间"命令，对所创建完成后的房间添加面积标注和修改名称，创建后如图 12.7-8 所示。

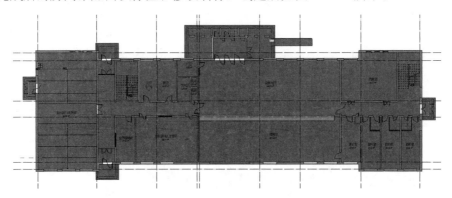

图 12.7-8 标记房间效果图

Step4：创建颜色方案。

单击"颜色方案"命令，弹出"编辑颜色方案"对话框，在"方案"栏中将"类别"设置为"房间"，"方案定义"栏中"颜色"设置为"名称"，如图 12.7-9 所示，设置后，单击"确定"命令，完成添加颜色方案。

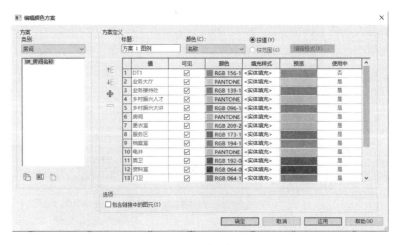

图 12.7-9 添加颜色方案

Step5：应用颜色方案。

单击【注释】选项卡→【颜色填充】面板→"颜色填充图例"命令，在"楼层平面"视图中单击任意位置，在弹出的"选择空间类型和颜色方案"对话框，选择"空间类型"为"房间"，"颜色方案"为"BM_房间名称"，如图 12.7-10 所示。

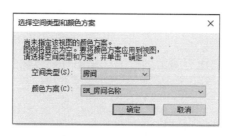

图 12.7-10　应用颜色方案

单击"确定"命令，图例及颜色填充将应用到当前平面视图，如图 12.7-11所示。

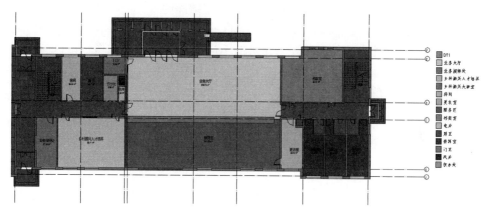

图 12.7-11　应用颜色方案

Step6：将项目另存为"第 12 章　BIM 模型深化"。

课后习题

1. 在 Revit 软件中，以下哪项不属于常见的视图类型？（　　）

A. 平面图 B. 三维视图

C. 剖面图 D. 透视视图

2. 当想要调整视图中某些类别的可见性时，应该使用哪个功能？（　　）

A. 过滤器 B. 视图范围

C. 视图属性 D. 可见性/图形替换

3. 在进行尺寸标注时，如果想要标注一个圆的直径，应该选择哪种标注样式？（　　）

    A. 对齐标注
              B. 线性标注

    C. 角度标注
              D. 直径标注

4. 在 Revit 软件中添加文字时，首先需要做什么？（　　）

    A. 选择文字样式
              B. 直接在图纸上点击并输入文字

    C. 打开文字管理器
              D. 设置文字对齐方式

5. 当想要为图纸中的所有门窗进行统一标记时，应该使用哪种方法？（　　）

    A. 按类别标记
              B. 单个标记

    C. 手动标注
               D. 注释族

6. 在创建房间时，如果房间内部有障碍物（如柱子）需要排除在房间计算之外，应该如何操作？（　　）

    A. 创建房间分隔
              B. 调整房间边界

    C. 忽略障碍物
              D. 手动计算房间面积

7. 以下哪个功能不是用于控制 Revit 视图显示精度的？（　　）

    A. 切换粗线/细线
           B. 视图深度

    C. 详图级别
              D. 视图比例

8. 在 Revit 软件中，如果想要为建筑的不同区域应用不同的颜色以区分功能，应该如何操作？（　　）

    A. 创建颜色方案
           B. 使用材质替换

    C. 修改房间标记
           D. 应用过滤器

参考答案

1. D 2. D 3. D 4. A 5. A 6. A 7. D 8. A

第 13 章　BIM 模型标准化管理

> **【导读】**
> 本章主要对 BIM 模型的标准化管理进行介绍。
> 第 1 节讲解了影响模型可见性的 8 种原因及处理方法。
> 第 2 节讲解了如何链接绑定模型和管理模型。
> 第 3 节讲解了图纸的创建及编辑。
> 第 4 节讲解了 CAD 图纸的导出及打印。
> 第 5 节讲解了明细表的创建与导出。
> 第 6 节讲解了渲染的创建及编辑。
> 第 7 节讲解了漫游的创建及编辑。

知识目标：

1. 掌握模型可见性的控制方法。

2. 掌握模型链接操作及相关管理。

3. 了解图纸管理的具体要求，掌握图纸创建和输出的方法。

4. 了解明细表在 Revit 模型中的作用，掌握明细表的创建方法与编辑方法。

5. 掌握模型渲染和漫游动画的创建与编辑方法。

能力目标：

1. 能够解决实际项目中经常出现的模型可见性问题。

2. 能够链接模型与管理模型。

3. 能够创建图纸并且完成 CAD 图纸的输出。

4. 能够创建明细表及应用。

5. 能够根据要求完成渲染效果图的制作与输出，能够绘制漫游路径，输出动画格式，完成漫游动画的制作与输出。

课程思政目标：

1. 通过模型可见性的学习，培养学生独立思考问题，寻找问题、解决问题的能力。

2. 强调创建及导出图纸、明细表、渲染及漫游对工程项目的作用与意义，培养学生运用相应技能解决实际需求的能力。

3. 在团队项目中，培养学生的团队合作精神和协作能力。

13.1　模型可见性

在使用 Revit 软件进行建模等工作的时候，经常会遇到绘制的图元在视图中看不见的情况，发生这种情况的原因很多，其中最常见的原因是隐藏、可见性/图形替换、视图范围，如图 13.1-1 所示，本节主要针对这个问题说明几种常见的解决办法。

本节以图 13.1-2 创建的简单模型项目为示例来说明影响模型可见性的常见原因。

图 13.1-1　Revit 模型不可见常见原因

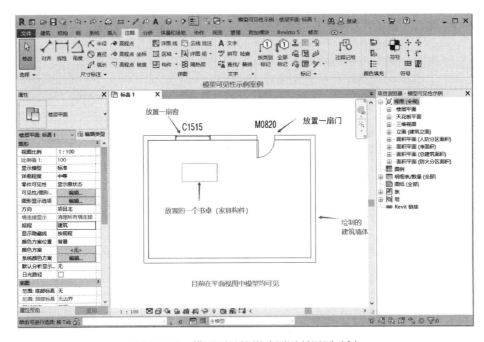

图 13.1-2　模型可见性影响原因所用原示例

13.1.1　隐藏

当图元不可见时，我们可以判断图元是否被隐藏。隐藏分为"临时隐藏"（快捷键"HH"）和"永久隐藏"（快捷键"EH"）。

（1）当图元被"临时隐藏"时，会有蓝色图框和"临时隐藏/隔离"提示，如图 13.1-3 所示，此时快捷键输入"HR"即可取消临时隐藏图元，蓝色图框也会消失，被隐藏的图元会重新可见。

（2）当图元被"永久隐藏"时，绘图区无明显提示。通过单击视图控制栏的"灯泡（显示隐藏的图元）"命令（如图 13.1-4 所示），会出现红色框线及"显示隐

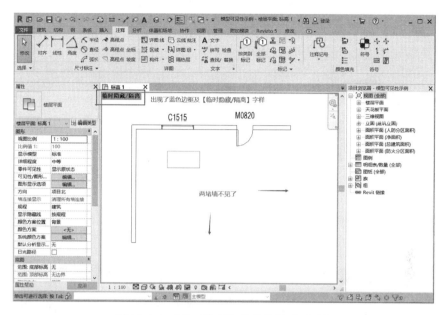

图 13.1-3　"临时隐藏"导致的模型不可见

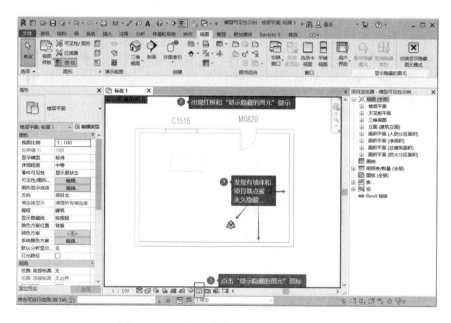

图 13.1-4　"永久隐藏"导致的模型不可见

藏的图元"提示，此时可以看到被永久隐藏的构件。选中需要取消隐藏、恢复可见的构件，单击【修改】选项卡→【显示隐藏图元】面板→"取消隐藏图元"命令（快捷键"EU"）即可取消对象的隐藏，如图 13.1-5 所示，再次单击"灯泡（显示隐藏的图元）"命令可以切换回正常显示模式。

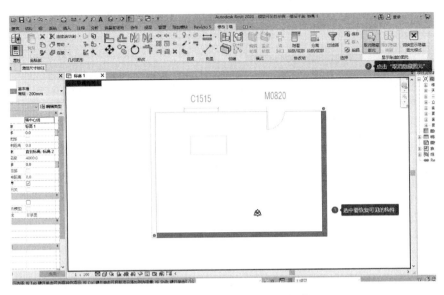

图 13.1-5 取消"永久隐藏"操作

13.1.2 可见性/图形替换

模型不可见时,"可见性/图形替换"对话框也是常需检查的位置之一。

单击【视图】选项卡→【图形】面板→"可见性/图形替换"命令,或者快捷键输入"VV"或"VG",会弹出当前视图的"可见性/图形替换"对话框,如图 13.1-6所示。

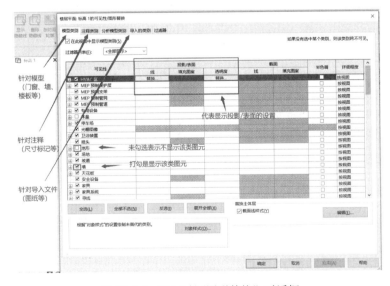

图 13.1-6 "可见性/图形替换"对话框

各选项卡或参数说明如下：

（1）模型类别：也就是能看到的模型构件，通过勾选或者不勾选前方的"√"可以调整不同模型类别的显示与不显示。

（2）注释类别：比如说标高、轴网或者其他对于构件的标注内容。

（3）分析模型类别：正常的模型搭建一般不会用到，可全部取消勾选。

（4）导入的类别：此处为导入软件当中的图纸。若想让所有图纸不显示，直接取消最上方的勾选，如果有针对性地想显示某一张或者某几张图纸，可以保持最上方的勾选，选择性地勾选图纸名称前方的"√"即可。

（5）过滤器：过滤器是根据使用者的意愿按照某种规则创建的某类图元的集合，如不勾选过滤器中的"可见性"，则新创建的属于该过滤器的图元在视图中不可见。

例如：在"可见性/图形替换"对话框中取消勾选"墙"前面的"√"，示例模型中的所有墙体都将不显示，如图 13.1-7 所示。

当创建某些图元不可见时，可以在"可见性/图形替换"对话框中寻找是否设置为可见。

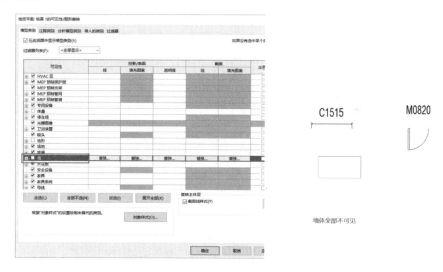

图 13.1-7　示例墙体不可见举例

13.1.3　视图范围

视图范围是控制视图中的模型可见性和模型显示样式的。每个平面图都具有视图范围属性，该属性也称为可见范围。具体操作是：在对应平面视图下，单击【属性】面板中"范围"下"视图范围"后的"编辑…"命令，会弹出"视图范围"对话框，如图 13.1-8 所示，在该对话框中修改相关参数信息。

各参数说明如下（结合图 13.1-9 理解）：

（1）顶部：设置主要范围的上边界。根据标高和距此标高的偏移定义上边界。图元根据其对象样式的定义进行显示。高于偏移值的图元不显示。

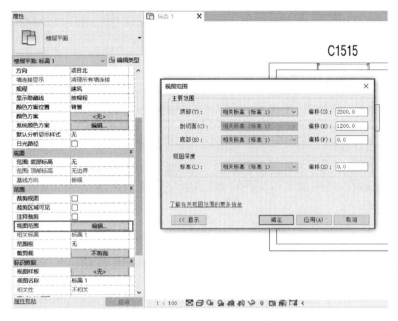

图 13.1-8 "视图范围"操作

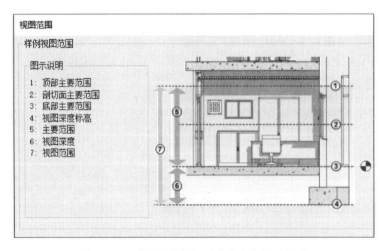

图 13.1-9 "视图范围"对应释义和图示说明

（2）剖切面：设置平面视图中图元的剖切高度，使低于该剖切面的建筑构件以投影显示，而与该剖切面相交的其他建筑构件显示为截面。显示为截面的建筑构件包括墙、屋顶、天花板、楼板和楼梯。剖切面不会截断构件。

（3）底部：设置主要范围下边界的标高。

（4）偏移（从底/顶部）：视图深度的范围值。

（5）主要范围：剖切面以下至底部的视图范围，或剖切面以上至顶部的视图范围。

（6）视图深度：在指定标高间设置图元可见性的垂直范围，是主要范围之外的附加平面。使用视图深度显示低于当前标高的可见对象；这些对象包含楼梯、阳台和一些可透过楼板洞口的可见对象。

（7）视图范围：视图范围是控制对象在视图中的可见性和外观的水平平面集。

提示：经常会遇到在平面图里看不到创建好的门窗、楼板、场地、屋顶或屋顶显示不全等问题，一般就是视图范围的原因。门窗创建了，但是平面图看不到，一般调整②剖切面数值；创建楼板或场地，但是看不到或者选不中，一般调整③底部或⑥视图深度数值；屋顶看不到或显示不全一般调整①顶部数值。

13.1.4　规程

规程用于控制图元所属分类，在创建 Revit 图元之前，需要先确定图元规程（建筑、结构、机械、电气、卫浴、协调），某些图元会在不同的规程下显示或隐藏。

"规程"调整的操作为：在相应视图中，单击【属性】面板中"图形"命令下的"规程"下拉列表进行选择，如图 13.1-10 所示。

例如：在规程设为"结构"的情况下，示例中绘制的"建筑墙体"图元则无法显示，如图 13.1-11 所示。

提示：因规程原因导致的图元不显示时，只需将规程改为图元相应的规程即可，或者直接改为"协调"，所有图元在"协调"规程下都可见。

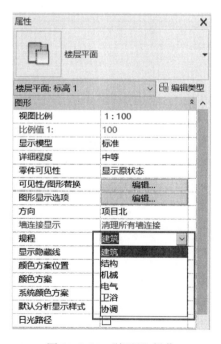

图 13.1-10　"规程"操作

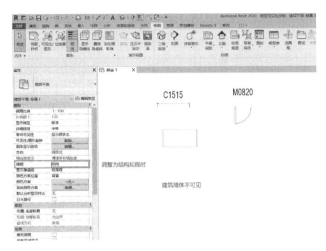

图 13.1-11 将"规程"改为"结构"后建筑墙体不显示

13.1.5 详细程度

此情况常用于族的精细显示程度,建族时,可选取相应图元,设置不同详细程度上是否可见,如图 13.1-12 的门把手。

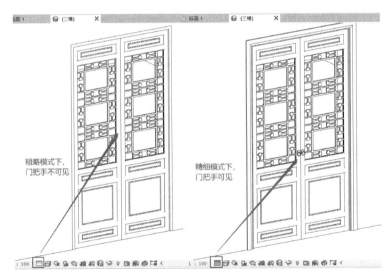

图 13.1-12 "详细程度"导致的可见性问题

13.1.6 裁剪视图

有些情况下因为对当前视图进行了裁剪导致被裁掉的部分不显示,可以通过取消【属性】面板中"范围"下"裁剪视图"的"√"命令来取消裁剪视图,也可以将裁剪区域显示出来,对其进行调节,决定裁剪区域的大小,如图 13.1-13 所示。

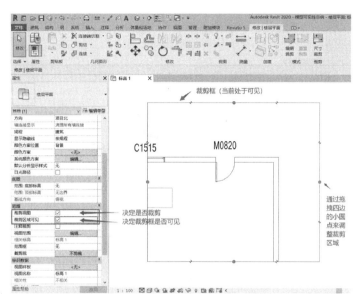

图 13.1-13　"裁剪视图"操作

13.1.7　剖面框

"剖面框"功能仅在三维视图中存在，与"裁剪视图"有异曲同工之处，裁剪视图是一个平面的长方形，剖面框是一个立体的长方体，操作步骤是在三维视图【属性】面板中的"范围"下"剖面框"后勾选"√"，如图 13.1-14 所示。单击出现的剖面框，选中的剖面框的六个面均会出现箭头，通过拖拽箭头的位置来调整模型可见范围，如图 13.1-15 所示。

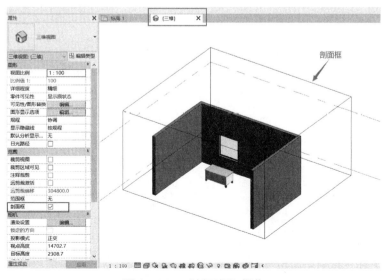

图 13.1-14　"剖面框"操作

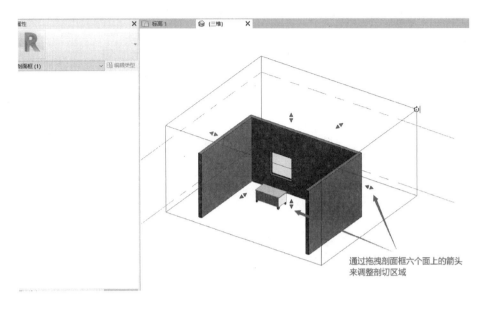

通过拖拽剖面框六个面上的箭头来调整剖切区域

图 13.1-15 调整剖面范围

13.1.8 图元缩放

在视图中可以通过滚动鼠标滚轮来放大缩小当前视图，但是缩小过多可能会导致图元过远偏离当前视图的中心，此时将导致视图不可见。这种情况可双击鼠标滚轮，或者右击鼠标选择缩放匹配即可。

13.2 链接模型

Revit 链接模型的功能允许创建者将不同专业的模型文件整合到一个项目中，从而促进多专业之间的协同工作，提高设计效率，方便模型更新与管理。

13.2.1 模型链接方式

接下来，以创建结构项目为例，首先以 Revit 软件默认的结构样板文件新建结构项目。单击【插入】选项卡→"链接 Revit"命令。选择要链接的建筑模型，选择合适的定位方式，单击"打开"命令，完成链接模型操作，操作如图 13.2-1 所示，链接完成效果如图 13.2-2 所示。

13.2.2 绑定链接

由于无法直接对链接模型中的图元进行编辑，可使用"绑定链接"工具选择链接模型中的图元和基准以转换为组，以便编辑。

图 13.2-1　模型链接操作

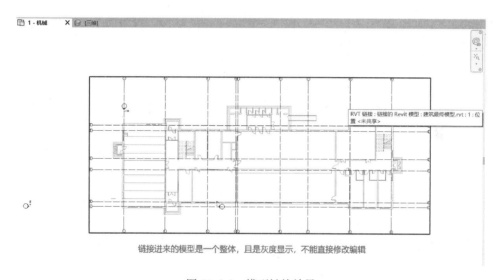

图 13.2-2　模型链接效果

（1）附着的详图：将视图专有的详图图元作为附着的详图组绑定至本项目中。

（2）标高：包含在组中具有唯一名称的标高。

（3）轴网：包含在组中具有唯一名称的轴网。

如图 13.2-3 所示，选择链接模型，单击【修改｜RVT 链接】上下文选项卡下【链接】面板中的"绑定链接"命令，在弹出的对话框中选择要绑定的图元。绑定链接后，如图 13.2-4 所示，软件会弹出相应警告，提示模型已载入，该操作并不会影响源链接模型。

绑定链接模型完成后的效果如图 13.2-5 所示。

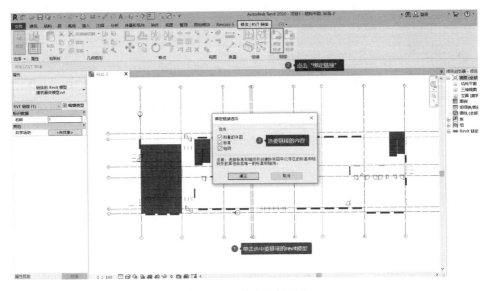

图 13.2-3　绑定链接操作

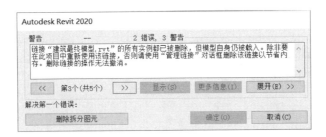

图 13.2-4　警告提示

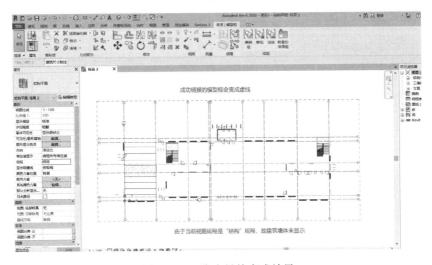

图 13.2-5　绑定链接完成效果

13.2.3　管理链接

"管理链接"命令可以对项目中链接的 Revit 模型、IFC 文件、CAD 文件等进行信息查看、执行重新载入、卸载、添加、删除等操作。

图 13.2-6　管理链接操作

单击【管理】选项卡【管理项目】面板内的"管理链接"命令（图 13.2-6），或者单击选中链接成功的 Revit 模型，在出现的【修改｜RVT 链接】上下文选项卡下单击"管理链接"命令（图 13.2-7），弹出"管理链接"对话框，在对话框里可以看到项目链接的模型或文件，并对其进行操作，如图 13.2-8 所示。

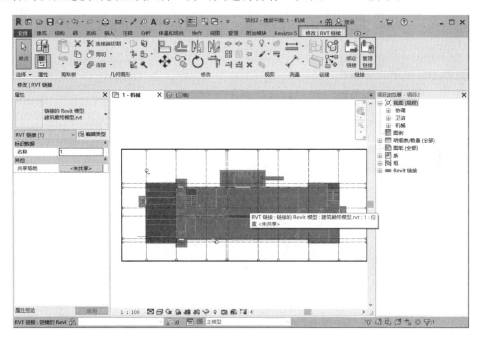

图 13.2-7　管理链接操作

（1）重新载入来自/重新载入

如果链接文件被移动，则可以使用"重新载入来自"命令更改链接的路径。若需要载入最新版本的链接文件，则可以使用"重新载入"命令进行更新。

（2）卸载/删除

卸载仅删除项目中 Revit 链接模型的显示，但继续保留链接。删除是从项目中删除链接文件，链接只能通过将其插入为新链接来恢复。

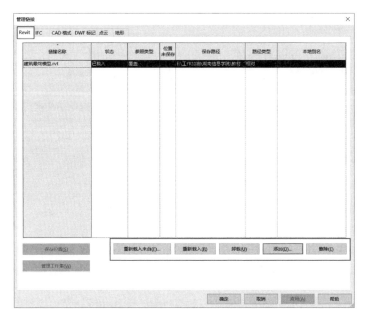

图 13.2-8　管理链接对话框

13.2.4　链接模型可见性

当项目中有链接模型时，在"可见性/图形替换"对话框（快捷键"VV"）中会出现"Revit 链接"一栏，以便控制链接模型的显示，如图 13.2-9 所示。

图 13.2-9　"可见性/图形替换"对话框

13.3　创建图纸

13.3.1　新建图纸

单击【视图】选项卡→【图纸组合】面板→"图纸"命令，如图 13.3-1 所示。在弹出的"新建图纸"对话框中选择所需规格的图纸，若没有相应规格图纸，可以通过单击"载入"命令选择适合的图框族载入使用，如图 13.3-2 所示。新建图纸完成后，当前视图会出现所选规格的图纸图框，同时【项目浏览器】中会出现图纸视图的选择，且"视图"命令被激活，如图 13.3-3 所示。

图 13.3-1　新建图纸操作

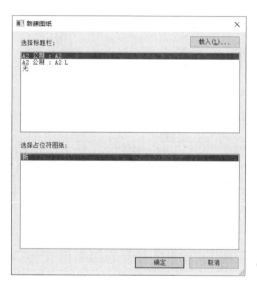

图 13.3-2　新建图纸对话框

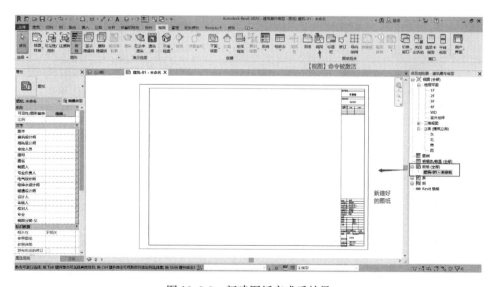

图 13.3-3　新建图纸完成后效果

13.3.2 添加视图

单击【视图】选项卡→【图纸组合】面板→"视图"命令，用于将视图添加到图纸中。在"视图"对话框中选择需要添加的视图，然后单击"在图纸中添加视图"，如图 13.3-4 所示。此外，通过选择【项目浏览器】中的视图并将其拖曳到绘图区域中的图纸上也可以添加视图，如图 13.3-5 所示。

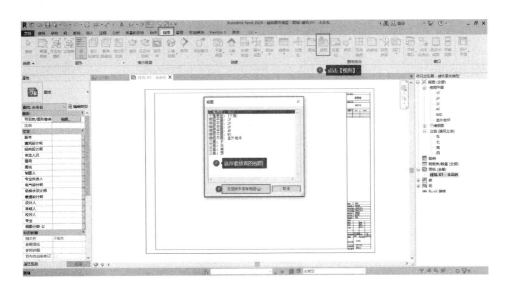

图 13.3-4　添加视图操作

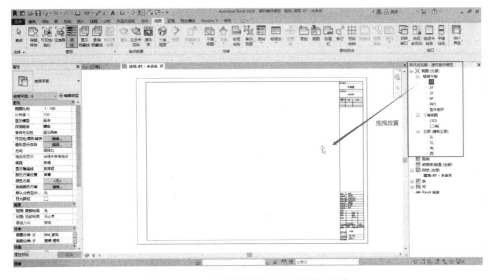

图 13.3-5　选择视图拖拽方式添加视图

提示：除明细表视图外，每个视图只能放置在一张图纸中。

添加进来的视图如果尺寸过大，可以通过单击选中视图，在【属性】面板中调整设置"视图比例"来调整视图显示大小，如图 13.3-6 所示。如果想修改显示视图区域范围，可以在【属性】面板中勾选"裁剪视图""裁剪区域可见"命令来调整显示区域范围，标题线长短可以通过拖拽线两端的小圆点来调整，如图 13.3-7 所示。

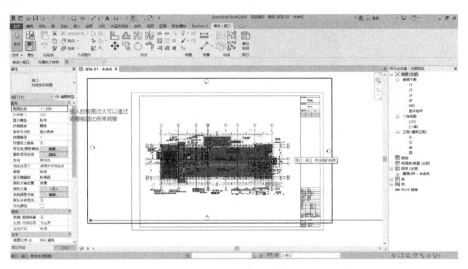

图 13.3-6　修改视图比例

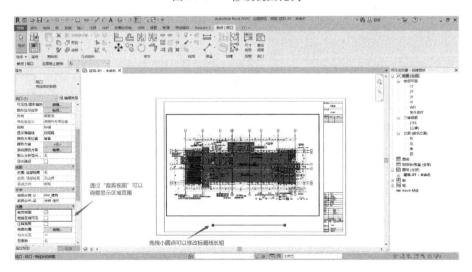

图 13.3-7　调整视图显示和标题线

13.3.3　添加图纸信息

单击选择图框，可采用多种方式对图纸中的信息进行添加及修改。

这里介绍 3 种更改图纸名称的方法，如图 13.3-8 所示。

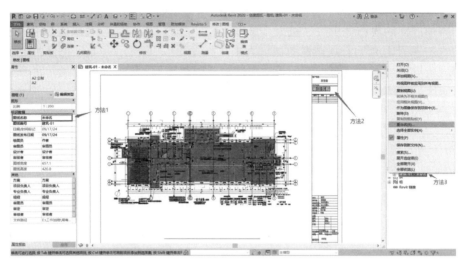

图 13.3-8　添加图纸信息

（1）方法一：单击选中图框后，在【属性】面板中的"图纸名称"一栏中修改名称。

（2）方法二：选中图框后在图框中对应位置单击图纸名称"未命名"，直接修改即可。

（3）方法三：在【项目浏览器】中，用鼠标右键单击本图纸"未命名"选择重命名即可。

此处使用任意方式修改，完成后对应所有显示图纸名称的位置都会同步修改。

13.4　导出 CAD 图纸、打印

图纸创建完成后，单击【文件】选项卡→"导出"命令→"CAD 格式"命令选择需要的格式类型即可导出对应格式的 CAD 图纸，如图 13.4-1 所示。弹出的"DWG 导出"对话框，单击"选择导出设置"栏下的"…"命令，在弹出的"修改 DWG/DXF 导出设置"对话框中，可以对导出的 CAD 的图层、线型、填充图案、文字和字体、颜色、实体等进行修改，如图 13.4-2 所示。

图 13.4-1　导出 CAD 图纸

图 13.4-2　修改 DWG 导出设置

　　设置好之后，单击"下一步"命令，在弹出的"导出 CAD 格式"对话框中选择要导出的路径后，修改对应的文件名，可以选择不同版本的 CAD 文件进行导出，并且可以选择是否"将图纸上的视图和链接作为外部参照导出"，如图 13.4-3所示，如果勾选，图纸中的所有视图都将单独存为一张 CAD 图纸；如果不勾选，则只作为一张图纸导出。

图 13.4-3　导出 CAD 路径

13.5　实物量统计

　　Revit 中可以通过生成明细表对项目进行实物量统计，从而更清晰地了解项目中各种材料和构件的情况，进而更好地控制项目成本和进度。

13.5.1 创建明细表

明细表在项目任何阶段都可以创建,它是一张用于统计当前项目中指定类别图元参数的列表,如门、窗、柱等。该列表中显示的信息是从项目的图元属性提取的,也可设置条件控制明细表中的信息显示。对项目的任何修改,明细表都将自动更新,以反映当前项目的实际情况。

创建的明细表可以添加到图纸中以丰富图纸信息,也可直接导出为外部文件,用以传递项目信息。

下面以创建包含"类型、宽度、高度、合计"字段的"门明细表"为例说明创建明细表的方法和步骤。

Step1:在【视图】选项卡下单击"明细表"下拉列表中"明细表/数量"命令,如图 13.5-1 所示。在弹出的"新建明细表"对话框中选择需要创建的明细表的类别(如此处选择"门"),再单击"确定"命令,如图 13.5-2 所示。

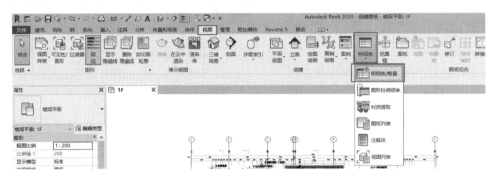

图 13.5-1　创建明细表操作

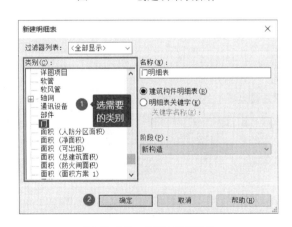

图 13.5-2　创建门明细表

Step2:在弹出的"明细表属性"对话框中选择表头需要的"字段"(例如这里按要求选择"类型、宽度、高度、合计"字段),选择完以后通过右侧下方的"上移参数""下移参数"命令调整表头字段的顺序,再单击"确定"命令,如

图 13.5-3所示。此时生成了一张"门明细表"，但是每扇门都是单独列出的，并未合并，如图 13.5-4 所示。

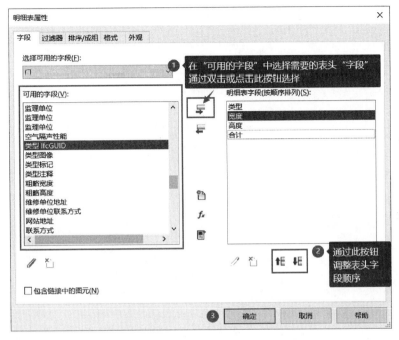

图 13.5-3　选择相应字段

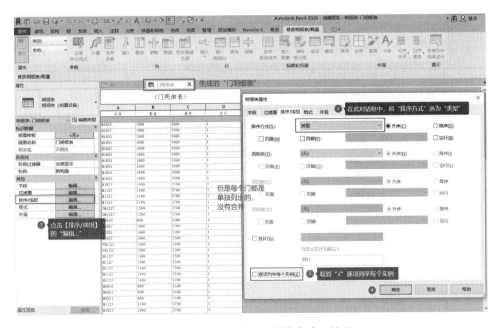

图 13.5-4　对明细表进行排序成组处理

Step3：单击【属性】面板中"排序/成组"后的"编辑…"命令，在弹出的"明细表属性"对话框中将"排序方式"改为"类型"（即按类型进行排序），取消勾选"逐项列举每个实例"前方的"✓"，再单击"确定"命令，如图 13.5-4 所示，调整完以后的"门明细表"如图 13.5-5 所示。

明细表完成后，仍然可以在【属性】面板中继续编辑各项设置，如图 13.5-6 所示位置单击对应的"编辑…"命令即可修改。

| 1F | 门明细表 × |

〈门明细表〉

A	B	C	D
类型	宽度	高度	合计
DK1218	1200	1800	1
FM1221	1200	2100	2
M0618	600	2100	7
M0821	800	2100	8
M1021	1000	2100	1
M1127	1100	2100	40
M1227	1200	2700	19
M1827	1800	2700	2
M1827	1800	2700	6
M1835	1800	3500	9
M2427	2400	2700	3
ZM1227	1200	2700	16

图 13.5-5　门明细表生成完成

图 13.5-6　明细表编辑

13.5.2　导出明细表

明细表创建完成后，在【文件】选项卡下选择"导出"命令，下移单击"报告"命令中的"明细表"命令，如图 13.5-7 所示。设置好保存位置，完成命名，

图 13.5-7　明细表导出

单击"保存",如图 13.5-8 所示,弹出的"导出明细表"对话框中按默认设置可不必更改,单击"确定"命令即可完成明细表的导出,如图 13.5-9 所示。

图 13.5-8　设置好保存路径

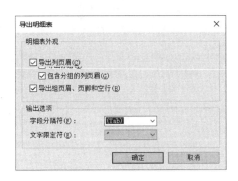

图 13.5-9　默认设置

导出的明细表格式为 .txt 格式,打开该文件发现信息之间的关系排版不够清晰,可以新建一个 Excel 文件,全选 .txt 格式文档中的所有字符,复制,再粘贴到新建的 Excel 文档中,调整单元格、保存,即可完成此次导出明细表的转化,如图 13.5-10 所示。

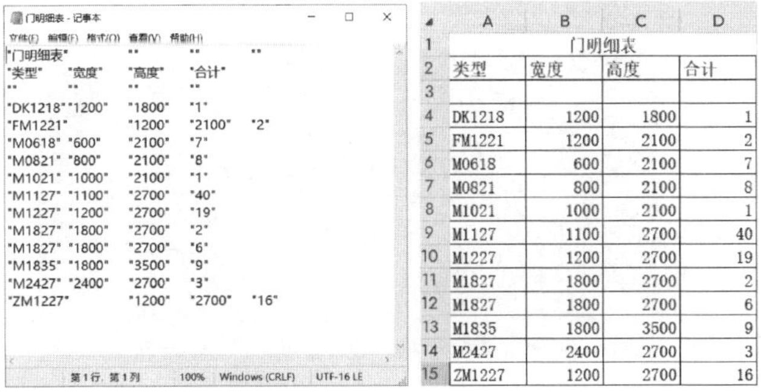

图 13.5-10　明细表格式转化

13.6 渲染

Revit 软件提供了三维模型可视化功能，当给结构赋予材质后，利用渲染功能可以创建建筑模型的照片级真实感图像，更加直观地表达设计成果。使用者可以使用各种效果和内容（如照明和环境）来渲染三维视图。

渲染可以直接使用三维视图调整需要被渲染的角度来进行，也可以使用"相机"功能创建局部"相机视图"来进行渲染。

13.6.1 相机视图

如果要对局部图片进行渲染，可以使用"相机"功能创建局部相机视图。创建方法是：

Step1：进入项目对应的平面、立面或三维视图（以进入室外地坪为例），单击【视图】选项卡→"三维视图"下拉列表→"相机"命令，如图 13.6-1 所示。通过在相应位置单击鼠标左键放置相机，移动鼠标指针决定拍摄方向和范围，可在选项栏中设置相机视图属性是否为透视图，相机的放置标高与偏移量，如图 13.6-2 所示。

图 13.6-1 相机操作

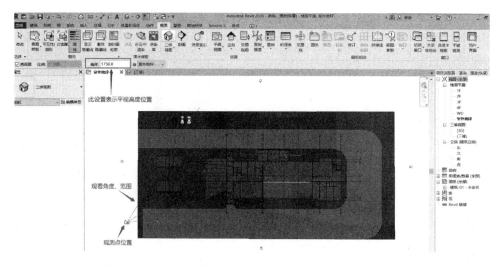

图 13.6-2 放置相机

Step2：放置完成后视图将自动跳转至相机视图，与此同时，【项目浏览器】面板中的"三维视图"分组下会自动创建"三维视图 1"视图，如图 13.6-3 所示。

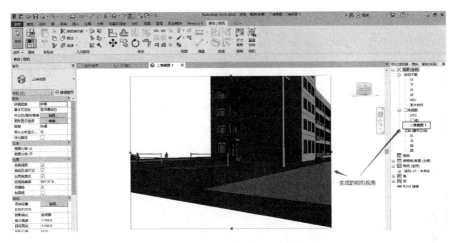

图 13.6-3　生成的相机视图

提示：生成的相机视图可以在属性栏中修改"视点高度""目标高度"等数据，也可以使用"裁剪视图"等功能，通过拖拽视图四周的小圆点来控制视图显示范围。

13.6.2　渲染

在设定好需要渲染的三维视图角度和范围后，可对其进行渲染操作。

Step1：在需要渲染的视图页面，单击【视图】选项卡→【演示视图】面板→"渲染"命令，弹出"渲染"对话框，可以对渲染对话框中相关的"输出设置""照明""背景"等内容参数进行设定，设定完成后，单击"渲染（R）"命令进行渲染，如图 13.6-4 所示。按对应设置渲染完成的效果图如图 13.6-5 所示。

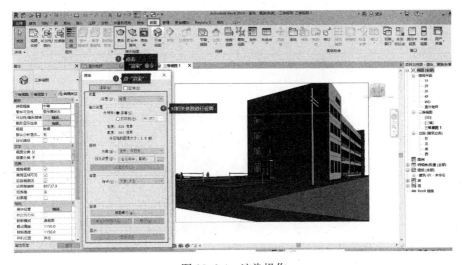

图 13.6-4　渲染操作

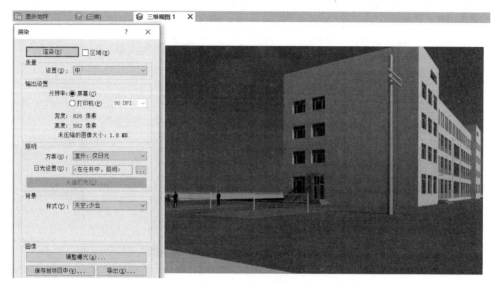

图 13.6-5　渲染效果

Step2：渲染完成的效果图可以通过单击"渲染"对话框中"图像"中的"保存到项目中（U）…"或"导出（X）…"命令来进行保存到本项目中或者以图片形式单独保存。如单击"保存到项目中"，则在弹出的对话框中输入要保存的名称，在【项目浏览器】中会出现"渲染"视图，如图 13.6-6 所示，双击进入该视图就可以再次看到渲染图片。如果单击"导出（X）…"，则在弹出的"保存图像"对话框中选择要保存的路径，修改文件名称，单击"保存"命令完成渲染图片的保存，如图 13.6-7 所示。

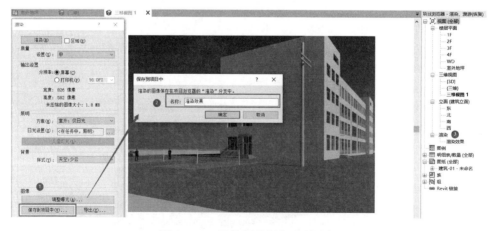

图 13.6-6　渲染图片保存到项目中

提示：渲染设置时，可以通过调整"日光设置"来设定日光的来源方向和阴影情况。

图 13.6-7　导出渲染图片

13.7　漫游

主体模型绘制完毕后，在 Revit 软件中可以对模型进行简单漫游动画制作。漫游是在一条漫游路径上，创建多个活动相机，再将每个相机的视图连续播放。可以将漫游导出为 .avi 文件或图像文件，将漫游导出为图像文件时，漫游的每个帧都会保存为单个文件，可以导出所有帧或一定范围的帧。

13.7.1　创建漫游

在平面视图绘制漫游路径。

Step1：双击进入"室外地坪"或"一层"平面图，单击【视图】选项卡→【创建】面板→"三维视图"命令下的"漫游"命令，如图 13.7-1 所示。

图 13.7-1　漫游命令

Step2：根据所需要的漫游路线进行绘制漫游路径，通过单击放置一个关键点，隔一段距离再插入下一个关键点，绘制完成路径后，按一次"Esc"键完成漫游路径创建，如图 13.7-2 所示。

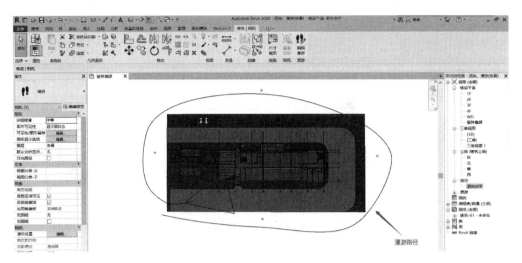

图 13.7-2　漫游路径创建

Step3：在完成路径创建后，【项目浏览器】内增加"漫游"视图分组，该分组下同时创建了"漫游 1"视图，如图 13.7-3 所示。

图 13.7-3　漫游视图

提示：绘制路径时可修改选项栏内设置，用于设置漫游视图属性，"自"及"偏移"属性可设置点击的节点（关键帧）的相机高度，例如可设置为上下楼或者飞行器拍照的效果。

13.7.2　编辑漫游

Step1：完成漫游路径创建后，双击"漫游 1"视图进入漫游视图，选中视图框，在【修改｜相机】上下文选项卡下单击"编辑漫游"命令，如图 13.7-4 所示。

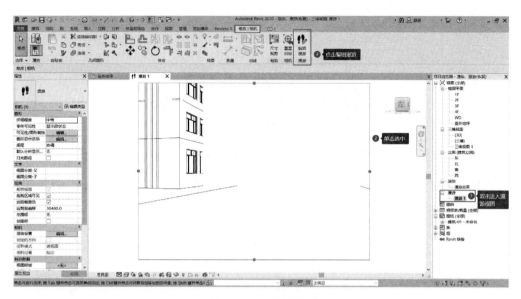

图 13.7-4　编辑漫游

Step2：可以通过多次单击"上一关键帧"或"上一帧"命令将视图的相机移动至第一点关键帧位置，也可以直接在"帧"的选项栏输入 1，如图 13.7-5 所示。在相机移动至第一点关键帧后，可以单击"播放"来观察相机在移动过程中的朝向和可见范围。

图 13.7-5　移动至第一点关键帧

Step3：双击进入放置漫游路径的平面视图，通过拖拽相机前方的红色圆点来调整视图的朝向，拖拽蓝色空心圆点来调整视图可见范围，如图 13.7-6、图 13.7-7 所示。移动到每个关键帧重复此操作，如图 13.7-8 所示。按需要将所有关键帧的视图朝向和范围都调整好。

Step4：调整漫游帧参数。单击"帧设置"命令中的蓝色"300"，弹出"漫游帧"对话框，可以根据需要调整"总帧数""帧/秒"等参数，在勾选"匀速"状态时，所有关键帧无论远近播放速度都不会加快或减慢，取消勾选"匀速"后，关键帧加速器变为可修改状态，调整好参数后单击"确定"命令，如图 13.7-9 所示。

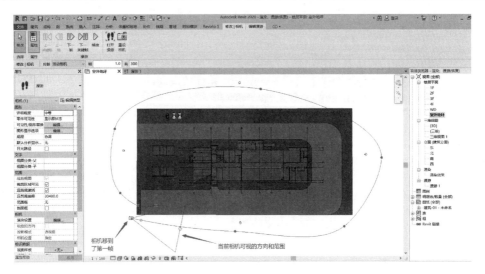

图 13.7-6　调整视图朝向和范围

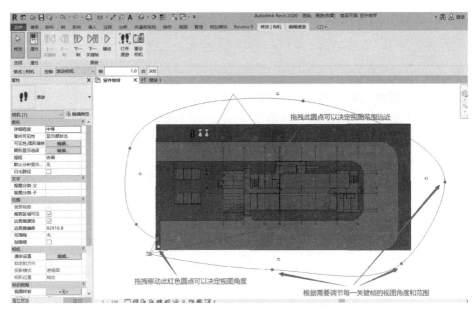

图 13.7-7　调整关键帧视图朝向和范围

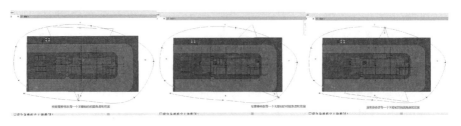

图 13.7-8　调整每个关键帧视图朝向和范围

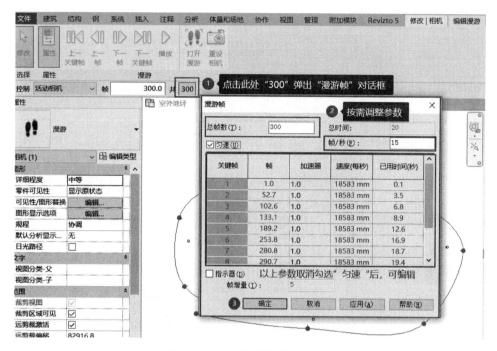

图 13.7-9　调整"漫游帧"参数

Step5：设置完成后单击【编辑漫游】选项卡→【漫游】面板→"打开漫游"命令，视图自动跳转至漫游视图"漫游 1"，再单击"播放"命令即可观察修改完后的效果，如图 13.7-10 所示。

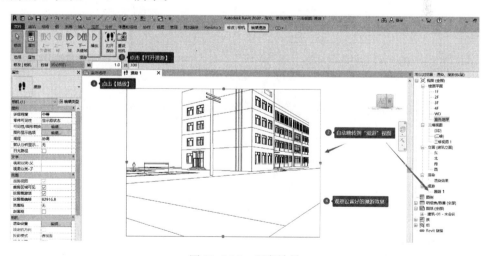

图 13.7-10　观察效果

13.7.3　导出漫游

Step1：单击【文件】选项卡→"导出"命令→"图像和动画"命令→"漫游"命

令，如图 13.7-11 所示。

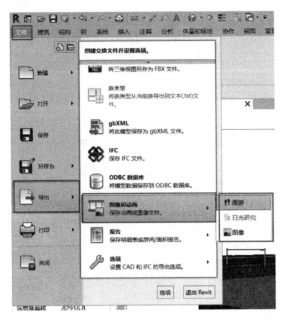

图 13.7-11　导出漫游

Step2：弹出"长度/格式"对话框，对"输出长度""格式"等参数进行修改设置，设置完成后单击"确定"命令，如图 13.7-12 所示。

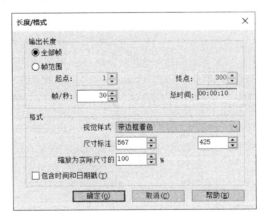

图 13.7-12　导出长度和格式设置

Step3：弹出"导出漫游"对话框，选择保存的路径、命名及文件格式，漫游可以存为 .avi 的影像格式和 .jpeg、.bmp、.gif、.png 等图像格式，如图 13.7-13 所示。

图 13.7-13　导出漫游对话框

课后习题

1. (　　)不是 CAD 文件导出格式。

A..dwg　　　　　　B..dxf　　　　　　C..dgn　　　　　　D..sat

2. 导出的明细表的文件格式为(　　)。

A..txt　　　　　　B..xml　　　　　　C..html　　　　　　D..xls

3. 关于相机视图，以下说法正确的是(　　)。

A. 只能在平面视图创建

B. 不能修改其视觉样式

C. 在相机视图里不可调整模型的位置及角度

D. 不能修改其视图比例

4. 漫游导出格式不包含 (　　)。

A..mp4　　　　　　B..png　　　　　　C..avi　　　　　　D..gif

参考答案

1.D　2.A　3.D　4.A

第 14 章　Revit 族

【导读】
　　本章主要对 Revit 软件中族的创建方法进行介绍。
　　第 1 节讲解了族的概念和分类。
　　第 2 节讲解了三维族、二维族的创建方法与应用。
　　通过案例——玻璃圆桌、仿交通锥，讲解族创建的操作与应用。

知识目标：

1. 学生能够理解 Revit 软件中族的基本定义、作用和创建的基本方法。

2. 掌握族创建的基本方法的操作，掌握如何使用族图元来构建模型，能在建筑设计和建模中灵活应用。

能力目标：

1. 学生能够独立在 Revit 软件中创建族并对其进行编辑。

2. 能够根据具体项目需求，灵活应用族进行建筑设计和建模。

课程思政目标：

1. 培养学生思考问题、分析问题、解决问题的能力。

2. 培养学生独立、严谨、实事求是的工作作风和团队意识；培养学生不断创新的精神和良好的职业道德。

14.1　族概述

　　"族"（family）是 Revit 软件中的一个非常重要的要素和必要的功能，它是某一类别中图元的类，是根据参数（属性）集的共用、使用上的相同和图形表示的相似来对图元进行分组。一个族中不同图元的部分或全部属性可能有不同的值，但属性的设置是相同的。

　　在 Revit 软件中使用的所有图元（包括构成建筑模型的墙、门、窗、屋顶、楼梯等和构成结构模型的基础、柱、梁、板等，以及记录该模型的标记、图例、详图索引等）都是基于族的。某些族（如墙体、标高轴网、楼板、屋顶）包含在模型环境中。其他族（如特定的门窗或装置）需要从外部族库载入到模型中。如果不使用族，无法在 Revit 软件中创建任何对象。

　　族可以帮助用户更加方便地管理和修改其搭建的模型，Revit 软件的每个族文件内都含有很多的参数和信息，如尺寸、形状、类型、材质和其他的参数变量等。

这些参数的设置有助于用户更轻松地管理数据和进行修改。如某一基本墙的族的参数和信息如图 14.1-1 所示。

提示：族文件的后缀名为 .rfa，族样板文件的后缀名为 .rft。

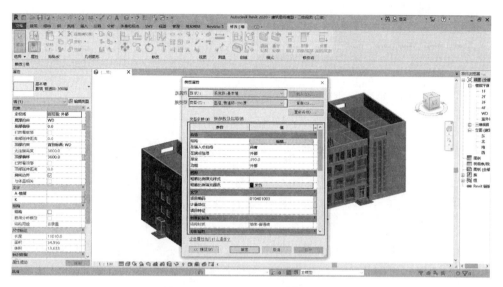

图 14.1-1　基本墙族的参数和信息

Revit 软件中族可以分为 3 种类型：系统族、可载入族和内建族（图 14.1-2）。

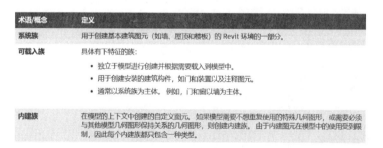

术语/概念	定义
系统族	用于创建基本建筑图元（如墙、屋顶和楼板）的 Revit 环境的一部分。
可载入族	具体有下特征的族： • 独立于模型进行创建并根据需要载入到模型中。 • 用于创建安装的建筑构件，如门和装置以及注释图元。 • 通常以系统族为主体。例如，门和窗以墙为主体。
内建族	在模型的上下文中创建的自定义图元。如果模型需要不想重复使用的特殊几何图形，或需要必须与其他模型几何图形保持关系的几何图形，则创建内建族。由于内建图元在模型中的使用受到限制，因此每个内建族都只包含一种类型。

图 14.1-2　族的分类及定义

14.1.1　系统族

系统族是建模过程中 Revit 软件里面自带的族，是用于创建基本建筑图元（如墙、屋顶、楼板、天花板）的 Revit 环境的一部分。可以复制和修改现有的系统族，但不能创建新系统族。可以通过指定新参数来定义新的族类型。

新建项目或者项目样板时，使用【项目浏览器】可以来查看项目或者样板中的系统族和系统族类型。如图 14.1-3 所示。

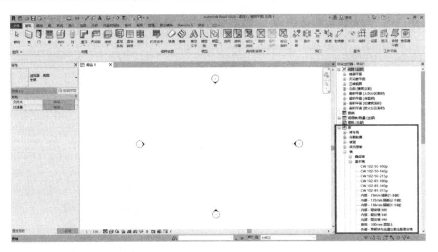

图 14.1-3　使用【项目浏览器】查看新建项目时项目自带的系统族

14.1.2　可载入族

可载入族又称标准构件族。它使用族编辑器创建和修改,可以复制和修改现有构件族,也可以根据各种族样板创建新的构件族。可载入族可以位于项目环境之外,以.rfa 文件存在,可以将它们载入项目,以服务任意项目,如果需要还可以从项目文件保存到库中(图 14.1-4)。

图 14.1-4　Revit 族库中的部分可载入族(组合窗)

可载入族具体有下特征:

(1) 独立于模型进行创建并根据需要载入到模型中。

(2) 用于创建安装的建筑构件,如门和装置以及注释图元。通常以系统族为主体。例如,门和窗以墙为主体。

学习和掌握可载入族的创建是本章重点内容之一。新建可载入族的操作流程如图 14.1-5 所示,具体创建方法将在第 14.2 节创建族中详细讲解。

图 14.1-5　新建可载入族操作流程

14.1.3　内建族

内建族也称内建模型，它指创建项目特有的构件，该构件仅存在于当前项目中，且不能被载入其他项目中。由于内建图元在模型中的使用受到限制，因此每个内建族都只包含一种类型。

其操作方法与可载入族相同，但只在本项目创建，只能服务于本项目。

内建族的应用范围主要有：

（1）斜面墙或锥形墙。

（2）独特或不常见的几何图形，如非标准屋顶。

（3）不需要重复利用的自定义构件。

（4）必须参照项目中的其他几何图形的几何图形。

（5）不需要多个族类型的族。

内建族通过在【建筑】选项卡下的"构件"命令下拉列表中选择"内建模型"命令进行创建，如图 14.1-6 所示。在弹出的"族类别和族参数"对话框中选择需

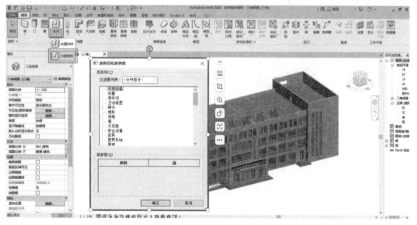

图 14.1-6　创建内建族（内建模型）

要新建的内建族的类别，单击"确定"命令新建。之后的详细创建操作与可载入族的创建类似，具体创建方法参照 14.2 族创建。

14.2 创建族

族的创建思路和流程：

（1）新建族，选择族样板：先分析你要创建的族的类型，根据其类型选择适合的族样板；

（2）运用族创建的基本方法完成实体创建：思考你要创建的族可以拆分为几部分组成，每部分运用什么方法来创建；

（3）设置族参数：设置需要的相关几何参数、材质参数等；

（4）保存、使用。

下面以创建可载入族为例说明创建族的方法。

14.2.1 选择族样板

在 Revit 软件中新建族与新建项目一样，均需要基于样板来进行创建。族样板是创建新族的基础模板，它定义了族的类别、参数和约束。选择合适的族样板是创建族的第一步，它决定了族的基本属性和功能，选择合适的样板会极大提升创建族的效率。如创建窗族宜选择"公制窗"族样板，创建桌椅等家具宜选择"公制家具"族样板。当要创建的族类别不明确时，可以使用"公制常规模型"族样板。

双击打开 Revit 2020→单击"族"下方的"新建..."命令→在"新建-选择样板文件"对话框中选择合适的样板（以"公制常规模型"为例）→单击"打开"完成选择，如图 14.2-1 所示。

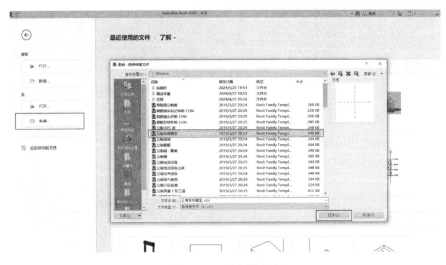

图 14.2-1　选择族样板

创建族的操作界面与创建项目的界面相似但又有区别，如图 14.2-2 所示。界面中的两条十字相交线条起定位作用，相交点就是族的定位点（也称原点、插入点），代表族载入到项目中通过鼠标单击放置的位置。

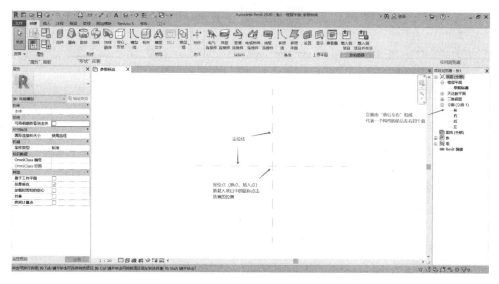

图 14.2-2　创建族的操作界面

14.2.2　三维族的创建

1. 创建基本方法

在【创建】选项卡下，提供了"拉伸""融合""旋转""放样""放样融合"和"空心形状"（包含"空心拉伸""空心融合""空心旋转""空心放样""空心放样融合"）形状创建操作。如图 14.2-3 所示。

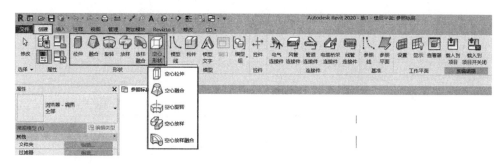

图 14.2-3　形状创建命令

三维族的创建主要通过拉伸、融合、旋转、放样、放样融合 5 种基本操作方法创建所需的实心形状或空心形状来实现。族创建之前要先对其组成进行拆分，思考它可以拆分成几个部分，每部分通过什么方法来创建形成。

下面以实心形状的创建为例来说明这 5 种基本操作方法。

1）拉伸

"拉伸"是通过将二维形状(轮廓)沿特定方向拉伸一定厚度来创建三维实心形状。

需要绘制 1 个二维形状（轮廓）并且进行厚度设置来创建。

Step1：选择相应平面创建二维形状（轮廓）。在【项目浏览器】中双击进入需要创建二维形状所在的平面（如"参照标高"平面），单击【创建】选项卡→【形状】面板→"拉伸"命令，如图 14.2-4 所示。使用【修改｜创建拉伸】上下文选项卡下的【绘制】面板内的适当工具绘制所需二维形状（轮廓），如图 14.2-5 所示。

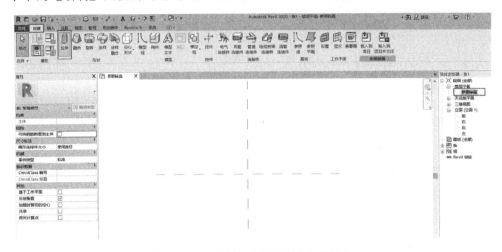

图 14.2-4 选择相应平面创建拉伸形状

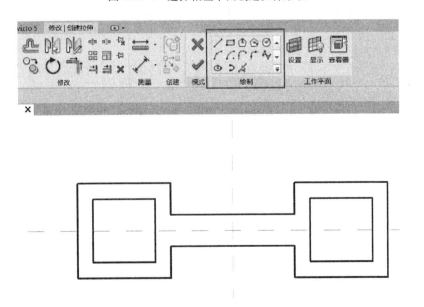

图 14.2-5 绘制所需二维形状（轮廓）

提示：绘制的二维形状（轮廓）一定是封闭且无线条相交的图形。

Step2：调整相应厚度。绘制完成所需轮廓后，在【属性】面板中修改"约束"中"拉伸起点""拉伸终点"的数值，以达到所需的构件的厚度，如图 14.2-6 所示。

Step3：形成三维形状。轮廓绘制完成、厚度设置完成之后，单击【修改｜创建拉伸】上下文选项→【模式】面板→"√"命令来完成拉伸创建，如图 14.2-7 所示。通过拉伸创建的实体三维效果如图 14.2-8 所示。

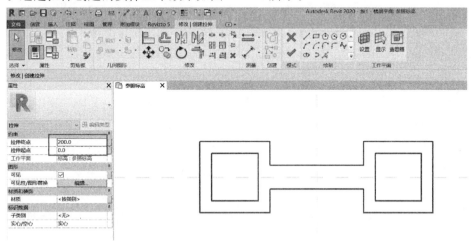

图 14.2-6　修改"拉伸起点""拉伸终点"调整厚度

图 14.2-7　单击"√"完成拉伸创建

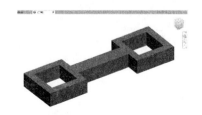

图 14.2-8　通过"拉伸"命令创建的三维实体效果

提示：如果遗忘 step2，未完成厚度设置就形成了拉伸实体。可以通过单击选中完成的拉伸三维实体，再次在【属性】面板中修改"约束"中"拉伸起点""拉伸终点"的数值来调整三维实体的厚度。

2）融合

"融合"用于创建实心三维形状，该形状将沿其长度发生变化，从起始形状融合到最终形状。该工具可以融合 2 个轮廓。

需要绘制底部和顶部 2 个二维形状（轮廓）并且设置厚度来创建。

Step1：创建底部二维形状（轮廓）。在【项目浏览器】中双击进入需要创建底部二维形状所在的平面（如"参照标高"平面），在【创建】选项卡下选择"融合"命令，如图 14.2-9 所示。使用【修改｜创建融合底部边界】上下文选项卡下的【绘制】面板内的适当工具绘制所需底部二维形状（轮廓），如图 14.2-10 所示。

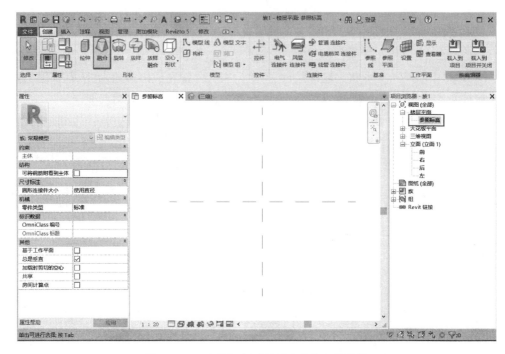

图 14.2-9　选择相应平面创建融合底部形状

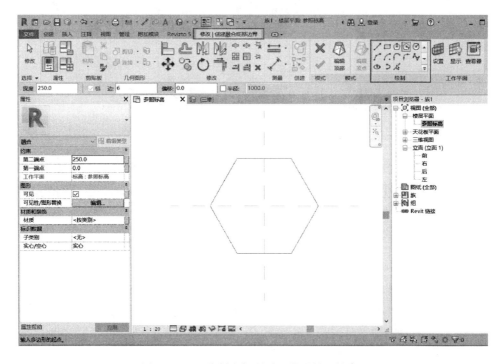

图 14.2-10　绘制底部所需二维形状（轮廓）

提示：绘制的二维形状（轮廓）一定是封闭且无线条相交的图形。

　　Step2：创建顶部二维形状（轮廓）。绘制完成底部轮廓后，单击【修改｜创建融合底部边界】上下文选项卡→"编辑顶部"命令，如图 14.2-11 所示。将切换成【修改｜创建融合顶部边界】上下文选项卡，单击【绘制】面板内的适当工具绘制所需顶部二维形状（轮廓），如图 14.2-12 所示。

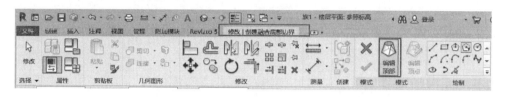

图 14.2-11　单击"编辑顶部"命令

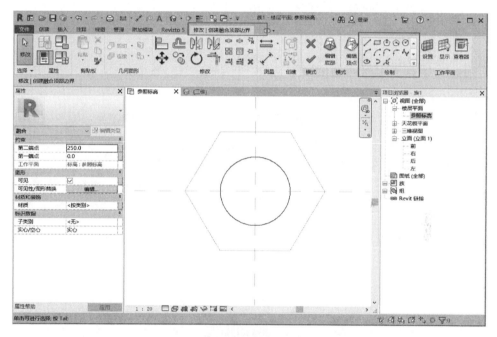

图 14.2-12　绘制顶部所需二维形状（轮廓）

　　Step3：调整模型相应厚度。绘制完成所需底部和顶部轮廓后，在【属性】面板中修改"约束"中的"第一端点"和"第二端点"的数值，以达到所需的构件的厚度，如图 14.2-13 所示。

　　Step4：形成三维形状。底部、顶部轮廓绘制完成，"第一端点""第二端点"数值设置完成后，单击【修改｜创建融合顶部边界】上下文选项卡→【模式】面板→"√"命令来完成融合创建，如图 14.2-14 所示。通过融合创建的实体三维效果如图 14.2-15 所示。

　　提示：如果遗忘 Step3，未完成厚度设置就形成了融合实体。可以通过单击选中完成的融合三维实体，再次在【属性】面板中修改"约束"中的"第一端点"和"第二端点"的数值来调整三维实体的厚度。

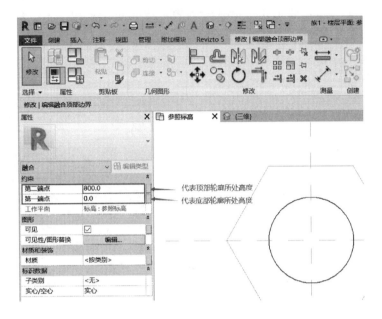

图 14.2-13   修改"第一端点"和"第二端点"数值调整厚度

图 14.2-14   单击"√"完成融合创建

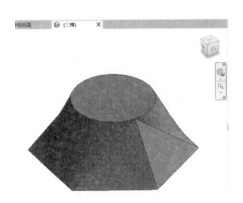

图 14.2-15   通过"融合"命令创建的三维实体效果

3)旋转

"旋转"是通过绕轴放样二维轮廓来创建三维形状。

需要绘制 1 个二维轮廓和 1 根旋转轴来创建。

Step1:选择相应工作平面创建二维形状（轮廓）。在【项目浏览器】中双击进入需要创建二维形状所在的工作平面（如"左立面"），单击【创建】选项卡→"旋转"命令，如图 14.2-16 所示。单击【修改｜创建旋转】上下文选项卡→【绘制】面板→"边界线"中的适当工具绘制所需二维形状（轮廓），如图 14.2-17 所示。

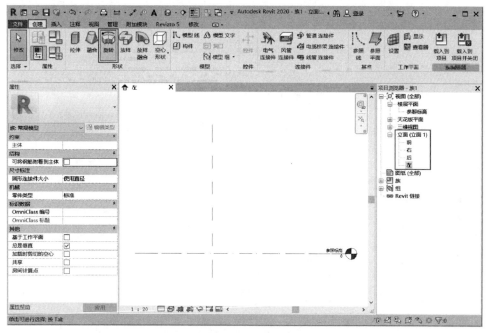

图 14.2-16　选择相应工作平面创建旋转形状

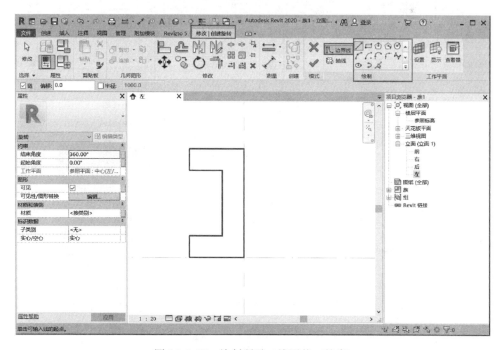

图 14.2-17　绘制所需二维形状（轮廓）

提示：绘制的二维形状（轮廓）一定是封闭且无线条相交的图形。

Step2：设置旋转轴线。单击【修改│创建旋转】上下文选项卡→【绘制】面板→"轴线"命令切换到轴线绘制状态，使用适当工具绘制旋转轴线，如图 14.2-18 所示。

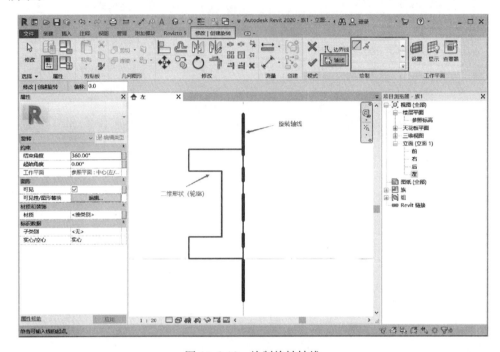

图 14.2-18　绘制旋转轴线

Step3：形成三维形状。单击【修改│创建旋转】上下文选项卡→【模式】面板→"√"命令来完成旋转创建，如图 14.2-19 所示。通过旋转创建的实体三维效果如图 14.2-20 所示。

图 14.2-19　单击"√"命令完成旋转创建

图 14.2-20　通过"旋转"命令创建的三维实体效果

4）放样

"放样"是通过沿路径放样二维轮廓，可以创建三维形状。

需要绘制 1 条路径和 1 个二维轮廓来创建。

Step1：绘制放样路径。在【项目浏览器】中双击进入需要创建放样路径所在的工作平面（如"左立面"），单击【创建】选项卡→"放样"命令，如图 14.2-21 所示。单击【修改｜放样】上下文选项卡→"绘制路径"或"拾取路径"命令→【修改｜放样＞绘制路径】上下文选项卡来进行路径的创建（本例选择"绘制路径"，如有现成的线则可选择"拾取路径"），如图 14.2-22 所示。单击【修改｜放样＞绘制路径】上下文选项卡→【绘制】面板内的适当工具绘制所需路径，绘制完成后单击【模式】面板中的"√"命令来完成路径的绘制，如图 14.2-23 所示。

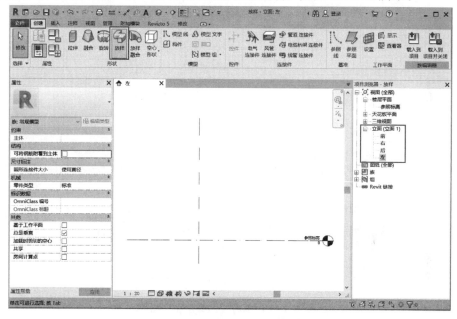

图 14.2-21　选择相应工作平面进行放样

图 14.2-22　单击"绘制路径"命令

Step2：选择相应视图创建二维形状（轮廓）。路径绘制完成后，【放样】面板内轮廓相关命令被激活，单击【修改｜放样】上下文选项卡→【放样】面板→"编辑轮廓"或"选择轮廓"（本例选择"编辑轮廓"，如果有现成的形状则可选择"选择轮廓"）命令，如图 14.2-24 所示。弹出"转到视图"对话框，选择想要创建二维形状（轮廓）的相应视图（如"立面：前"）切换到对应视图，如图 14.2-25 所示。再单击【修改｜放样＞编辑轮廓】上下文选项卡→【绘制】面板内的适当工具绘制所需二维形状（轮廓），绘制完成后单击【模式】面板中的"√"命令来完成二维形状（轮廓）的绘制，如图 14.2-26 所示。

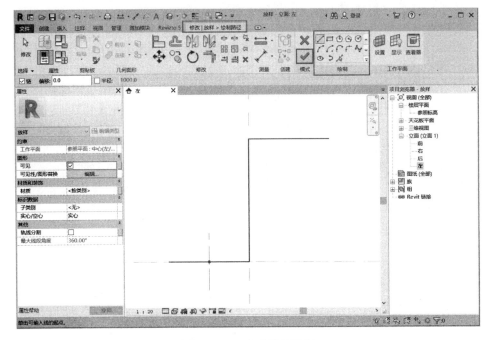

图 14.2-23　完成路径绘制

图 14.2-24　单击"编辑轮廓"命令

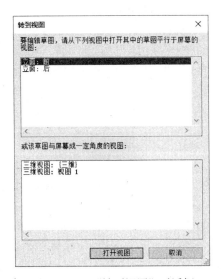

图 14.2-25　"转到视图"对话框

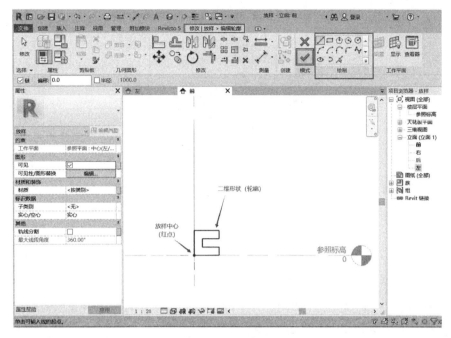

图 14.2-26　完成轮廓绘制

Step3：形成三维形状。单击【修改 | 放样】上下文选项卡→【模式】面板→ "√"命令来完成放样创建，如图 14.2-27 所示。通过放样创建的实体三维效果如图 14.2-28 所示。

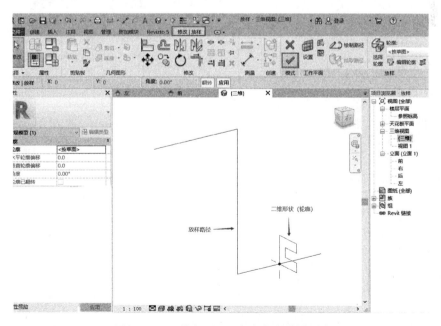

图 14.2-27　单击 "√" 命令完成放样创建

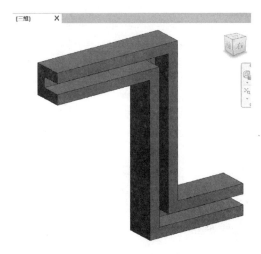

图 14.2-28 通过"放样"命令创建的三维实体效果

5）放样融合

"放样融合"是"放样"与"融合"的结合使用，它的形状由起始形状、最终形状和指定的二维路径确定。

需要绘制 1 条路径和起始、终点 2 个形状轮廓来创建。

Step1：选择相应工作平面绘制放样融合路径。在【项目浏览器】中双击进入需要创建放样融合路径所在的工作平面（如"参照标高"面），单击【创建】选择卡下的"放样融合"命令，如图 14.2-29 所示。单击【修改｜放样融合】上下文选项卡→"绘制路径"或"拾取路径"命令进入【修改｜放样融合＞绘制路径】上下

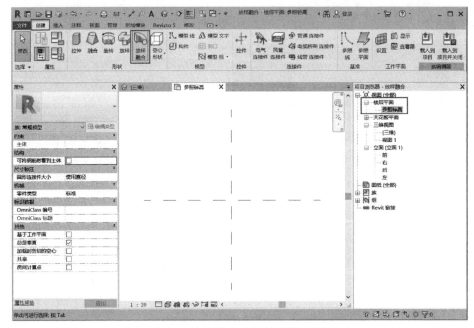

图 14.2-29 选择相应工作平面进行放样融合

文选项卡来进行路径的创建（本例选择"绘制路径"，如有现成的线则可选择"拾取路径"），如图 14.2-30 所示。单击【修改｜放样融合＞绘制路径】上下文选项卡→【绘制】面板中的适当工具绘制所需路径，单击【模式】面板中的"√"命令来完成路径的绘制，如图 14.2-31 所示。

图 14.2-30　单击"绘制路径"命令

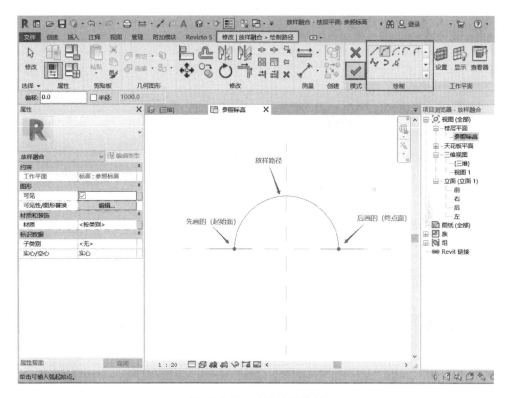

图 14.2-31　完成路径绘制

Step2：选择相应视图创建起始二维形状（轮廓），如图 14.2-32 所示。单击【修改｜放样融合】上下文选项卡→【放样融合】面板→"编辑轮廓"或"载入轮廓"命令来创建起始二维形状（轮廓），如图 14.2-32所示（默认先编辑的是轮廓 1，即为起始轮廓）。绘制操作与"放样"相同，绘制完成后单击【模式】面板中的"√"命令来完成绘制，如图 14.2-34 所示。

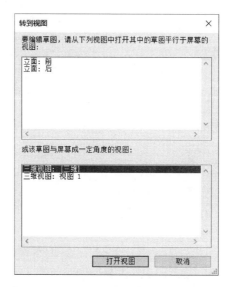

图 14.2-32 "转到视图"对话框

图 14.3-33 单击"编辑轮廓"命令

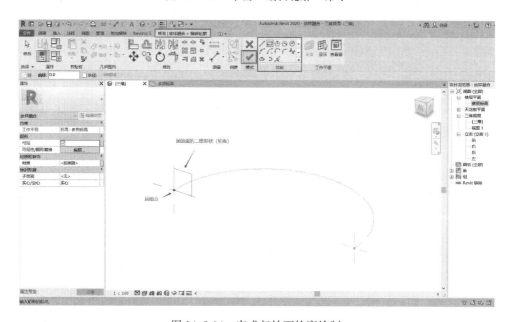

图 14.2-34 完成起始面轮廓绘制

Step3：选择相应视图创建终点二维形状（轮廓）。单击【修改 | 放样融合】上下文选项卡→【放样融合】面板→"选择轮廓 2"命令，切换创建终点二维形状（轮廓），如图 14.2-35 所示。再重复 Step2 中"绘制轮廓"步骤来完成终点二维形状（轮廓）的创建，如图 14.2-36 所示。

图 14.2-35　单击"选择轮廓 2"命令切换创建终点轮廓

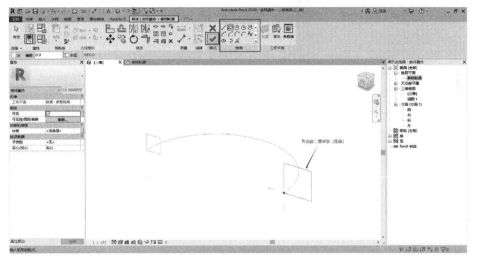

图 14.2-36　完成终点面二维形状（轮廓）绘制

Step4：形成三维形状。单击【修改 | 放样融合】上下文选项卡→【模式】面板→"√"命令来完成放样融合创建，如图 14.2-37 所示。通过放样融合创建的实

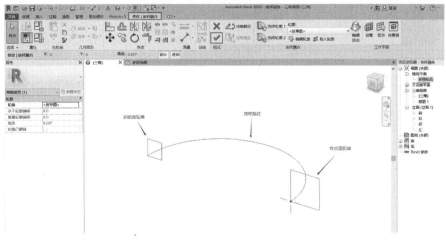

图 14.2-37　单击"√"命令完成放样融合创建

体三维效果如图 14.2-38 所示。

图14.2-38 通过"放样融合"命令创建的三维实体效果

6）空心形状

以上 1）～5）是三维族创建的 5 种基本方法，而"空心形状"中对应的这 5 种操作方法相同，区别在于形成的是空心形状而非实体形状，空心形状呈黄色半透明状。

提示：在使用这 5 种方法创建实体或空心形状时，实体形状和空心形状可以进行相互转化，操作是单击选中实体，在【属性】面板中的"标识数据"下"实心/空心"进行转换选择，如图 14.2-39所示。

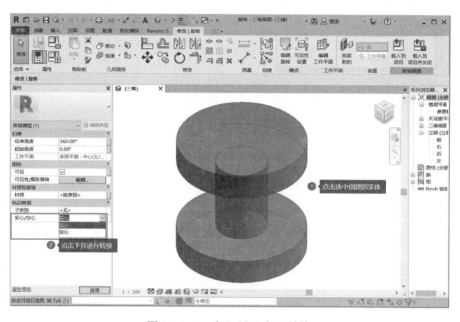

图 14.2-39 实心/空心相互转换

2. 布尔运算

布尔运算是族编辑中的一种高级功能，它允许用户通过合并、相交或剪切等操作来创建复杂的几何形状。

在创建族时，往往无法一步创建形成，许多复杂的族都需要由不同的实体形状或空心形状组合而成。在创建族之前，应该先思考可以将目标构件拆分成几部分，每部分可以使用哪些方法完成。各部分完成以后，通过"剪切""连接"命令来将所创建的形状进行组合。

1）连接

全称为连接几何图形，指在共享公共面的 2 个或更多主体图元（如墙和楼板）之间创建清理连接。"连接"命令将删除连接的图元之间的可见边缘。之后连接的图元便可以共享相同的线宽和填充样式。

如图 14.2-40 所示的篮球架族，由多个实心形状组成，但在组合时，该篮球架底座未能组合成一体，此时可以单击【修改】选项卡→【几何图形】面板→"连接"命令，如图 14.2-41 所示，再分别单击要组合成一体的所有实体形状，此时实体形状形成一个整体，图元间的边缘线条消失，连接后的图元共享相同的材质等，如图 14.2-42所示。

图 14.2-40　未组合好的　图 14.2-41　单击"连接"命令　图 14.2-42　通过"连接"
　　　　篮球架　　　　　　　　　　　　　　　　　　　　　命令组合好的篮球架

2）剪切

全称为剪切几何图形，在要剪切几何图形（例如从实心形状剪切实心或空心形状）时，该工具非常有用。

如图 14.2-43 所示的螺栓族，由实心形状（圆柱体）和空心形状（十字体）组成，但在组合时，该实体形状和空心形状未能组合成一体，此时可以单击【修改】选项卡→【几何图形】面板→"剪切"命令，如图 14.2-44 所示，再分别单击要组合成一体的实体形状和空心形状，此时空心形状就会剪切掉实体形状形成一个整体，如图 14.2-45 所示。

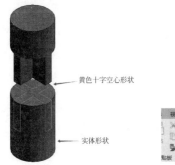

图 14.2-43　未组合好的螺栓　图 14.2-44　单击"剪切"　图 14.2-45　通过"剪切"
　　　　　　　　　　　　　　　　　　命令　　　　　　命令组合好的螺栓

提示：总结：实体与实体之间的连接用"连接"命令实现，实体与空心之间的连接用"剪切"命令实现。

3. 添加和应用族参数

族参数的添加是族创建过程中非常重要的部分，族有了参数才能被更加灵活地使用。由于族参数种类多，此处仅介绍常用的材质参数和几何参数。

1）材质参数

添加了材质参数后，族可以被赋予不同的材质。

材质参数的添加和应用操作如下。

Step1：添加材质参数。单击【创建】选项卡→【属性】面板→"族类型"命令，如图 14.2-46 所示。在弹出的"族类型"对话框中单击左下角"新建参数"命令，如图 14.2-47 所示。在弹出的"参数属性"对话框中填写"参数

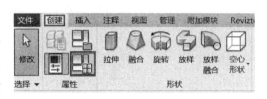

图 14.2-46　单击"族类型"命令

数据"下面的"名称"，选择对应的"参数类型"为"材质"，单击"确定"命令，如图 14.2-48 所示。这样材质参数就添加成功了。

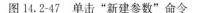

图 14.2-47　单击"新建参数"命令

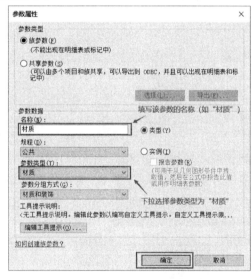

图 14.2-48　设定参数数据

Step2：应用材质参数。材质参数添加完成后，在"族类型"对话框中能看到新增了"材质和装饰"一栏，单击"材质"参数栏中的"…"命令来设置相关材质（如玻璃），并单击"确定"，如图 14.2-49 所示。材质参数取值设定好之后，单击选中要关联材质参数的三维实体，单击【属性】面板中"材质和装饰"下"材质"后方的竖长方形条（"关联族参数"命令），如图 14.2-50 所示。在弹出的"关联族参数"对话框中选中已经添加好的"材质"参数，单击"确定"命令，如图 14.2-51 所示。族参数与实体之间关联应用完成，可以看到实体的材质变化，如图 14.2-52 所示。

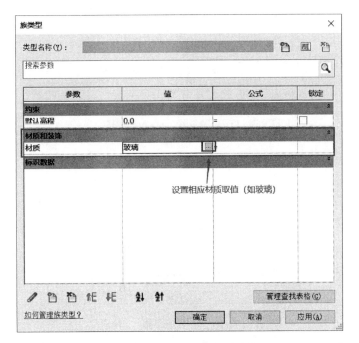

图 14.2-49　设置相关材质取值

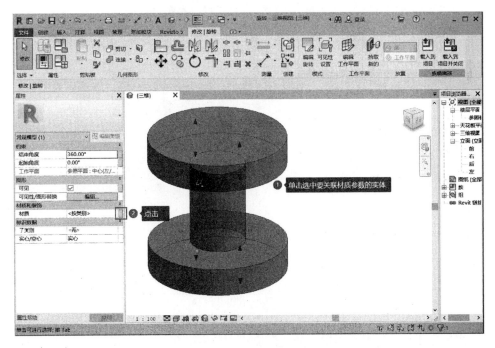

图 14.2-50　关联族参数

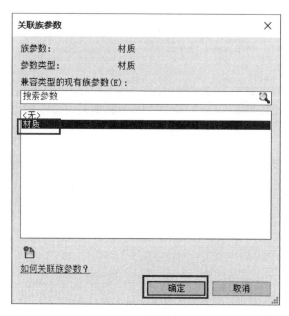

图 14.2-51　关联族参数"材质"

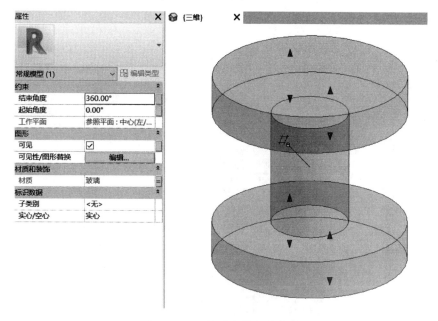

图 14.2-52　材质参数应用完成

2）几何参数

几何参数主要用于控制构件的几何尺寸，一般包含长度、半径、角度等，几何参数可以通过尺寸标签添加或者函数公式计算。几何参数的使用需要有相应的尺寸标注才能关联应用。

几何参数的添加和应用操作如下。

Step1：添加相应几何参数。几何参数的设置和材质参数相似（图 14.2-46、图 14.2-47）。区别在于"参数属性"对话框中填写"参数数据"中的"名称"（根据需要设定的几何参数进行命名，如宽度），选择对应的"参数类型"为长度，如图 14.2-53所示。

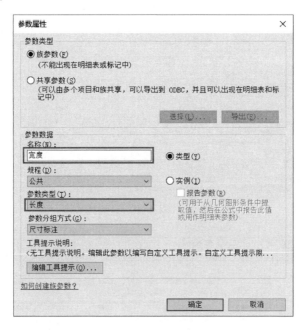

图 14.2-53 添加几何参数

Step2：应用几何参数。"族类型"对话框中新增的"尺寸标注"的"宽度"为"0"，单击"确定"，如图 14.2-54所示。对需要设定几何参数的边，单击【注释】选项卡→【尺寸标记】面板中的各命令进行尺寸标记，如图 14.2-55所示。单击标记好的尺寸标注，在【修改｜尺寸标注】上下文选项卡下新增了【标签尺寸标注】面板，在"标签"下拉列表中，单击需要关联的几何参数（如宽度），如图 14.2-56 所示。这样几何参数（宽度）与实体之间关联应用完成，此时尺寸标注将成为可驱动的参数，可以看到实体标记和属性栏宽度取值的变化，如图 14.2-57 所示。

图 14.2-54 出现尺寸标注参数

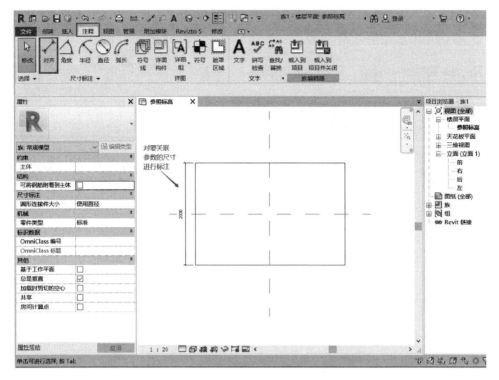

图 14.2-55　进行尺寸标注

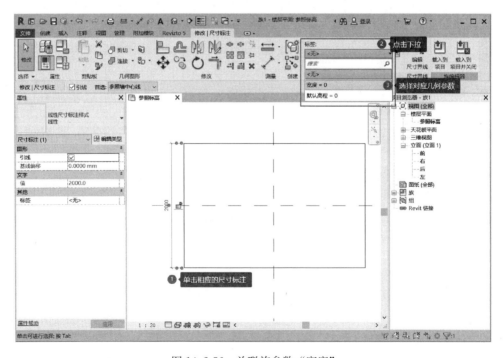

图 14.2-56　关联族参数"宽度"

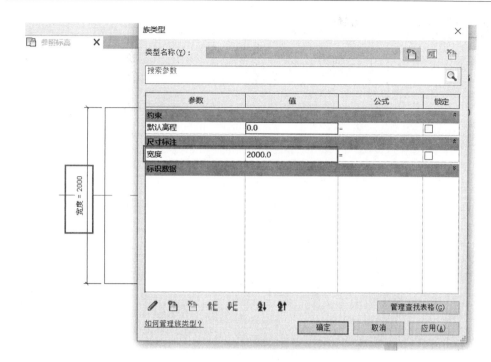

图 14.2-57　几何参数应用完成

14.2.3　二维族的创建

族能创建的除了三维实体的还能创建非立体的二维族，如轮廓族、标题栏图框、房间标记、门窗标记等注释族。这里以轮廓族和标题栏族为例说明二维族的创建方法。

1. 轮廓族

在 Revit 软件创建的项目里，散水、墙饰条、楼板边缘、室外台阶等都可以使用轮廓族来创建所需实体形状。

以散水的创建为例。若在"公共实训基地"需要布置宽 100mm、高 50mm 的散水，可以使用墙饰条功能实现，但是散水的轮廓需要通过轮廓族来创建。

Step1：选择"公制轮廓"样板来新建族。单击"族"→"新建..."命令，选择"公制轮廓"样板，单击"打开"，如图 14.2-58 所示。

Step2：使用"线"功能完成散水轮廓绘制。进入轮廓族的操作界面后会发现，大致与三维族创建相同，但是没有"拉伸、融合、旋转、放样、放样融合"等操作命令，替代的是"线"的操作命令，这是因为在二维族中无需创建三维实体。单击【创建】选项卡→【详图】面板→"线"命令，如图 14.2-59 所示。在【修改 | 放置线】上下文选项卡下的【绘制】面板内使用合适的工具完成散水轮廓（三角形）的绘制，如图 14.2-60 所示。

提示：**注意插入点的位置，插入点的左边为主体（如墙），故要从插入点往右进行绘制。**

图 14.2-58 使用"公制轮廓"样板新建族

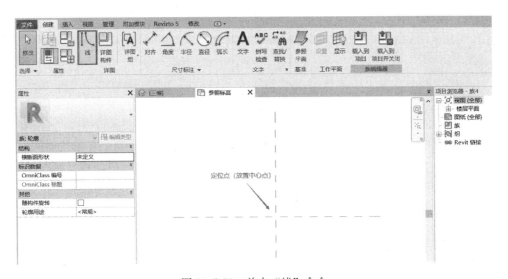

图 14.2-59 单击"线"命令

Step3：保存、使用。单击"保存"命令，命名保存创建好的轮廓族，如图 14.2-61所示。单击【修改】选项卡下的"载入到项目"命令将创建好的轮廓族载入到对应项目当中去，如图 14.2-62 所示。

提示：载入项目中的"轮廓族"非实体，无法直接载入到项目中放置或者在选项卡中单击命令直接放置，而是应该通过创建"墙：饰条"或"楼板：楼板边"的实体，在【属性】面板中单击"编辑类型"，在弹出的"类型属性"对话框中的"轮廓"中单击选择使用。

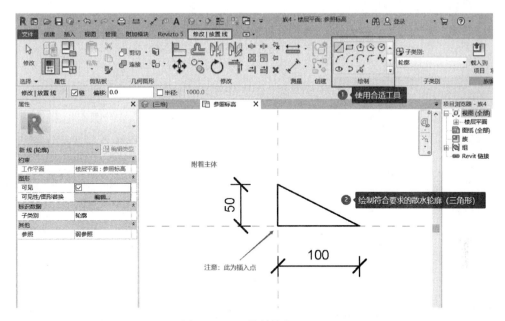

图 14.2-60　绘制轮廓（mm）

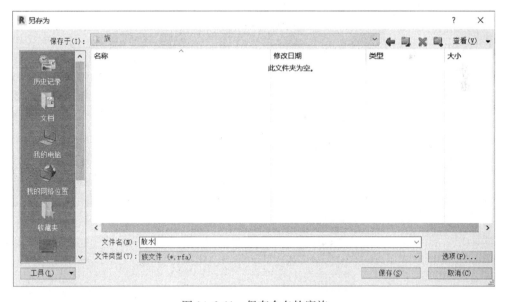

图 14.2-61　保存命名轮廓族

2. 标题栏图框族

　　在项目出图时，我们会用到不同的图框，需要不同类型的标题栏，但是系统自带的族库里的图框类型有限，因此可以通过创建自己所需的标题栏图框族来满足我们的需求。

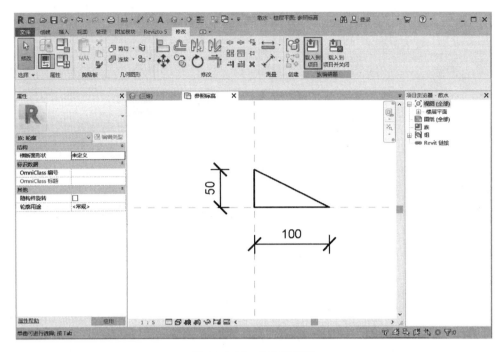

图 14.2-62 载入到项目

Step1：选择标题栏下对应样板，创建标题栏图框。单击"族"→"新建"命令，选择"标题栏"文件夹里面的对应尺寸图幅的样板（如"A3 公制"），单击"打开"，如图 14.2-63 所示，操作界面如图 14.2-64 所示。通过使用【创建】选项

图 14.2-63 使用"A3 公制"样板新建图框族

卡下【详图】面板的"线"命令，绘制需要的线框，如图 14.2-65 所示。

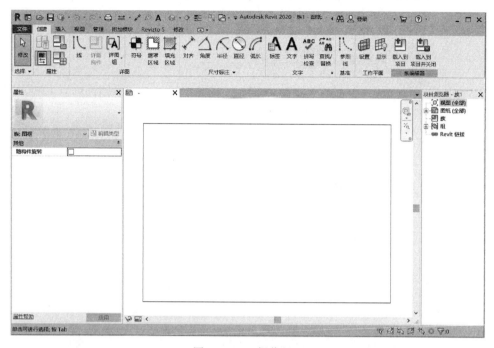

图 14.2-64　操作界面

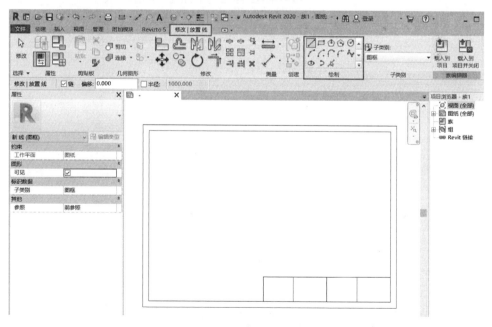

图 14.2-65　使用"线"命令绘制所需图框

提示：标题线框也可以导入 CAD 图纸。操作方法是单击【插入】选项卡→【导入】面板→"导入 CAD"命令。

Step2: 添加文字和标签参数。线框和标题栏绘制完成后,在相应位置添加文字或标签参数。单击【创建】选项卡→【文字】面板→"文字"命令,如图 14.2-66 所示,通过点击视图相应位置进行文字添加,可以通过【对齐】面板内的选项调整文字对齐方式,添加完文字的效果如图 14.2-67 所示。单击【创建】选项卡→【文字】面板→【标签】命令,如图 14.2-68 所示,通过点击视图相应位置进行标签参数的添加,此时会弹出"编辑标签"对话框,选择对应的参数类别为标签参数,如图 14.2-69 所示。添加完成后的效果如图 14.2-70 所示。

提示:文字与标签的区别是文字是固定不变的,输入的内容就是载入到项目中的内容;标签是参数,载入到项目中后会跟随项目对应参数的设置变化而变化。

图 14.2-66　使用"文字"命令

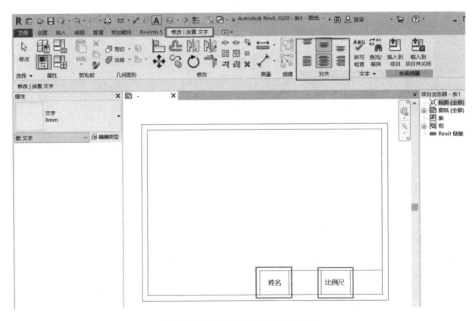

图 14.2-67　添加完文字效果

图 14.2-68　使用"标签"命令

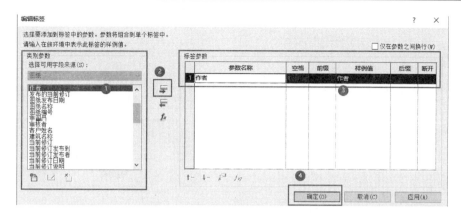

图 14.2-69　选择对应标签参数

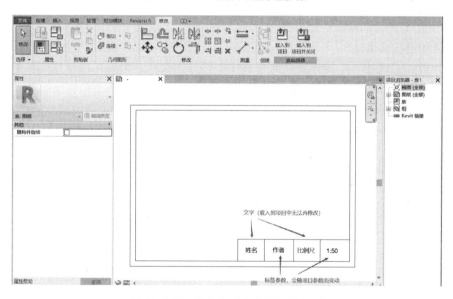

图 14.2-70　添加完文字与标签的效果

Step3：保存、使用。单击"保存"命令，命名保存创建好的标题栏图框族，单击【修改】选项卡→"载入到项目"命令，将族载入到对应项目当中去进行使用。

14.3　实战——创建三维族

扫码观看"第14章
Revit族"实战
教学视频

14.3.1　实战——创建玻璃圆桌

要求：创建一个公制家具参数化模型，参数化模型名称为"玻璃圆桌"；给模型添加 2 个材质参数"桌面材质"和"桌柱材质"，设置材质类型分别为"玻璃"和"不锈钢"；添加名为"桌面半径"尺寸参数，设置参数值为 600mm，其他尺寸不作参数要求。玻璃圆桌尺寸如图 14.3-1，图 14.3-2 所示。

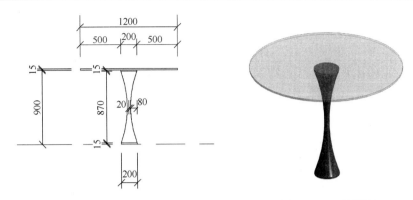

图 14.3-1 剖面图（mm）　　　　　图 14.3-2 轴侧图

1. 思路分析与建模思路

思考：①玻璃圆桌族可以拆分成几个部分？②各部分分别用什么方法实现？③题目还有什么要求？

分析：①该族可以拆分成桌面和桌柱 2 部分组合；②桌面可以通过"拉伸"或"旋转"命令生成，桌柱可以通过"旋转"命令生成；③题目说明生成的是"公制家具"，优先使用"公制家具"样板，可以使用"公制常规模型"，还需要设置材质参数和几何参数。

建模思路：选择合适样板新建族→创建桌面、桌柱实体→添加、关联材质和几何参数→命名保存。

2. 建模实操

Step1：选择"公制家具"样板新建族文件。双击打开 Revit 2020 软件→单击"族"中的"新建"命令→选择"公制家具"样板→单击"打开"命令，如图 14.3-3 所示。

图 14.3-3 新建族文件

Step2：创建桌面实体（以"拉伸"为例）。单击【创建】选项卡→【形状】面板→【拉伸】命令，如图 14.3-4 所示，单击【修改｜创建拉伸】选项卡→【绘制】面板→"圆"命令，绘制一个半径为 600mm 的圆，如图 14.3-5 所示。将左侧【属性】面板中的"拉伸起点""拉伸终点"分别设置为"900.0mm""915.0mm"，再单击"√"命令完成拉伸形成所需实体，如图 14.3-6 所示。

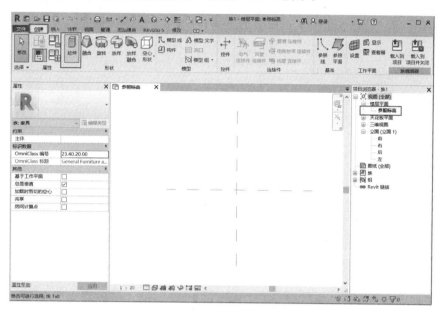

图 14.3-4　单击"拉伸"命令

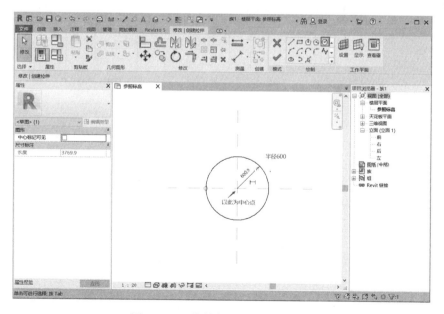

图 14.3-5　绘制半径为 600mm 的圆

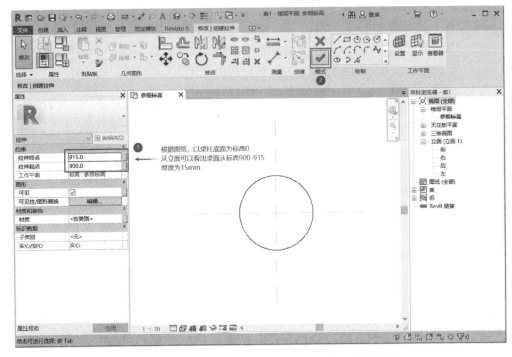

图 14.3-6　修改拉伸起点、拉伸终点数值，完成创建

Step3：创建桌柱实体。在【项目浏览器】中双击切换至任意立面（如"前"立面），单击【创建】选项卡→"参照平面"命令创建参照辅助线，再单击【创建】选项卡→【形状】面板→"旋转"命令，如图 14.3-7 所示。单击【修改 | 创建旋转】

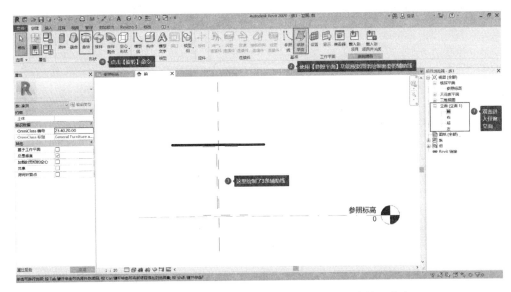

图 14.3-7　切换立面视图、绘制参照线，单击"旋转"命令

选项卡→"边界线"命令里的"直线""起点终点半径弧"命令，完成桌柱二维形状（轮廓）的绘制，如图 14.3-8 所示。单击"轴线"命令切换至轴线绘制，使用"绘制轴"或"拾取轴"命令绘制出中心轴线，再单击"✓"命令完成旋转形成桌柱实体，如图 14.3-9 所示。

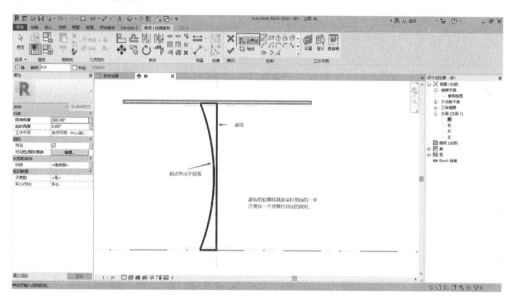

图 14.3-8　旋转二维轮廓绘制

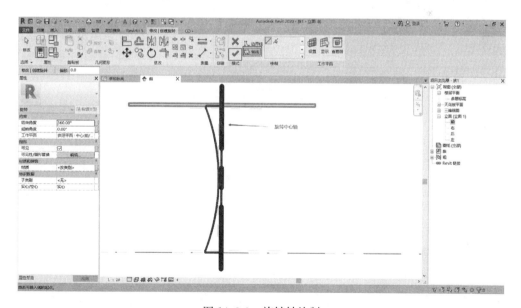

图 14.3-9　旋转轴绘制

提示：绘制完成的实体线条很粗，可以将细线模式打开，操作方法为单击【视图】选项卡→"细线"命令，或单击 Revit 软件最上方快捷命令中的"细线"图标，如图 14.3-10 所示。绘制完成的桌子没有颜色，单击"视觉控制栏"→"视觉样式"→"着色"命令或更高，如图 14.3-11 所示。调整前后的对比如图 14.3-12 所示。

图 14.3-10 "细线"模式   图 14.3-11 视觉样式

图 14.3-12 调整前（左）后（右）对比

Step4：添加材质参数。先添加"桌面材质"和"桌柱材质"2 个参数，单击【创建】选项卡→【属性】面板→"族类型"命令，如图 14.3-13 所示。在弹出的"族类型"对话框中单击"新建参数"命令，如图 14.3-14 所示。在弹出的"参数属性"对话框中设置"名称"为"桌面材质"，"参数类型"为"材质"，单击"确定"命令，如图 14.3-15 所示，"桌柱材质"参数添加方法相同。材质参数全部添加完成后，在"族类型"对话框中给两个参数相应赋值为"玻璃"和"不锈钢"，单击"确定"命令，如图 14.3-16 所示。

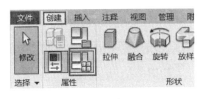

图 14.3-13 "族类型"命令   图 14.3-14 "新建参数"命令

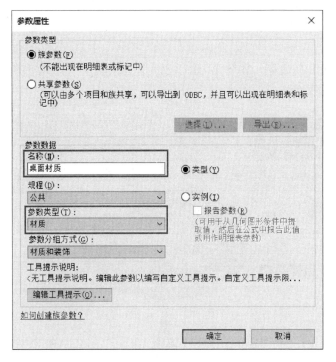

图 14.3-15　添加"桌面材质"参数

图 14.3-16　修改相应材质

Step5：关联材质参数。单击选中要关联材质参数的桌面实体，单击【属性】面板中"材质和装饰"下"材质"后方的竖长方形条（"关联族参数"命令），如图 14.3-17 所示。在弹出的"关联族参数"对话框中选中已经添加好的"桌面材质"参数，单击"确定"命令，如图 14.3-18 所示，"桌柱材质"的关联操作相同。关联了材质参数的玻璃圆桌如图 14.3-19 所示。

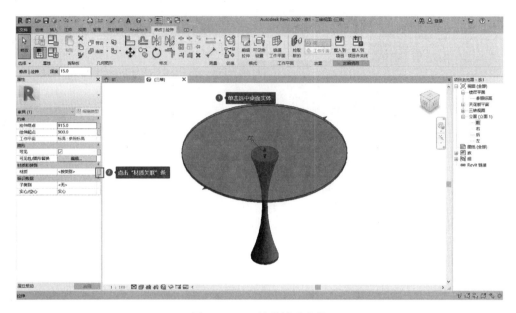

图 14.3-17　关联材质参数

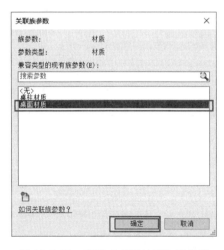
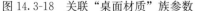

图 14.3-18　关联"桌面材质"族参数

图 14.3-19　关联材质参数后三维效果

Step6：添加和关联几何参数。使用相同方法添加名为"桌面半径"的几何参数，如图 14.3-20 所示。双击"参照标高"回到平面，双击已完成的桌面实体（圆形）激活【修改｜编辑拉伸】上下文选项卡，单击【注释】选项卡→"半径"命令创建一个半径尺寸标注，如图 14.3-21 所示。单击标记好的尺寸标注（600mm）→【修改｜尺寸标注】上下文选项卡→【标签尺寸标注】面板→"标签"命令下拉列表→"桌面半径＝0"进行参数关联，如图 14.3-22 所示。几何参数关联完成，效果如图 14.3-23 所示。

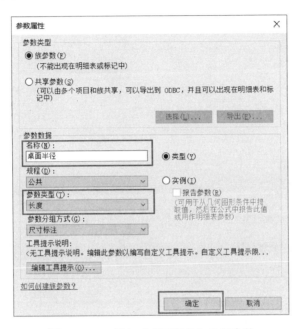

图 14.3-20　添加"桌面半径"几何参数

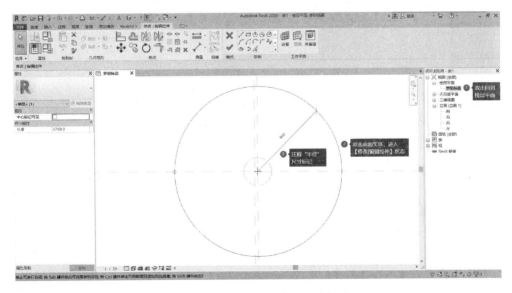

图 14.3-21　添加"半径"尺寸标注

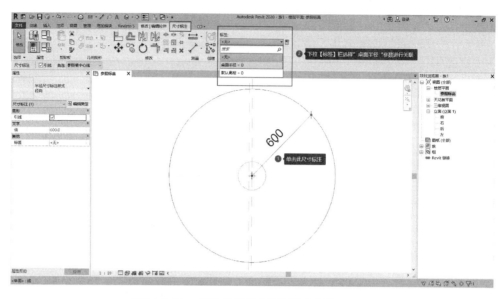

图 14.3-22　关联"桌面半径"尺寸参数（mm）

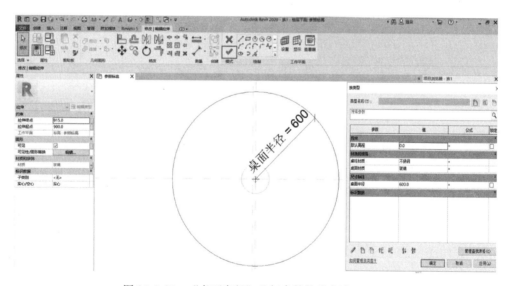

图 14.3-23　"桌面半径"几何参数关联完成（mm）

　　Step7：保存，命名为"玻璃圆桌"。 创建完成的玻璃圆桌族单击"保存"命令，命名为"玻璃圆桌"，保存为 .rfa 文件，载入到需要的项目进行使用。

14.3.2　实战——创建仿交通锥

　　要求：创建一个仿交通锥模型，尺寸数据如图 14.3-24，图 14.3-25 所示。

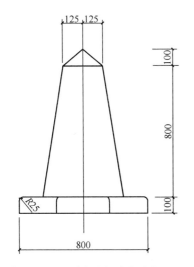

图 14.3-24　主视图、侧视图（mm）

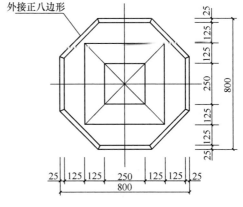

图 14.3-25　俯视图（mm）

1. 思路分析与建模思路

思考：①交通锥族可拆分为几部分？②各部分分别用什么方法实现？

分析：①该交通锥族可以拆分成锥底、锥身、锥顶 3 部分组合；②锥底可以通过"放样"命令生成，锥身可以通过"融合"或"放样"命令生成，锥顶可以通过"放样"命令生成。

建模思路：选择合适样板新建族→创建锥底、锥身、锥顶实体→命名保存。

2. 建模实操

Step1：选择"公制常规模型"样板新建族文件。 双击打开 Revit 2020 软件，单击"族"中的"新建 ..."命令→"公制常规模型"样板→"打开"命令，如图 14.3-26所示。

Step2：创建锥底实体。 单击【创建】选项卡→【形状】面板→"放样"命令，如图 14.3-27 所示，单击【修改｜放样】上下文选项卡→"绘制路径"命令进行放样路径的绘制（放样的路径是一个外接正八边形），如图 14.3-28 所示，单击【绘制】面板→"外接多边形"命令绘制一个正八边形→"√"命令，如图 14.3-29 所示。单击"编辑轮廓"命令转到"三维视图"进行轮廓编辑，如图 14.3-30 和图 14.3-31所示，单击【绘图】面板→"直线"和"圆角弧"命令绘制出要进行放样的轮廓，如图 14.3-32 所示。分别完成好路径和轮廓的编辑后，单击"√"命令完成放样，如图 14.3-33 所示。锥底效果如图 14.3-34 所示。

图 14.3-26　新建族文件

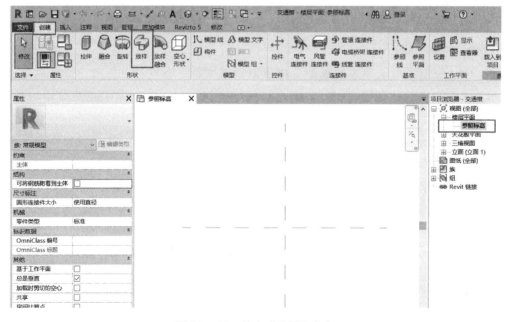

图 14.3-27　单击"放样"命令

图 14.3-28 单击"绘制路径"命令

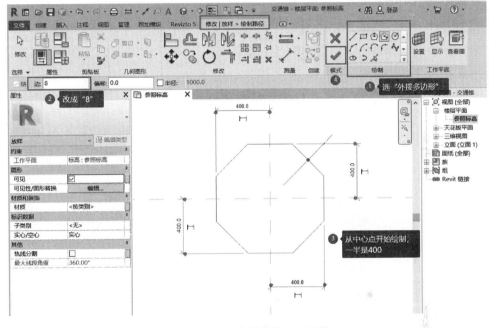

图 14.3-29 绘制外接正八边形

图 14.3-30 单击"编辑轮廓"命令

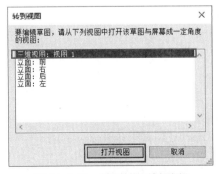

图 14.3-31 转到"三维视图"

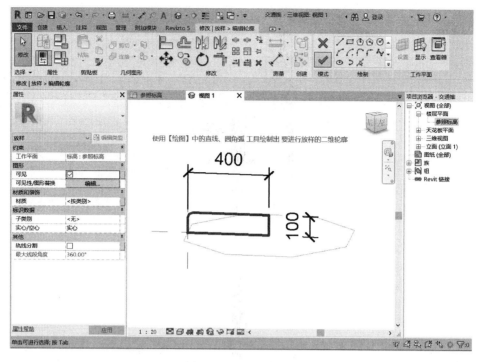

图 14.3-32　编辑轮廓

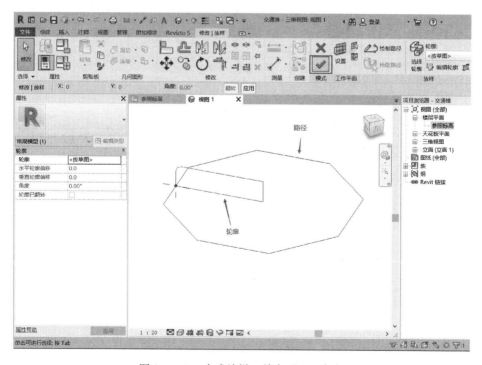

图 14.3-33　完成放样，单击"√"命令

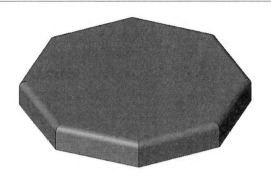

图 14.3-34　锥底放样效果

Step3：创建锥身实体。在【项目浏览器】中双击回到"参照平面"，单击【创建】选项卡→【形状】面板→"融合"命令，单击【修改｜创建融合底部边界】上下文选项卡→【绘制】面板→"外接多边形"或"正方形"等命令绘制边长为 500mm 的正方形，如图 14.3-35 所示。单击【修改｜创建融合底部边界】上下文选项卡→"编辑顶部"命令，切换到【修改｜创建融合顶部边界】上下文选项卡，使用相同的方法绘制边长为 250mm 的正方形，如图 14.3-36 所示。分别完成好顶部和底部轮廓的创建后，单击"√"命令完成融合，完成的锥身效果如图 14.3-37 所示。

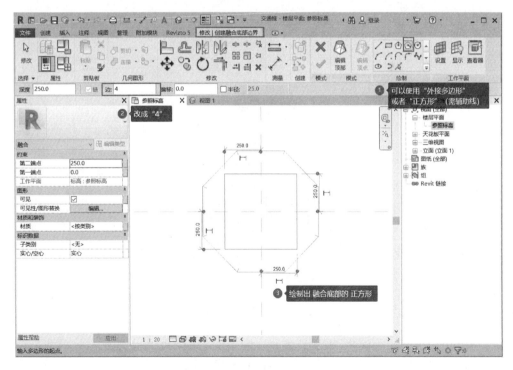

图 14.3-35　融合创建底部形状

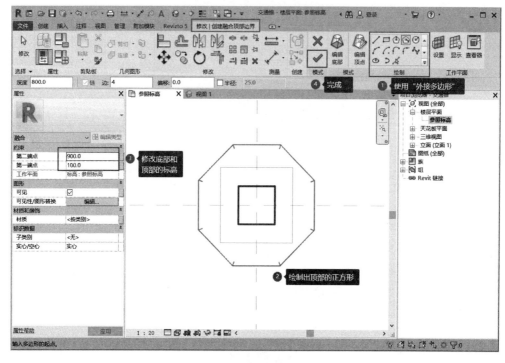

图 14.3-36　融合创建顶部形状

图 14.3-37　完成锥身创建效果

Step4：创建锥顶实体。锥顶创建方法与锥底相似，均可以使用"放样"命令进行完成。放样的路径是一个边长为 250mm 的正方形，与融合顶部形状一致，放样的轮廓是一个高为 100mm、另一直角边长为 125mm 的直角三角形，如图 14.3-38 所示。放样完成的锥顶效果如图 14.3-39 所示。

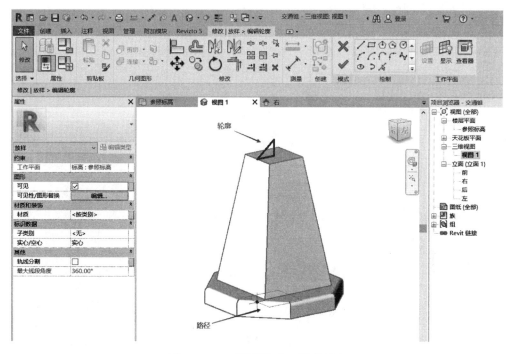

图 14.3-38　"放样"命令轮廓创建

图 14.3-39　放样完成的锥顶效果

课后习题

1. 当你想要创建一个族，以便它可以在不同的项目中重复使用，你应该保存族文件为（　　）。

A．.rvt 文件　　　　B．.rfa 文件　　　　C．.rft 文件　　　　D．.rte 文件

2. 在 Revit 软件中，族是指（　　　）。

A. 一个建筑项目的名称　　　　　B. 一种特定的建模工具

C. 一组具有相同属性的图元　　　D. 一个用于创建模型的 3D 模型库

3. 创建下图中的玻璃水杯模型，水杯的高度为 140mm，杯底厚度为 10mm，材质为玻璃，请将模型以"玻璃水杯"命名保存。

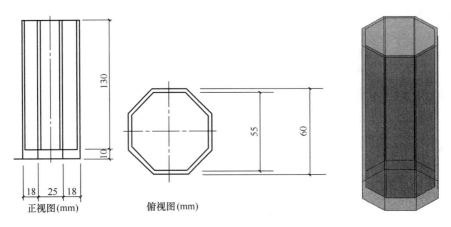

正视图(mm)　　　　俯视图(mm)

4. 创建下图中的榫卯结构模型，尺寸如图，请将模型以"榫卯结构"命名保存。［题目来源：中国图学学会（一级）—全国 BIM 技能等级考试第七期第 3 题］

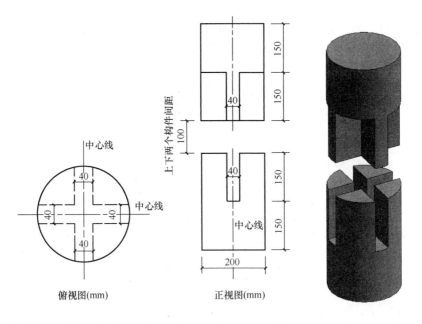

俯视图(mm)　　　　正视图(mm)

5. 创建一个公制参数化模型，命名为"螺栓"。给模型添加 1 个名称为"螺栓材质"的材质参数，并设置材质类型为"不锈钢"，尺寸要求如下，尺寸不作参数化要求。

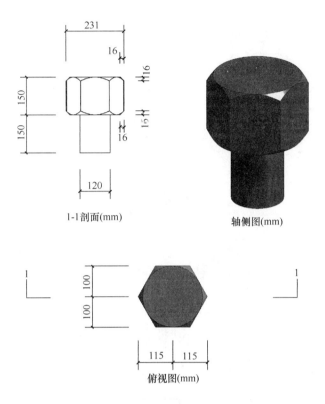

1-1剖面(mm)　　　　　　　轴侧图(mm)

俯视图(mm)

6. 创建一个公制参数化模型，命名为"弹簧"。给模型添加 1 个名称为"弹簧材质"的材质参数，并设置材质类型为"不锈钢"，尺寸要求：弹簧一圈直径200mm，弹簧截面直径 20mm，其他尺寸不作参数化要求。

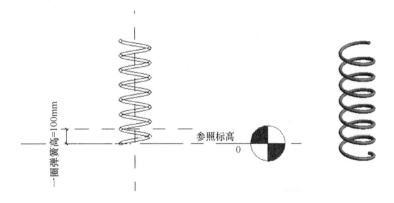

7. 创建一个公制常规模型，名称为"皂盒"；给模型添加 1 个材质参数"皂盒材质"，设置材质类型分别为"塑料，不透明的白色"；添加名为"盒底孔数"的数量参数，设置参数值为 6，其他尺寸不作参数要求，具体尺寸如下。

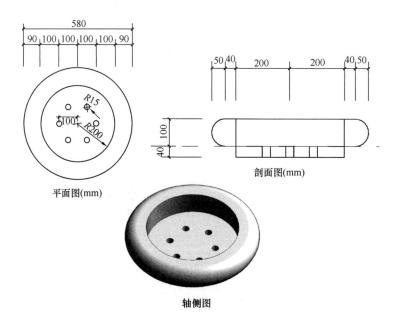

平面图(mm)

剖面图(mm)

轴侧图

参考答案

1. B 2. C

第 15 章　体　　量

【导读】

　　本章主要对 Revit 软件中体量的创建方法与应用进行介绍。

　　第 1 节讲解了体量的概念、作用、分类以及体量与族的关系。

　　第 2 节讲解了创建体量的基本操作。

　　第 3 节讲解了体量形状的创建方法。

　　第 4 节讲解了体量的编辑方法与应用。

　　通过案例——体量大厦，讲解体量创建过程及应用。

知识目标：

1. 学生能够理解 Revit 软件中体量的概念、作用和创建的基本方法。

2. 能区分体量和族的关系，选择合适的方法进行实体的创建。

3. 掌握体量创建的基本方法的操作，掌握如何使用体量来构建模型，能在建筑设计和建模中灵活应用。

能力目标：

1. 学生能够独立在 Revit 软件中创建体量并对其进行编辑。

2. 能够根据具体项目需求，灵活应用体量进行建筑设计和建模。

课程思政目标：

1. 培养学生思考问题、分析问题、解决问题的能力。

2. 培养学生独立、严谨、实事求是的工作作风和团队意识；培养学生不断创新的精神和良好的职业道德。

15.1　体量概述

　　上一章讲了族的概念与创建，本章将引入一个新的概念——体量。在项目设计的初期，建筑师一般通过草图来表达自己的设计想法，Revit 软件的体量就提供了一个很灵活的设计环境，具有更强大的参数化造型功能。

15.1.1　体量概念与作用

　　体量全称为概念体量，也属于族的定义范畴，但由于自由度更高，可以直接对形状的点、线、面更改，使用形状创建更自由。"体量"就像是一个尺寸更大的"大族"。

　　在项目的概念设计阶段或设计前期，用户往往需要从建筑物的形体和大的体块关系入手，运用体量模型能够快速地分析和推敲建筑形体和空间，利用体量分析工具能快速统计楼层面积等指标，方便用户根据设计要求快速调整体量模型。Revit 体量工具提供了更加直观和更加强大的体量创建与修改工具，可以更好地支持不规则形体的建模。在概念设计完成后，可以将体量模型载入到项目中直接转换为楼板、墙体、幕墙和屋顶，并可以进一步深入地完成初步设计和施工图设计模型。通过体量创建的建筑也能够导出到诸如 Ecotect、Airpak 等软件中进行计算。

15.1.2 体量分类

与族相似，Revit 2020 提供了两种创建体量的方式：内建体量和可载入概念体量。

1. 内建体量

内建体量是指在项目中创建体量，用于表示项目独特的体量形状。

2. 可载入概念体量

可载入概念体量与可载入族类似，在一个项目中放置体量的多个实例，或者在多个项目需要使用同一种体量时，通常使用可载入体量族。

提示：可载入体量在项目外部可单独创建，支持创建新类型，且可同时载入不同的项目提供使用；内建体量需要在项目内部创建，创建方法和可载入体量一样，但是内建体量不支持创建新类型，仅为个体构件且仅支持当前项目使用，不支持同时载入其他项目。

15.1.3 体量与族的关系

体量与族的对比如图 15.1-1 所示。

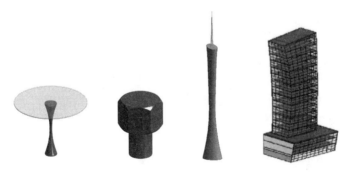

图 15.1-1 体量（右 1、右 2）与族（右 3、右 4）对比

1. 相同点

（1）体量与族的创建方式类似，都有内建和外建（可载入）2 种。

（2）体量与族均需要基于族样板进行创建，样板文件的格式均为 .rft，Revit 体量与 Revit 族都是 .rfa 格式的族文件。

（3）体量与族添加参数的方式也基本相似。

2. 不同点

（1）数量级不同：体量中绘制的尺寸较大，族的尺寸较小；体量采用的默认比例为 1∶200，族采用的默认比例是 1∶10 或 1∶20。所以，体量适合创建较大的模型（如一栋建筑），族适合创建各种建筑构件（如家具、门、窗等）。

（2）创建形状方式不同：族的创建是依靠拉伸、融合、旋转、放样、放样融合5 种基本操作形成实体或对应的空心形状；体量是基于点、线、面进行实体或空心的创建。族能创建的方法体量都能实现，并且体量能够创建更为复杂的模型。

（3）体量创建的模型载入到项目中，能自动计算总表面积、总体积、总楼层面积，族不能。

3. 如何判断题是用族还是体量创建？

（1）要求中出现"构件集"，用新建族创建，创建完直接保存成族，无需保存到项目中。

（2）要求中出现"体量"，用体量创建，如果不用计算体积，面积，就无需载入到项目中。

（3）要求中不出现以上两个词，可以在项目中用内建族（内建模型）或内建体量，创建完成直接保存项目文件。同样也可以用新建族或新建体量创建，创建完成无需保存到项目中。通常，对于尺寸大于 10m 的物体使用体量进行处理，而小于10m 的物体则使用用族来进行处理。

（4）如果要求中出现体量面墙、体量楼层、体量幕墙、体量墙体、体量屋顶等，则使用新建体量载入项目中创建，或在项目中内建体量完成。

15.2　体量基本操作

15.2.1　创建体量

1. 内建体量的创建

在项目中，单击【体量和场地】选项卡→【概念体量】面→"内建体量"命令进行项目内建体量的创建，如图 15.2-1 所示。弹出"名称"对话框对体量命名，如图 15.2-2 所示，全部绘制创建完成后单击"√完成体量"命令，如图 15.2-3所示。

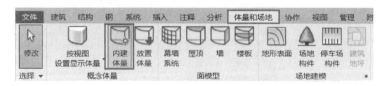

图 15.2-1　内建体量创建

图 15.2-2　内建体量命名

图 15.2-3　内建体量
创建完成

2. 可载入概念体量的创建

可载入体量创建方法是单击【文件】选项卡→"新建"命令→"概念体量"命令，如图 15.2-4 所示。也可以在打开 Revit 软件之后，单击"族"→"新建"命令，进入"概念体量"文件夹，如图 15.2-5 所示，选择"概念体量"样板文件创建，如图 15.2-6 所示。

图 15.2-4　可载入概念体量创建 1

图 15.2-5　可载入概念体量创建 2

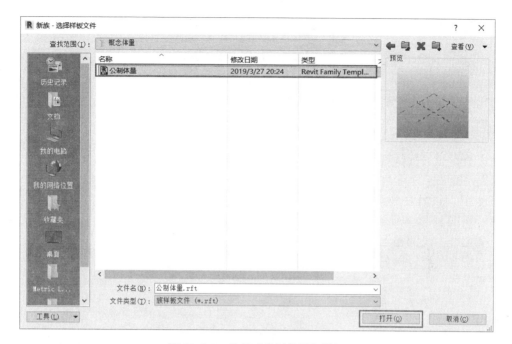

图 15.2-6　选择"公制体量"样板

15.2.2　体量创建工具

体量主要通过"模型线"或"参照线"命令创建线条或轮廓，再通过将线条或轮廓形成"实心形状"或"空心形状"来创建。

1. 模型线与参照线

Revit 里提供模型线和参照线来进行轮廓的创建。

1）模型线

创建一条存在于三维空间中且在项目的所有视图中都可见的线，快捷键"LI"，操作界面如图 15.2-7 所示。

可以使用模型线表示建筑设计中的三维几何图形，例如，创建仅在特定视图中可见的详图线，可使用"详图线"命令。

图 15.2-7　模型线创建

2）参照线

参照线可用来创建新的族或创建族的约束，操作界面如图 15.2-8 所示。

图 15.2-8 参照线创建

直参照线提供 4 个可进行绘制的
参照平面。一个平面平行于线本身的
工作平面；另一个平面垂直于该平
面，如图 15.2-9 所示，两个平面都经
过参照线。线的端点处有 2 个附加平
面，弯曲参照线则只有端点处 2 个参
照平面。

3) 模型线与参照线区别（表
15.2-1）

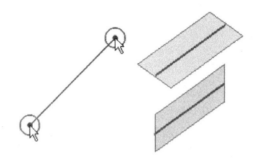

图 15.2-9 直参照线的参照平面

模型线与参照线区别 表 15.2-1

项目	模型线	参照线
可见性	具有三维实体可见性	非实体，导入项目不可见
参照平面	无参照平面	有参照平面
独立性	创建形状后，与模型融为一体	创建形状后，保持独立性
控制权限	创建形状后，控制权限降级	创建形状后，保持控制权限

2. 实心形状与空心形状

使用"模型线"或"参照线"命令绘制轮廓后，选中轮廓即可创建"实心形状"或"空心形状"。操作界面如图 15.2-10 所示。

图 15.2-10 创建形状操作

15.2.3 体量创建原理与思路

1. 创建原理

体量通过绘制轮廓线，然后对轮廓线创建形状，形状分为二维形状和三维形状，如图 15.2-11、图 15.2-12 所示。

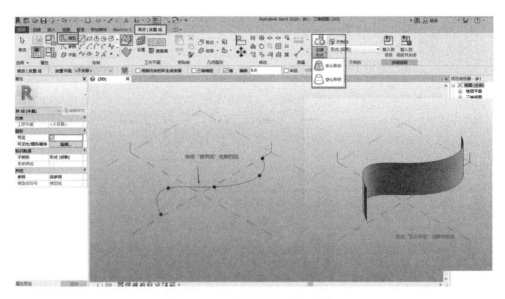

图 15.2-11　线条形成的表面形状

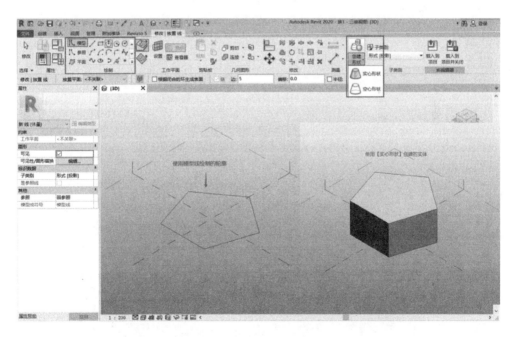

图 15.2-12　二维轮廓形成的实体

2. 创建思路

（1）检查设置工作平面；

（2）在工作平面上绘制轮廓（非闭合轮廓或闭合轮廓均可）；

（3）选择轮廓，创建形状（空心形状或实心形状）。

15.3 创建体量形状

通过绘制不同的轮廓线，可以生成不同形状，一般的形状创建分为以下几种：

（1）类似拉伸：需要一个轮廓即可，非闭合轮廓可生成表面现状，闭合轮廓可生成三维形状。

（2）类似旋转：需要一个轮廓和一条直线作为轴线。

（3）类似融合：需要两个或两个以上，不同高度（或深度）的轮廓。

（4）类似放样：需要一个轮廓作为路径，一个参照点和一个轮廓作为放样轮廓。

（5）类似放样融合：需要一个轮廓作为路径，两个参照点和两个轮廓作为端点处的放样轮廓。

通过这些方法可以创建三维模型，包括实心形状和空心形状，实心形状与空心形状的创建方法一致。以实心形状创建为例说明具体的形状创建。

15.3.1 创建拉伸形状

Step1：设置工作平面，绘制草图，草图必须为线或闭合轮廓，如图 15.3-1 所示。当勾选"根据闭合的环生成表面"选项时，绘制的草图会自动形成面。

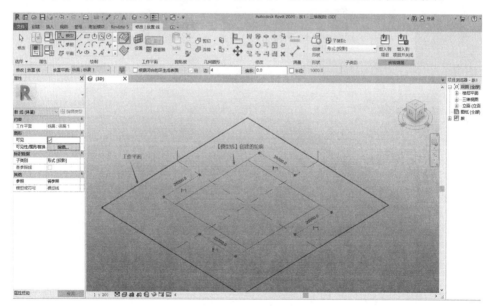

图 15.3-1　绘制草图

Step2：选中所绘制的线或轮廓，单击【修改｜线】上下文选项卡→"创建形状"命令下拉列表中的"实心形状"命令完成拉伸形状的创建，如图 15.3-2、图 15.3-3所示。

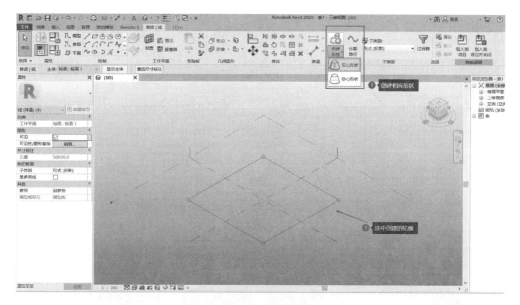

图 15.3-2　选择相应轮廓创建拉伸形状

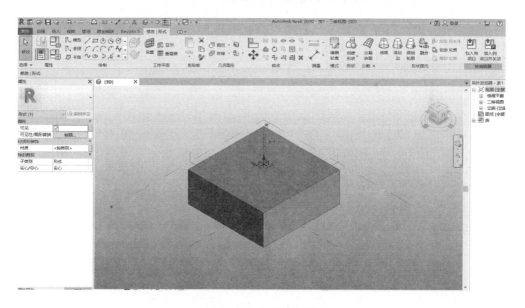

图 15.3-3　完成拉伸形状

Step3：调整三维形状。体量创建完成的拉伸形状可以通过拖拽实体表面的三项箭头来调整面的位置，从而调整体量的形状，如图 15.3-4 所示。

提示：拉伸形状创建中有个特例——圆形轮廓。当选中圆形轮廓生成实心形状时，如图 15.3-5所示，页面下方会出现"圆柱体"和"圆球体"两种选择，如图 15.3-6 所示，如选择"圆球"则生成效果如图 15.3-7 所示。

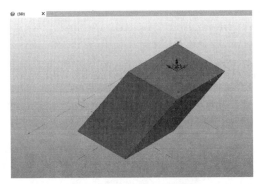

图 15.3-4 调整三维形状

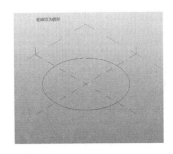 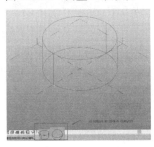 

图 15.3-5 绘制圆形轮廓 图 15.3-6 两种选择 图 15.3-7 生成圆球体

15.3.2 创建旋转形状

Step1:设置工作平面,绘制旋转截面(轮廓),绘制旋转轴,如图 15.3-8 所示。

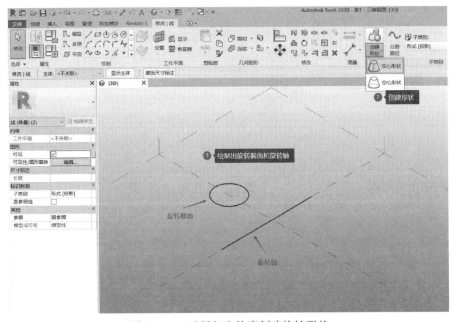

图 15.3-8 选择相应轮廓创建旋转形状

Step2：选中所绘制的旋转轴和轮廓，使用"实心形状"命令完成旋转形状的创建，效果如图 15.3-9 所示。

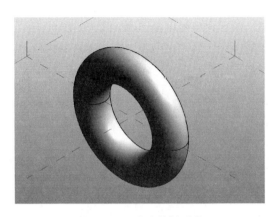

图 15.3-9　完成旋转形状

Step3：选中所创建的实体，在【属性】面板中可以修改"起始角度""结束角度"数值，所创建的实体将随之调整形状，如图 15.3-10 所示。

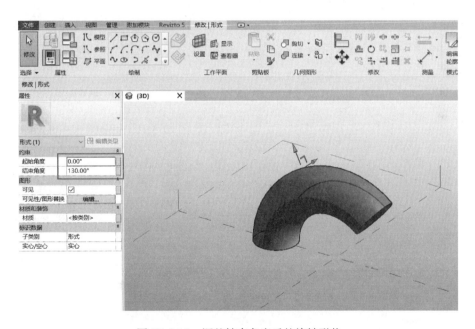

图 15.3-10　调整结束角度后的旋转形状

15.3.3　创建融合形状

Step1：设置两个不同的工作平面（可平行、可垂直、可相交），分别在不同工作平面上绘制 2 个轮廓，如图 15.3-11 所示。

Step2：选中所绘制的 2 个轮廓，使用"实心形状"命令完成融合形状的创建，如图 15.3-8 所示，效果如图 15.3-12 所示。

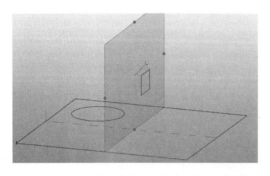
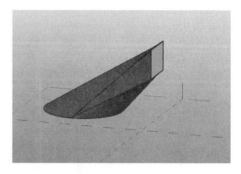

图 15.3-11　在不同工作平面绘制 2 个轮廓　　　　图 15.3-12　完成融合形状

15.3.4　创建放样形状

Step1：设置相应工作平面，分别绘制 1 条路径（使用直线/通过点的样条曲线等工具）和 1 个轮廓，如图 15.3-13 所示。

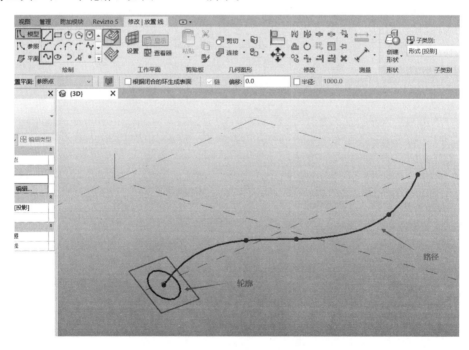

图 15.3-13　在不同工作平面绘制路径和轮廓

Step2：选中所绘制的路径和轮廓，使用"实心形状"命令完成放样形状的创建，如图 15.3-14 所示。

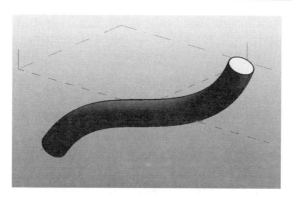

图 15.3-14 完成放样形状

15.3.5 创建放样融合形状

Step1：设置相应工作平面，分别绘制 1 条路径［使用直线（加点）/通过点的样条曲线等工具］和 2 个轮廓（一般轮廓所在的工作平面须与路径所在工作平面垂直，否则无法生成），如图 15.3-15 所示。

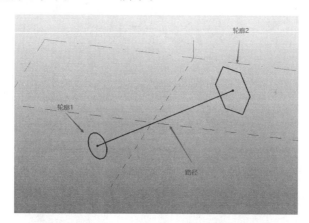

图 15.3-15 在不同工作平面绘制路径和轮廓

Step2：选中所绘制的路径和 2 个轮廓，使用"实心形状"命令完成放样融合形状的创建，如图 15.3-16 所示。

图 15.3-16 完成放样融合形状

15.4　编辑体量

体量创建完之后，可以通过大量的编辑工具对体量进行编辑，以达到最终需要的体量形状。

15.4.1　透视模式

在概念设计环境中，透视模式显示所选形状的基本几何骨架，包括显示其路径、轮廓和系统生成的引导。通过透视模式可选择形状图元的某个特定部分进行操纵，从而调整现有体量形式。透视模式显示的可编辑图元包括轮廓、路径、轴线、各控制节点。

操作方法：选择创建好的体量形状，单击【修改｜形式】上下文选项卡→【形状图元】面板→"透视"命令，显示透视模式效果，如图 15.4-1 所示。再次单击"透视"命令可退出透视模式。

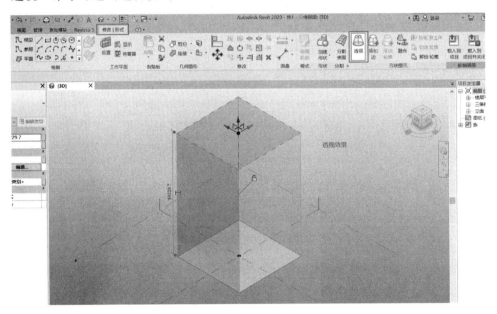

图 15.4-1　透视效果

15.4.2　为体量形状添加边

边是概念体量图形的基本组成形状，在概念设计环境中，可通过为体量形状添加边，形成控制形状的关键节点，以改变形状的几何图形。

操作方法：选择创建好的体量形状，单击【修改｜形式】上下文选项卡→【形状图元】面板→"添加边"命令，将指针移动到形状相关面上，会显示边的预览图像，单击完成边的添加，如图 15.4-2 所示。选择添加的边或相关节点，通过拖拽方式可改变当前形状，如图 15.4-3 所示。

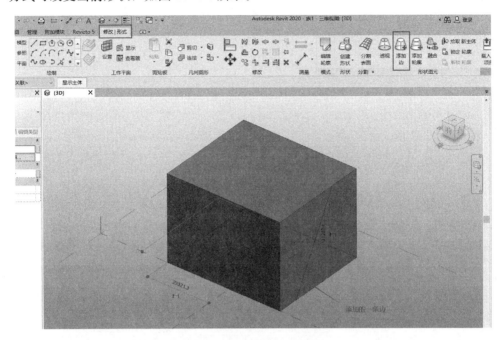

图 15.4-2 "添加边"操作

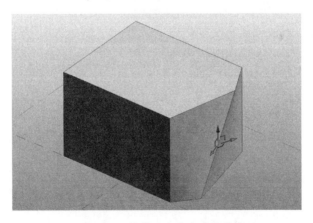

图 15.4-3 拖拽边来改变当前形状

15.4.3 为体量形状添加轮廓

轮廓是概念体量图形的基本组成形状，在概念设计环境中，可通过为体量形状添加轮廓，形成控制形状的关键节点，以改变形状的几何图形。生成的轮廓平行于最初创建形状的几何图元、垂直于拉伸的轨迹中心线。

操作方法为：选择创建好的体量形状，单击【修改｜形式】上下文选项卡→【形状图元】面板→"添加轮廓"命令，将指针移动到形状相关面上，可预览轮廓的位置、单击完成轮廓的添加，如图 15.4-4、图 15.4-5 所示。通过修改轮廓形状改变三维体量形状，如图 15.4-6、图 15.4-7 所示。

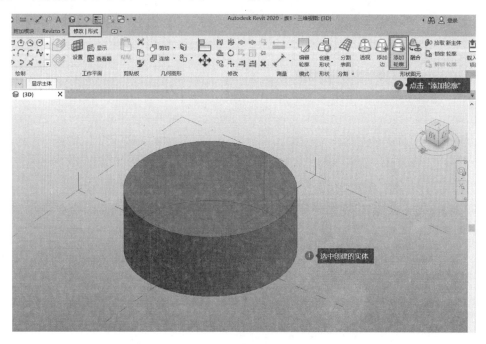

图 15.4-4 "添加轮廓"选项

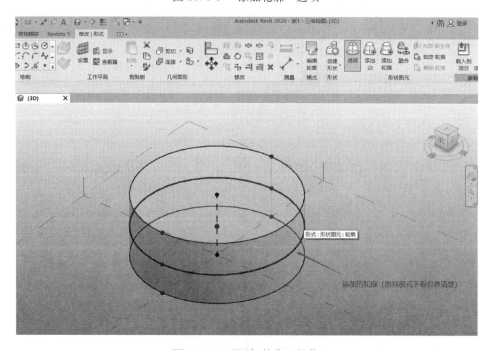

图 15.4-5 "添加轮廓"操作

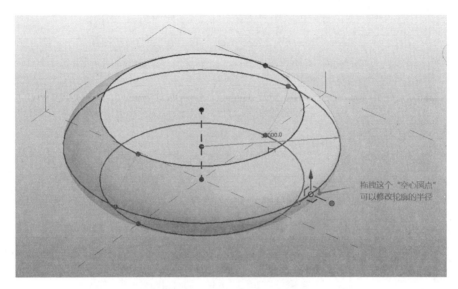

图 15.4-6　拖拽修改轮廓操作

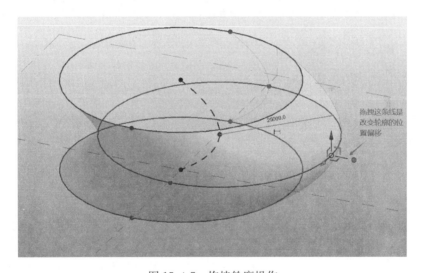

图 15.4-7　拖拽轮廓操作

15.4.4　使用实心形状剪切几何图形

在使用实心形状剪切几何图形时，将删除重叠区域，邻接的实心形状保持不变。

操作方法：选择要被剪切的实心形状，单击【修改】上下文选项卡→【几何图形】面板→"剪切"命令，再选择用来进行剪切的实心形状，完成体量形状的剪切，如图 15.4-8、图 15.4-9 所示。

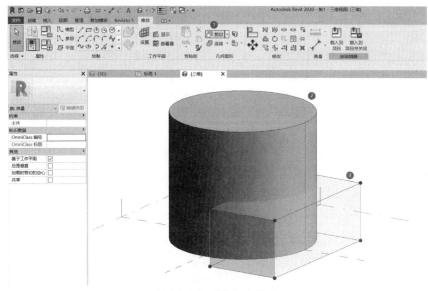

图 15.4-8 "剪切"操作

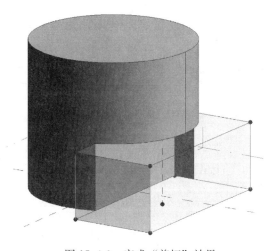

图 15.4-9 完成"剪切"效果

扫码观看"第15章
体量"实战
教学视频

15.5 实战——创建体量大厦

创建一个参数化模型"体量大厦",并创建项目"大厦"(图 15.5-1、图 15.2-2)。在项目中创建玻璃幕墙和玻璃斜窗屋面;左右、前后、屋顶幕墙网格尺寸均一致;垂直幕墙网格最大间距尺寸 2000mm,水平幕墙网格最大间距尺寸 3000mm。计算体量总体积为( ),总表面积为( )。

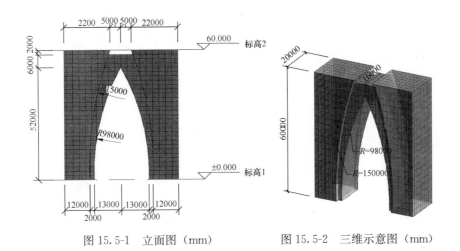

图 15.5-1 立面图（mm）　　图 15.5-2 三维示意图（mm）

1. 建模思路

创建"体量大厦"体量文件→新建"大厦"项目，将体量载入项目，获取体积、面积数据→按要求创建幕墙系统。

2. 建模实操

Step1：新建体量文件。双击打开 Revit 2020 软件，单击"族"→"新建…"命令，选择"公制体量"样板→"打开"命令，如图 15.5-3 所示。

图 15.5-3 新建体量文件

Step2：创建"体量大厦"三维实体。经过分析，可以分成"左右"和"中间"两部分实体形成，都可以使用拉伸创建形状。双击进入"南"立面，创建"标高2"，使用"参照平面"做需要的辅助线，使用"模型线"创建如图 15.5-6 所示的轮廓，选择模型线轮廓，创建"实心形状"，调整拉伸的深度为 20m，选中创建的实体，单击【修改|形式】上下文选项卡→【修改】面板→"镜像"命令，镜像出另

一侧，完成"左右"体量形状的创建，如图 15.5-5 所示。切换回"南"立面，创建"中间"形状的轮廓，绘制如图 15.5-6 所示的模型线，选择模型线轮廓，创建"实心形状"，单击前后表面进行拉伸位置的调整，将其深度调整为 16m，前后都缩进 2m（2000mm），完成"体量大厦"三维实体的创建，如图 15.5-7 所示。

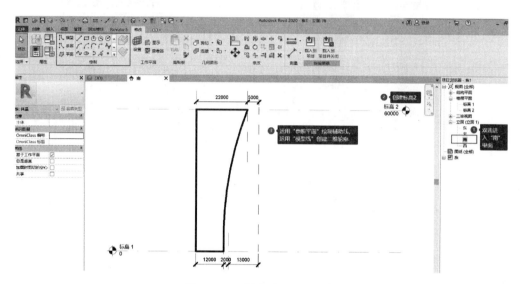

图 15.5-4 创建"左边"轮廓

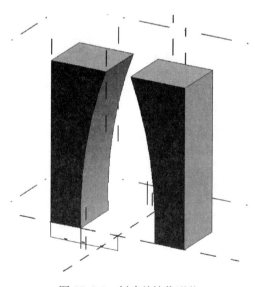

图 15.5-5 创建并镜像形状

Step3：保存，命名为"体量大厦"，载入到项目。单击"保存"命令，命名为"体量大厦"，存为.rfa 文件，新建一个项目，将"体量大厦"载入到项目中进行使用（图 15.5-8）。

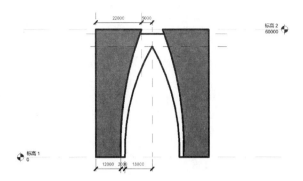

图 15.5-6　创建"中间"轮廓（mm）

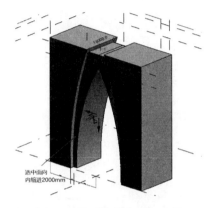

图 15.5-7　"体量大厦"实体

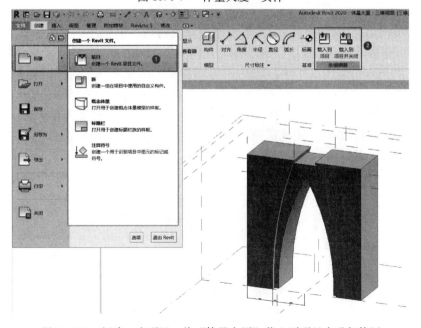

图 15.5-8　新建一个项目，将"体量大厦"载入到项目中进行使用

Step4：获取体量大厦体积、面积数据。在项目中，单击载入进来的体量大厦模型，在【属性】面板中可以看到该体量的"总表面积"和"总体积"数据，经计算，体量总表面积为 10852.967m³，总体积为 43538.405m²，如图 15.5-9 所示。

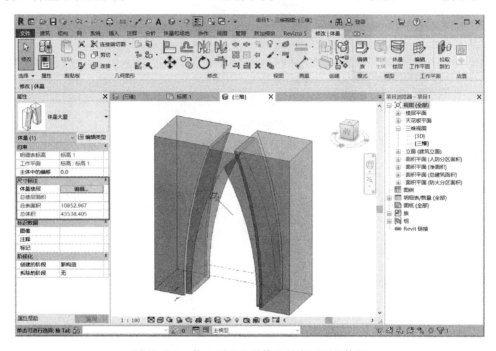

图 15.5-9　载入项目查看体量的表面积和体积

Step5：创建"幕墙系统"，按要求设置幕墙网格。单击【建筑】选项卡→【构建】面板→"幕墙系统"命令（或【体量与场地】选项卡→"幕墙系统"命令），如图 15.5-10 所示，单击【属性】面板→"编辑类型"命令→"复制"命令创建一个新的 3000mm×2000mm 幕墙系统，按要求修改水平和垂直网格间距，如图 15.5-11 所示。单击选择需要生成幕墙的面，如图 15.5-12 所示，全部选择完成后单击"创建系统"命令完成创建，生成的效果图如 15.5-13 所示。（说明：图 15.5-11 和图 15.5-12 的顺序可以交换）

提示：网格 1 为垂直网格，网格 2 为水平网格，如图 15.5-11 所示。

图 15.5-10　"幕墙系统"命令

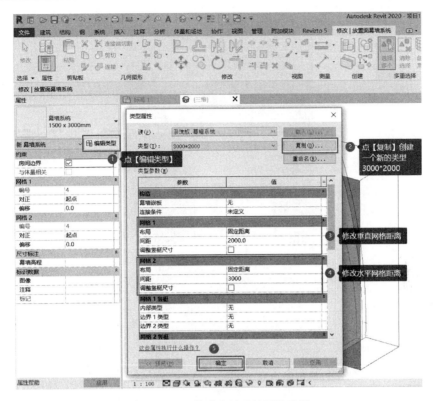

图 15.5-11　修改幕墙系统网格数据

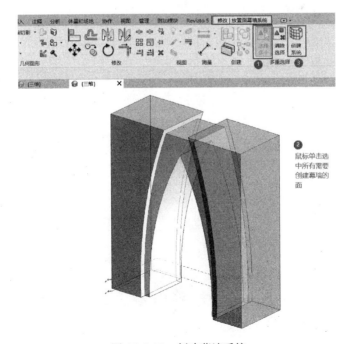

图 15.5-12　创建幕墙系统

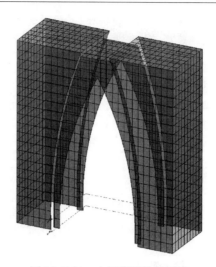

图 15.5-13　大厦幕墙效果展示

课后习题

创建一个公制参数化体量模型，命名为"机械球"。给模型添加 1 个名称为"机械球材质"的材质参数，设置材质类型为"钛"；计算体量总体积为(　　　)，总表面积为(　　　)。

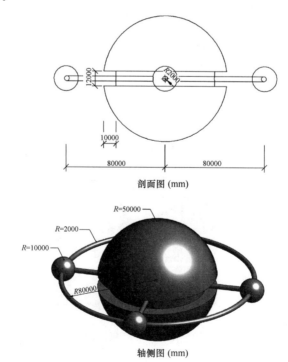

参考答案：512645.104mm³，47936.976mm²